超声显微检测技术

徐春广 著

科学出版社

北 京

内 容 简 介

本书对超声显微检测技术的一般理论和基础知识进行简要介绍,论述了高频超声幅度和频率衰减与扫查成像原理、非线性效应、透镜式聚焦高频超声换能器等,以及材料各向异性、精密尺寸与微小织构、涂层厚度与黏结质量、电子封装与生物组织特性的超声显微检测应用。

本书可作为高等院校机械类、机电类、仪器仪表、声学检测、无损检测等专业及其相近专业专科生、本科生教学用书,也可作为相关专业学校教师、研究生和工程技术人员的参考书。

图书在版编目(CIP)数据

超声显微检测技术/徐春广著. —北京:科学出版社,2021.4
ISBN 978-7-03-066420-4

Ⅰ. ①超… Ⅱ. ①徐… Ⅲ. ①超声检测 Ⅳ. ①TB553

中国版本图书馆 CIP 数据核字(2020)第 202691 号

责任编辑:陈 婕 李 娜 / 责任校对:胡小洁
责任印制:吴兆东 / 封面设计:蓝 正

科 学 出 版 社 出版
北京东黄城根北街 16 号
邮政编码:100717
http://www.sciencep.com

北京中石油彩色印刷有限责任公司 印刷
科学出版社发行 各地新华书店经销
*
2021 年 4 月第 一 版 开本:720×1000 1/16
2022 年 11 月第二次印刷 印张:18 1/2
字数:370 000
定价:128.00 元
(如有印装质量问题,我社负责调换)

前　言

超声检测方法为观察透声材料内部组织织构的客观世界提供了一种有效的方法，拓展了人类认知材料世界的视野和获取材料内部信息的手段。超声显微检测技术是利用高频超声波在介质材料中传播时波长短对应材料内部结构检测分辨力高的特性，实现对介质材料内部微结构或变化的无损检测。超声波因频率高、波长短产生了许多独有特性，如声衰减大、检测范围小或深度浅，但对材料内微小缺陷、材料织构状态或材料物理参数的变化敏感，因此在材料制备、生物医药、微纳制造、超精密制造、电子封装等领域有着广泛的应用。

鉴于现代工业和社会发展对超声显微检测技术的迫切需求，作者将近十几年来所在研究团队的科研成果总结提炼形成本书核心内容。本书主要内容如下：第1、2章主要讲述超声检测的一般理论和基础知识，是本书的理论基础；第3章介绍超声显微检测原理；第4章是本书的重点内容，阐述高频超声非线性效应和非线性波动理论；第5章主要描述透镜式聚焦高频超声换能器的结构和工作原理、高频超声检测模型和高频超声频率衰减规律；第6章主要介绍超声显微扫查检测方式、特殊成像方法和信号处理方法；第7章介绍用 $V(z)$ 曲线检测材料各向异性的方法；第8章主要介绍基于C扫查图像的横向尺寸测量方法和基于脉冲回波的纵向尺寸测量方法；第9章主要介绍涂层厚度与黏结特性检测，以及涂层质量特性检测原理和方法；第10章描述内部微小缺陷和织构，以及硅片和电子封装内部缺陷的检测应用；第11章介绍生物组织与材料特性的检测应用。

在与本书内容相关的研究中，肖定国副教授在高频超声探头和扫查装置的设计、实现和试验验证方面做出了大量贡献；周世圆副教授、郝娟副教授、潘勤学副教授和贾玉平高级试验师等在研究和试验工作中给予了大力支持；刘中柱、郭祥辉、朱延玲等相关博士和硕士研究生也付出了许多努力，在此一并表示感谢。特别感谢杨超、贺蕾、马朋志和王秋涛等研究生对本书内容的整理和编排工作。

与本书内容相关的研究工作得到了国家自然科学基金重点项目"电子封装超声无损检测与表征"(51335001)的支持，在此表示感谢。

由于作者受研究工作认识的局限，书中难免存在不妥之处，恳请读者批评、指正。

作　者
2020 年 10 月

目　　录

前言
第1章　绪论 ·· 1
  1.1　概述 ·· 1
  1.2　研究现状 ··· 4
  1.3　发展趋势 ··· 7
    1.3.1　声透镜 ·· 7
    1.3.2　扫查和表征方式 ·· 9
    1.3.3　阵列扫查方式 ·· 9
  参考文献 ·· 10
第2章　超声波基础 ··· 13
  2.1　介质的基本声学参数 ··· 13
    2.1.1　声速 ··· 13
    2.1.2　声阻抗 ·· 14
    2.1.3　声衰减 ·· 15
  2.2　波动方程 ··· 16
    2.2.1　流体中的波动方程 ·· 16
    2.2.2　固体中的波动方程 ·· 16
    2.2.3　平面波 ·· 17
  2.3　超声波在界面处的反射与透射 ····································· 18
    2.3.1　液/固界面 ··· 18
    2.3.2　固/固界面 ··· 21
    2.3.3　固/空气界面 ··· 26
  2.4　界面波的传播 ·· 28
    2.4.1　固/空气界面的 Rayleigh 波 ···································· 29
    2.4.2　固/固界面的 Stoneley 波 ······································ 31
    2.4.3　液/固界面的 Scholte 波 ······································· 33
  2.5　薄层介质中超声波的传播 ··· 34
    2.5.1　薄单层介质中的 Lamb 波 ······································ 34
    2.5.2　薄多层结构的超声反射函数 ···································· 37
  2.6　散射和衍射 ·· 39
  2.7　衰减 ··· 39
  参考文献 ·· 40

第 3 章　超声显微检测原理 ·· 41
　3.1　扫查成像检测原理 ··· 41
　3.2　$V(z)$信号检测原理 ··· 44
　　3.2.1　$V(z)$曲线及其显微检测用途 ··· 44
　　3.2.2　Rayleigh 波的传播特性 ·· 44
　　3.2.3　$V(z)$曲线的射线理论模型 ·· 47
　　3.2.4　$V(z)$曲线的波动理论模型 ·· 49
　参考文献 ··· 50
第 4 章　高频超声波的非线性 ·· 51
　4.1　高频超声的非线性效应 ··· 51
　4.2　非线性超声波动方程 ··· 51
　　4.2.1　基本假定 ·· 52
　　4.2.2　固体介质中的非线性波动方程 ·· 52
　　4.2.3　非线性波动方程的求解 ·· 55
　4.3　金属构件疲劳损伤检测 ··· 58
　　4.3.1　超声表征原理 ·· 58
　　4.3.2　超声非线性机理 ·· 59
　参考文献 ··· 60
第 5 章　高频聚焦超声换能器 ·· 61
　5.1　压电效应与压电方程 ··· 61
　　5.1.1　压电效应 ·· 61
　　5.1.2　压电材料的介电性和弹性 ·· 61
　　5.1.3　压电方程 ·· 65
　　5.1.4　压电晶体的振动模式 ··· 67
　5.2　换能器的结构和工作原理 ·· 67
　　5.2.1　压电振子 ·· 68
　　5.2.2　背衬层 ·· 71
　　5.2.3　匹配层 ·· 74
　　5.2.4　声透镜 ·· 79
　5.3　换能器电阻抗 ·· 83
　　5.3.1　电阻抗特性 ··· 83
　　5.3.2　等效电路分析方法 ·· 83
　　5.3.3　测量方法 ·· 84
　　5.3.4　电阻抗匹配 ··· 87
　5.4　换能器声场 ··· 89
　　5.4.1　声场模型 ·· 89
　　5.4.2　水中的辐射声场 ·· 96

　　　5.4.3　固液界面声场 ·· 101
　　　5.4.4　多层介质声场 ·· 105
　5.5　换能器建模及分析 ·· 110
　　　5.5.1　换能器建模 ·· 110
　　　5.5.2　频率对声场的影响 ······································ 114
　　　5.5.3　匹配层对声场的影响 ···································· 116
　　　5.5.4　背衬层对声场的影响 ···································· 120
　5.6　高频超声衰减分析 ·· 124
　　　5.6.1　超声波衰减 ·· 124
　　　5.6.2　频率衰减 ·· 126
　参考文献 ·· 133
第6章　超声显微扫查成像检测方法 ···································· 136
　6.1　超声显微镜系统构成 ·· 136
　6.2　超声显微扫查检测方式 ·· 138
　　　6.2.1　A扫查 ·· 138
　　　6.2.2　B扫查 ·· 138
　　　6.2.3　C扫查 ·· 139
　6.3　超声显微成像方法 ·· 139
　　　6.3.1　成像基本原理 ·· 140
　　　6.3.2　峰值成像技术 ·· 140
　　　6.3.3　TOF成像技术 ··· 142
　　　6.3.4　相位成像技术 ·· 143
　　　6.3.5　相位反转成像技术 ······································ 145
　　　6.3.6　频域成像技术 ·· 146
　6.4　分辨力 ··· 148
　　　6.4.1　横向分辨力 ·· 148
　　　6.4.2　纵向分辨力 ·· 154
　6.5　声透镜参数对成像的影响 ·· 154
　　　6.5.1　内部成像 ·· 154
　　　6.5.2　表面成像 ·· 158
　6.6　信号处理方法 ··· 160
　　　6.6.1　信号消噪 ·· 160
　　　6.6.2　时频分析方法 ·· 170
　　　6.6.3　盲解卷积方法 ·· 177
　参考文献 ·· 180
第7章　$V(z)$曲线检测方法 ·· 183
　7.1　概述 ··· 183

7.2　材料弹性常数检测方法 ……………………………………………… 186

7.3　材料各向异性检测 …………………………………………………… 187

参考文献 ……………………………………………………………… 189

第 8 章　微结构尺寸超声显微测量 …………………………………… 192

8.1　基于 C 扫查图像的横向尺寸测量方法 ……………………………… 192

8.1.1　测量原理 ………………………………………………… 192

8.1.2　超声图像处理 …………………………………………… 193

8.1.3　实验分析 ………………………………………………… 212

8.2　基于脉冲回波的纵向尺寸测量方法 ………………………………… 217

8.2.1　时间差法 ………………………………………………… 217

8.2.2　回波频谱法 ……………………………………………… 220

8.2.3　最小熵解卷积法 ………………………………………… 225

8.3　微小尺寸测量不确定度分析 ………………………………………… 227

8.3.1　横向尺寸测量不确定度分析 …………………………… 227

8.3.2　纵向尺寸测量不确定度分析 …………………………… 232

参考文献 ……………………………………………………………… 233

第 9 章　涂层厚度与黏结特性检测 …………………………………… 235

9.1　涂层厚度及均匀性检测 ……………………………………………… 235

9.1.1　基于 Welch 法谱估计的涂层厚度测量原理 …………… 235

9.1.2　涂层厚度测量实验 ……………………………………… 241

9.1.3　涂层厚度均匀性检测 …………………………………… 249

9.2　涂层结合质量检测 …………………………………………………… 251

9.2.1　检测与表征原理 ………………………………………… 251

9.2.2　结合缺陷检测实验 ……………………………………… 255

9.2.3　结合强度检测实验 ……………………………………… 257

9.3　涂层结合强度检测方法 ……………………………………………… 260

9.3.1　界面超声能量反射与透射 ……………………………… 261

9.3.2　反射系数和透射系数表征 ……………………………… 263

9.3.3　结合强度检测技术要求 ………………………………… 264

参考文献 ……………………………………………………………… 264

第 10 章　电子封装缺陷检测 ………………………………………… 266

10.1　需求背景 ……………………………………………………………… 266

10.2　电子封装及其常见缺陷 ……………………………………………… 267

10.2.1　功能和分类 ……………………………………………… 267

10.2.2　发展历程与趋势 ………………………………………… 268

10.2.3　可靠性及常见缺陷 ……………………………………… 270

10.3　电子封装裂纹和分层检测 …………………………………………… 271

　　　10.3.1　热循环试验 ·· 271

　　　10.3.2　热疲劳损伤的超声显微成像 ····················· 273

　　参考文献 ·· 274

第 11 章　生物组织与材料特性检测 ································· 276

　11.1　生物组织特性检测 ·· 276

　　　11.1.1　医疗高频超声检测技术 ····························· 276

　　　11.1.2　UBM 与眼科检查 ···································· 277

　　　11.1.3　UBM 与皮肤检查 ···································· 279

　　　11.1.4　活体组织的多普勒成像与评价 ················· 280

　11.2　金属织构显微检测 ·· 281

　　　11.2.1　钛合金织构检测 ······································ 282

　　　11.2.2　不锈钢织构检测 ······································ 283

　　参考文献 ·· 284

第1章 绪　　论

1.1　概　　述

　　超声检测是一种重要的无损检测方法，因其具有超声穿透能力强、适应构件材料种类范围广泛、检测设备现场使用方便、对环境和人体无害等特点，已较广泛应用于各工业领域和社会生产活动中。常规超声波检测所用的超声波频率一般都低于10MHz，波长大于100μm，难以检测出一些细微或微小的缺陷。为了实现对构件材料内部微小缺陷的有效检测，通过提高扫描超声的频率来获得更短的超声波波长，从而获得对材料内部缺陷、组织织构尺寸和轮廓或材料特性的更高的检测分辨能力，这就是超声波扫查显微检测方法的构想。

　　超声显微镜的概念早在20世纪30年代就由苏联的Sololov提出，但直到70年代美国斯坦福大学的Quate教授才发明了超声扫查(扫描)显微镜[1,2]。之后，很多新型的超声显微镜都被开发出来，并有了大量的改进，但它们的核心基础是相同的，即用高频聚焦超声声束扫查检测构件[3,4]。超声波通常由压电换能器产生，然后用一个蓝宝石声透镜进行聚焦，如图1.1所示。声透镜与试件之间利用耦合液来传递高频声束能量。超声显微检测系统的应用大致可以分为两大类：一类是用于材料完整性的扫描成像检测；另一类是用于材料特性参数的定量测量，本书将涉及这两个方面的内容。

图 1.1　超声显微镜中的声透镜和换能器

　　扫查声学显微镜是一种新型的微小和微纳无损检测技术，也称为超声显微镜，它可以无损、精细、高灵敏度地观察物体内部、表面及亚表层结构，能观察不同深度(从表面和表层到数十毫米深)存在的尺度从微米到百微米的物理结构，在微电子、光电子、材料、机械、航空航天、力学、摩擦、生物等领域得到了日益广泛的应用[5]。当超声显微镜在常温下用水作为耦合液工作时，可以有与光学显微镜相当的亚微米的分辨力；当超声显微镜工作在低温(采用液态氮)时，可以达到 20nm 甚至更高的分辨力[2]。

超声显微技术利用高频超声波对物体进行观察。相比光学显微镜、扫描电镜等其他技术，它有着独特的技术特点和优势[6]：

(1) 最显著的优势在于它是非破坏性的，通常不需要对被测样品进行特殊处理。

(2) 可以透过物体表面的不透明层(不透明材料)，如金属、塑料、陶瓷等对其内部一定深度内的结构进行观察。

(3) 提供了一种对不透明或光学对比度较小的物体内部的检测方法，如对某些混合物、复合材料等结构观察分析的技术手段。

(4) 可实现材料力学微结构映射，给出物体的力学特性分布的变化情况。

(5) 对于物体黏附性的缺陷及气泡、裂痕，包括封闭的裂缝等特别敏感。

(6) 可用于测量微小样品的形廓尺寸、局部弹性特性和黏性属性。

(7) 对黏结类层状结构的黏结状态和厚度检测特别敏感。

(8) 对于生物、医学样品，可实现活体显微观察。

依据不同形式能量与试件作用的信息耦合方式，声学显微镜可分为以下几种类型[6]：

(1) 用高频声波照射试样，用激光系统检测信息的声光显微镜(scanning laser acoustic microscope, SLAM)。

(2) 用光波照射试样，用光声学扫描成像信息的超声显微镜(scanning photo acoustic microscope, SPAM)。

(3) 用电子束照射试样，用声学系统检测信息的电子束声显微镜(scanning electron acoustic microscope, SEAM)。

(4) 用声波照射试样，用声学系统检测信息的超声扫描显微镜(scanning acoustic microscope, SAM)。

在以上四类声学显微镜中，SAM 发展得最快。

在超声显微镜刚出现时，人们主要集中在对超高频超声显微镜的研制上，不断追求高频率，如文献[7]中有高达 8GHz 超声显微镜的报道。但由于高频超声的衰减特别严重，其穿透深度极其有限，实际应用受到限制。因此，近年来，随着电子芯片工业技术的蓬勃发展，特别是在需要观察大尺寸样品和对样品进行有效穿透时，人们发现中低频率的超声显微镜具有更广泛的应用前景。超声显微镜的性能参数与频率的关系如表 1.1 所示[8]。

表 1.1 超声显微镜的性能参数与频率的关系(针对特定样品钢)

频率/MHz	理论分辨力/μm	穿透深度/μm	焦距长度/μm
10	150	10000	15000
30	50	7000	15000
50	30	5000	13000
80	19	3000	9000
100	15	2000	2300
150	10	1000	1400
200	7.5	500	575
300	5	250	310
400	4	150	230
500	3	100	150
800	2	60	80
1000	1.5	40	46
2000	0.75	10	46

光学显微、电子显微、热波成像、X 射线和超声显微镜等技术都可用于构件表面、亚表面与内部缺陷的无损检测。其中,可以检测不透光材料内部结构的主要有 X 射线和超声显微检测技术,这两种技术都可以用来检测物理结构的内部微小缺陷,它们的主要区别在于检测机理与成像方式。图 1.2 为采用两种检测技术检测电子封装内部缺陷的效果图。

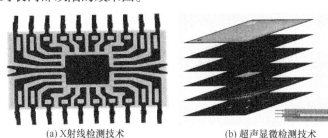

(a) X射线检测技术　　　　　　(b) 超声显微检测技术

图 1.2　电子封装内部缺陷的两种检测效果

X 射线采用的是穿透模式,利用射线的穿透能力和衰减特性可以对被检测物体内部密度的均匀性进行检测,类似投影式检测,因此通常用 X 射线难以检出试样内部垂直于射线方向的闭合裂纹和分层缺陷。又因为 X 射线对人体有害,对 X 射线使用环境和安全防护有特殊要求,所以这些因素致使 X 射线的应用受到了一些限制。

超声显微检测技术采用高频超声波,它能穿透金属、塑料、陶瓷等不透光材料,对分层及气泡、裂痕,包括封闭裂缝等缺陷特别敏感,穿透能力强、纵向分辨力高，利用全时域波形处理方法可以获得物理结构内部的分层信息。超声检测方法对人体无害，操作方便，已经在材料和医学等领域[14]得到了广泛应用。超声显微检测技术对生物、医学样品可实现活体显微观察，有利于实现病理和药理作用与效果的在线跟踪分析。

1.2　研究现状

20 世纪 30 年代，苏联科学家 Sololov 提出了超声显微镜的概念。1973 年，美国斯坦福大学的 Quate 教授发明了第一台具有实用意义的超声扫查(扫描)显微镜[3,4]，它利用高频聚焦超声声束检测试件，由压电换能器产生超声波，通过一个蓝宝石声透镜进行聚焦，然后通过耦合液在声透镜与试件之间传递声束能量。超声显微镜主要有两类应用：一类是用于材料内部结构的声学扫描成像；另一类是用于材料特性(弹性模量等)的定量表征。

1978 年，美国斯坦福大学的 Jipson 和 Quate[9]研究了通过提高超声波的频率来达到接近光学波长的分辨力；1980 年，美国斯坦福大学的 Heiserman 等[10]分别使用超低温液氦和液氮作为耦合液，以降低声波速度，得到了 0.43μm 和 0.36μm 的高分辨力；1983 年，美国斯坦福大学的 Hadimioglu 和 Quate[11]把声波频率提高到了 4.4GHz，并把试件置于沸水中以使耦合液的衰减最小，从而达到了 0.2μm 的分辨力；1983 年，美国斯坦福大学的 Foster 和 Rugar[12]用 0.2K 的液氦作为耦合液，在 4.2GHz 的频率下得到了 20nm 的分辨力。

这些研究在提高试件表面的分辨力方面取得了很好的效果，但是对于物体内部的检测则不太适合。这是因为超声波的衰减与频率的平方成正比，高频率的超声波用于探测时，难以透射进入试件；而对于超低温，耦合液与试件的声阻抗的差距很大，绝大部分的超声波能量都在液固交界面被反射，难以得到内部一定深度的图像；对物体内部信息进行无损检测这一超声显微镜最重要的特征，很难用超低温和超高频方式的高频超声来体现[13]，实际应用中以 500MHz 以下的超声波频率较为普遍，实验室和工业上所用的高频超声通常不超过 2GHz。

超声显微检测中一般通过耦合液(如水)把超声波传递到试件中，但有一些材料(如生物复合材料或空隙类复合材料)则不能使用，液体可能会改变材料的弹性属性，如液体可能会渗透到多孔介质中。这里需要使用非接触式和空气耦合换能器来检测，它们的频率也从传统的 10～100kHz 增大到兆赫兹级别，提高了检测精度[14]。1995 年，加拿大皇后大学的 Schindel 和 Hutchins[15]研制了一种空气耦合换能器，即微加工电容式换能器，它能达到 2MHz 的频率。1999 年，美国斯坦福大学的 Jin 等[16]用光刻技术来生产膜片式换能器，使之达到了 4.5MHz 的频率。

超声显微检测技术的一个主要应用领域就是半导体电子行业。例如,1994 年,美国马里兰大学的 Yalamanchili 等[17]就利用超声显微 C 扫描技术,检测到电子封装的集成电路芯片中的三维微缺陷信号。2000 年,德国萨尔大学夫琅和费无损检测学院的 Wegner 等[18]应用非线性声学参数来评价硅片封装材料中的弱黏结缺陷,并将该信号识别方法应用于超声扫描成像系统。2004 年,美国 Caterpillar 公司的 Fei 等[19]应用 1.3GHz 的高频超声显微扫查系统成功检测出平面和曲面 Cr-DLC 涂层中微米尺度的缺陷。2006 年,Jian 等[20]采用球状聚焦换能器和 C 扫描模式对集成电路芯片封装的芯片黏结层的胶结不良状态进行了研究,得到的超声波形和图像与热循环记录、失效剪应力测量及光学显微镜测量结果相吻合。2008 年,俄罗斯莫斯科国立大学物理系的 Kozlov 和 Mozhaev[21]研究了超声显微聚焦声束在各向异性介质中正向散焦位置的负折射现象。2009 年,意大利意法半导体公司的 Santospirito 和 Terzoli[22]应用透射式超声显微镜对芯片封装中的脱黏分层缺陷进行了检测分析。2009 年,美国乔治亚理工学院的 Lee 等[23]研究先进倒装芯片封装处理中非流态填充材料的工艺研究时,使用 C 扫描模式超声显微镜检测了芯片和基板中填充物的空洞情况。2009 年,保加利亚鲁塞大学的 Manukova 等[24]把 X 射线和超声显微检测技术结合起来,对汽车工业中应用无铅工艺后的电子设备质量进行了检测研究,检测效果很好,该方法可以用于电子模块的质量控制,能对电子模块中焊点的质量进行评估,以确保电子模块的可靠性。

超声显微检测技术在材料领域也得到了较多的应用。例如,2008 年,德国德累斯顿工业大学的 Gust 等[25]提出了用超声显微镜对材料进行表征的方法,能从单个超声回波中得到密度、杨氏模量和体模量等弹性参数,同时通过两个聚焦位置的反射信号估算出试件的厚度。2009 年,美国 OKOS 公司的 Rideout 和爱达荷国家实验室的 Taylor[26]设计了一个深度聚焦的超声显微换能器,用于对金属与非金属复合材料的研究,它能在单次扫查过程中将复合材料的各层"剥离"开来,并在每一层都有较高的分辨力。

超声显微检测技术在生物医学领域也得到了大量研究和应用。例如,2007 年,德国弗劳恩霍夫生物医学技术研究院的 Weiss 等[27]介绍了一种用于生物细胞动态检测的新型超声扫描显微镜,它工作在时间-分辨模式,使用中心频率为 0.86GHz 的超声换能器,脉冲持续时间为 5ns,由于脉冲很短,所以它能够分辨出厚度超过 3μm 的细胞。在实验中,该超声显微镜能够测量活体状态下单个子宫颈癌细胞的声学特性,并推断出子宫细胞的弹性参数。2009 年,加拿大温莎大学的 Maeva 等[28]使用频率在 150~200MHz 的超声波来开展厚层生物组织切片检测的研究,他们使用一个机械扫描超声显微镜来得到人类乳癌细胞结构和小肠组织标本的 C 扫描图像,认为 100~200MHz 的频率能在分辨力和穿透深度间取得一个最佳的平衡。

此外,还有些学者开展了超声显微的理论模型和信号处理等方面的研究工作。

例如，美国伊利诺伊大学的 Rebinsky 和 Harris[29]对应用点聚焦超声显微镜表征各向同性材料的表面裂纹进行了理论模型推导。英国利物浦约翰摩尔斯大学的 Zhang 等[30-32]用超声扫描显微镜对微电子封装的表征进行了研究，并采用匹配追踪(matching pursuit)算法对超声信号进行处理，准确地估计出反射率函数和超声回波，同时分离出相邻的叠加回波，得到的分辨力高于传统的超声显微镜。

目前，超声显微扫查设备的主要生产厂商有德国的 KSI 公司(今 PVA 公司)、美国的 Sonix 公司和 Sonoscan 公司、日本的东芝公司、俄罗斯科学院等 10 余家。表 1.2 列举了其中几家厂商生产的商品化超声显微镜产品的主要技术参数。

表 1.2　几家厂商的超声显微镜产品的主要技术参数

厂商	德国 PVA 公司	美国 OKOS 公司	台湾奕力公司
型号	SAM-2000	MICRO VUE	Sonikon PANTHER-SAM
频率范围/MHz	100～2000	15～200	15～200
采样频率/GHz	5	2	2
光栅尺分辨力/μm	0.1	0.5	1
扫查重复精度/μm	0.1	0.5	1
最大运动速度/(mm/s)	1000	1500	1000
扫查范围	320mm×300mm	450mm×360mm	320mm×150mm
聚焦轴分辨力/μm	0.1	0.5	1
聚焦轴行程/mm	100	100	100

也有一些学者开展了超声显微镜的研究，并取得了一定的研究成果。例如，清华大学的陈戈林等[5,33-37]从 20 世纪 80 年代起就开展了超声扫描显微镜的研究工作，先后研制出 THSAM 1～7、THSAM_M 等一系列超声显微镜。中国科学院声学研究所的王路根和沈建中[38]曾利用边界积分方程和机电互易原理建立了线聚焦超声显微镜的模型，并对其进行简化，得到了一个可以反演的形式，并利用频率和距离两参数的等效性，提出了一种反演材料固-液界面反射系数的方法。北京工业大学的宋国荣等[39,40]基于声学显微镜技术原理，研究了小尺寸材料弹性常数的超声测量方法，设计制作了高频无透镜大孔径柱面线聚焦超声探头，开发了一套完整的小尺寸材料弹性常数超声测量系统。电子科技大学的王亚非等[41,42]研制了一台激光扫描声学显微镜，并对多层陶瓷电容器的内部缺陷和集成电路的引线焊接等进行了无损检测。作者所在研究团队在国家自然科学基金重点项

目和多个部委科研项目支持下，研发出超声频率达 500～1000MHz 的超声显微镜，并研究了涂层厚度测量、涂层黏结强度、电子封装热疲劳损伤等无损检测问题。

总之，超声显微检测技术还处在不断发展和完善阶段，有些与高频超声波产生、传播、接收的机理、原理、方法和技术等相关的问题还有待深入和系统解决，本书仅对其中的一些问题进行描述，大量研究工作还有待于广大科技工作者共同努力完成。

1.3　发　展　趋　势

1.3.1　声透镜

通常，超声显微镜都是用球面聚焦声透镜来得到点聚焦声束的。当超声显微镜使用点聚焦声束来表征各向异性材料和厚层结构时，会遇到一些严重的困难。在各向异性材料中，表面波的速度依赖声波的传播方向，点聚焦声束激发的泄漏表面波(leaky surface acoustic wave)在各个方向上传播，检测得到的声学特征是一个围绕声束轴线的平均值，不适用对各向异性材料的各向声学特征的检测与评估。对于厚层结构的成像，当使用传统的超声显微镜检测时，很多泄漏表面波模式会在试样上被激发出来，并且在声透镜的半角区域内传播，这些模式是同时产生的，激发的效率较低，因为输入能量的很大一部分在没有发生浅表面激励的角度被损耗掉了，只有很小一部分能量转化为表面波。多种表面波模式的同时发生也使生成的超声图像更难解释，这些问题使传统超声显微镜在材料科学领域更广泛的应用受到了限制。因此，人们开始对传统的超声显微镜进行研究改进，开发新型声透镜以提高成像性能、改善检测效果。

1. 线聚焦声束透镜

如前所述，由于表面波波速依赖其传播方向，传统的超声显微镜并不适合用来研究各向异性材料的弹性特征。为了能够一次只对一个方向进行检测，需要用柱面聚焦换能器取代球面聚焦换能器来改变声波波前。线聚焦声束透镜如图 1.3 所示，柱面透镜可以得到一个线聚焦声束，它与柱面的轴线平行，在垂直于聚焦直线的方向上激发出表面波，这就可以测量各向异性材料不同方向上的弹性特征。但是，由于线聚焦声束透镜的焦点为一条线，在这个方向上的空间分辨力就很差，所以它只能得到特定方向上的高分辨力，但不适合用来进行超声成像[1]。

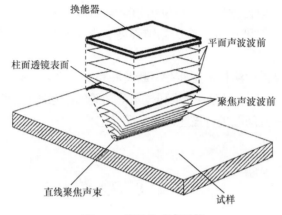

图 1.3　线聚焦声束透镜

2. Lamb 波声透镜

当装备传统声透镜的超声显微镜用于层状结构的成像时，几乎所有可能的表面波模式都同时在试样上被激发出来，并且激发效率很低。为了克服这些缺点，一些学者提出了一种新型结构的声透镜，该声透镜不仅可以提高表面波激励效率，而且可以只激发出单模式的表面波，可以更有效地对材料特征进行检测和表征。如图 1.4 所示，用一个圆锥状的凹面来取代传统透镜的球状凹面，换能器发出的声波在到达试样表面前会首先打到圆锥面上，所有圆锥面上的折射声线会以相同的角度入射到试样表面，如果产生的圆锥形声波的入射角被设为一种泄漏表面波特定模式的临界角，则在层状固体中只激发出一种泄漏表面波模式，并且大部分入射能量都被高效地转到这种表面波模式中。这种声透镜称为 Lamb 波声透镜[1, 43]。

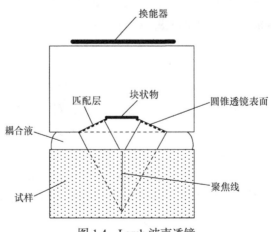

图 1.4　Lamb 波声透镜

Lamb 波声透镜需要通过调整工作频率来匹配入射角和表面波特定模式的临界角,以激发出特定的表面波模式。由 Lamb 波声透镜得到的超声图像容易解释,且试样浅表面的灵敏度高,但该透镜也有两个缺点:一是在实际试样检测时,不太容易确定所激发的表面波模式的阶数;二是不像球面透镜那样有一个较好的焦平面,它会在透镜轴线上产生一条聚焦线。Lamb 波声透镜的轴向分辨力与层厚相同,因为泄漏表面波主要存在于层中,由它可以得到小于一个波长的横向分辨力。在某些应用上,Lamb 波声透镜可以作为传统超声显微镜的一个补充,尤其是在层状结构的浅表面成像上。

此外,还有其他类型的透镜被开发出来,如横波透镜、Rayleigh 波透镜等[13, 44]。

1.3.2 扫查和表征方式

一般地,超声显微镜主要有两种空间扫查方式:一种是 x-y 平面上的扫查,以得到层析图像;另一种是 z 轴方向上的扫查,以得到 $V(z)$ 曲线。参考 $V(z)$ 曲线理论,可以把超声显微镜的输出信号 V 写成不同变量的函数,如散焦位置 z、扫查频率 f 和极角 θ (入射角)。$V(z)$ 曲线的计算公式[45]可改写为[1]

$$V(z,f,\theta) = \int_0^{2\pi} P^2(\theta) u_1^2(\theta) R(\theta,\phi) \times \exp\left(-\mathrm{i}4\pi z \frac{f}{v_w} \cos\theta\right) \sin\theta\cos\theta \mathrm{d}\phi \qquad (1.1)$$

式中,θ 是声波的入射角;$P(\theta)$ 是沿这个方向传播的波的透镜的广义光瞳函数;$u_1(\theta)$ 是透镜背面的声场;v_w 是浸没液体中的纵波声速;ϕ 是方位角;$R(\theta,\phi)$ 是试样的反射函数,此时各向异性材料也适用。因此,可以得到超声显微镜输出信号的三种形式:$V(z)$、$V(f)$ 和 $V(\theta)$,其他变量作为参数。

在超声显微检测时,若用频率扫查代替 z 方向上的扫查,则可以得到一个频域上的 $V(f)$ 函数。$V(f)$ 表示方法相比 $V(z)$ 表示方法有一些优点,例如,频域上的扫查可以用电子电路来操纵,比 $V(z)$ 在 z 方向上的机械移动要更简单、平滑和快速。相比 $V(z)$,对 $V(f)$ 的解释更简单。

如果以极角方式扫查,把超声显微的接收信号绘制成一个关于入射角的函数曲线,则这个曲线称为 $V(\theta)$ 曲线。这种扫查方式可以用具有不同圆锥角的 Lamb 波声透镜来完成。$V(\theta)$ 的作用是可以用来推断激发出的泄漏表面波模式的相应灵敏度,并找到最灵敏的激励角度(最灵敏的表面波模式),从而探测层状结构中的特殊缺陷。

1.3.3 阵列扫查方式

由于超声显微镜是通过机械运动平台的运动来带动探头移动从而进行扫查的,所以,当被测件较大时,所需的时间会比较长,扫查效率较低。人们提出了一些新型的显微镜结构。例如，把传统的单一探头结构改成多个探头结构，同时扫描一个或多个样品，扫查完毕后通过后台程序处理，自动进行数据的拼接。这种方法可成倍地提高检测效率，节省成本，适合大批样品的检测。

多探头结构可以使用 Tray(托盘)扫描模式来进行批量检测。当针对大批量被检测样品时，可以采用托盘形式将样品排列，然后送入超声扫查显微镜内同时扫描，从而提高检测效率。专用的样品缺陷分析软件可以对排列的样品逐个进行分析鉴别并着色，并列出不合格样品的位置坐标，以方便检测人员挑出不合格样品。超声显微 Tray 扫描图像如图 1.5 所示[46]。

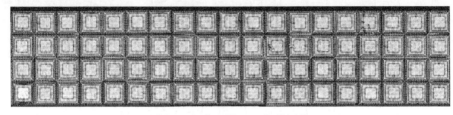

图 1.5　超声显微 Tray 扫描图像

综上可知，超声显微检测技术正朝着高分辨力、高效率、自动化、智能化方向发展，且其应用领域也越来越广。

参 考 文 献

[1] Yu Z, Boseck S. Scanning acoustic microscopy and its applications to material characterization[J]. Reviews of Modern Physics, 1995, 67(4): 863-891.

[2] 冯若. 超声手册[M]. 南京: 南京大学出版社, 2001.

[3] Lee Y. Line-focus acoustic microscopy for material evaluation[D]. Evanston: Northwestern University, 1994.

[4] Briggs A, Kolosov O. Acoustic Microscopy[M]. New York: Oxford University Press, 2009.

[5] 陈戈林, 乐光启, 胡思正, 等. 声显微镜及其图像处理研究[J]. 电子学报, 1996, 24(7): 7-16.

[6] 张其海. 集成电路的声显微成像研究[D]. 合肥: 中国科学技术大学, 2003.

[7] Shekhawat G S, Dravid V P. Nanoscale imaging of buried structures via scanning near-field ultrasound holography[J]. Science, 2005, 310(5745): 89-92.

[8] Ksi G. Scanning acoustic microscopy[EB/OL]. http://www. ksi-china. com/v-series-sam/v300e. html. 2008.

[9] Jipson V, Quate C F. Acoustic microscopy at optical wavelengths[J]. Applied Physics Letters, 1978, 32(12): 789-791.

[10] Heiserman J, Rugar D, Quate C F. Cryogenic acoustic microscopy[J]. Journal of the Acoustical Society of America, 1980, 65(5): 1629-1637.

[11] Hadimioglu B, Quate C F. Water acoustic microscopy at suboptical wavelengths[J]. Applied Physics Letters, 1983, 43(11): 1006-1007.

[12] Foster J S, Rugar D. High resolution acoustic microscopy in superfluid helium[J]. Applied Physics Letters, 1983, 42(10): 869-871.

[13] Miyasaka C, Tittmann B R. Recent advances in acoustic microscopy for nondestructive evaluation[J]. Journal of Pressure Vessel Technology, 2000, 122(3): 374-378.

[14] Hutchins D A, Schindel D W. Advances in non-contact and air-coupled transducers[C]. Proceedings of IEEE on Ultrasonics Symposium,1994: 1245-1254.

[15] Schindel D W, Hutchins D A. Applications of micromachined capacitance transducers in air-coupled ultrasonics and nondestructive evaluation[J]. IEEE Transactions on Ultrasonics, Ferroelectrics and Frequency Control , 1995, 42(1): 51-58.

[16] Jin X, Ladabaum I, Degertekin F L, et al. Fabrication and characterization of surface micromachined capacitive ultrasonic immersion transducers[J]. Journal of Microelectromechanical Systems, 1999, 8(1): 100-114.

[17] Yalamanchili P, Christou A, Martell S, et al. C-sam sounds the warning for IC packaging defects[J]. Circuits and Devices Magazine, 1994, 10(4): 36-41.

[18] Wegner A, Koka A, Janser K, et al. Assessment of the adhesion quality of fusion-welded silicon wafers with nonlinear ultrasound[J]. Ultrasonics, 2000, 38(1-8): 316-321.

[19] Fei D, Rebinsky D A, Zinin P, et al. Imaging defects in thin DLC coatings using high frequency scanning acoustic microscopy[J]. AIP Conference Proceedings, 2004, 700(1): 976-983.

[20] Jian X, Guo N, Dixon S, et al. Ultrasonic weak bond evaluation in IC packaging[J]. Measurement Science and Technology, 2006, 17(10): 2637-2642.

[21] Kozlov A V, Mozhaev V G. Additional signals due to negative refraction in acoustic microscopy of anisotropic plates[J]. Physics Letters A, 2008, 372(26): 4718-4721.

[22] Santospirito G, Terzoli A. Fine die-attach delamination analysis by scanning acoustic microscope[C]. European Microelectronics and Packaging Conference, 2009: 1-4.

[23] Lee S, Yim M J, Master R N, et al. Near void-free assembly development of flip chip using no-flow underfill[J]. IEEE Transactions on Electronics Packaging Manufacturing, 2009, 32(2): 106-114.

[24] Manukova A, Stephanov D, Pencheva T. X-ray and scanning acoustic microscopy analysis on lead-free automotive electronic module[C]. The 32nd International Spring Seminar on Electronics Technology, 2009: 1-6.

[25] Gust N, Kühnicke E, Breuer D. Material characterization with the ultrasonic microscope[C]. The 31st International Spring Seminar on Electronics Technology, 2008: 91-95.

[26] Rideout C A, Taylor S C. Advanced deep focus acoustic microscope for nondestructive inspection of metals and composite materials[C]. IEEE Aerospace Conference, 2009: 1-10.

[27] Weiss E C, Anastasiadis P, Pilarczyk G, et al. Mechanical properties of single cells by high-frequency time-resolved acoustic microscopy[J]. IEEE Transactions on Ultrasonics, Ferroelectrics and Frequency Control, 2007, 54(11): 2257-2271.

[28] Maeva E, Severin F, Miyasaka C, et al. Acoustic imaging of thick biological tissue[J]. IEEE Transactions on Ultrasonics, Ferroelectrics, and Frequency Control, 2009, 56(7): 1352-1358.

[29] Rebinsky D A, Harris J G. The acoustic signature for a surface-breaking crack produced by a

point focus microscope[J]. Proceedings of the Royal Society of London Series A – Mathematical Physical and Engineering Sciences, 1992, 438(1902): 47-65.

[30] Zhang G, Harvey D M, Braden D R. Microelectronic package characterisation using scanning acoustic microscopy[J]. NDT & E International, 2007, 40(8): 609-617.

[31] Zhang G, Harvey D M, Braden D R. An improved acoustic microimaging technique with learning overcomplete representation[J]. The Journal of the Acoustical Society of America, 2005, 118(6): 3706-3720.

[32] Zhang G, Harvey D M, Braden D R. Advanced acoustic microimaging using sparse signal representation for the evaluation of microelectronic packages[J]. IEEE Transactions on Advanced Packaging, 2006, 29(2): 271-283.

[33] 陈戈林, 胡思正, 罗淑云, 等. 500MHz 反射式机械扫描声学显微镜的研究和试制[J]. 声学学报, 1988, 13(2): 81-87.

[34] 陈戈林, 胡思正, 罗淑云, 等. 智能化 150MHz 反射式声学显微镜及声显微图像处理研究[J]. 应用科学学报, 1993, 11(3): 226-234.

[35] 陈戈林, 任文革, 郭艳林. 声学显微镜及在电子器件工业中的应用[J]. 半导体技术, 1994, 2(1): 50-57.

[36] 陈戈林, 刘隶放, 龙勐, 等. 基于 PC 机的一种多功能声显微镜及可视化技术的研究[J]. 应用声学, 2000, 19(4): 9-14.

[37] 陈戈林, 董方源, 王国功. 相位成象声显微镜的研制及应用[J]. 无损检测, 2001, 23(9): 375-379.

[38] 王路根, 沈建中. 声显微镜模型及其反演[J]. 声学学报, 1998, (1): 57-62.

[39] 宋国荣, 何存富, 黄垚, 等. 小试件材料弹性常数超声测量线聚焦PVDF探头的研制[J]. 仪器仪表学报, 2008, 29(11): 2298-2303.

[40] 宋国荣. 基于声学显微镜技术的小尺寸材料弹性常数超声测量方法研究[D]. 北京: 北京工业大学, 2009.

[41] 严真旭, 王亚非, 周鹰, 等. 激光扫描声学显微镜及应用[J]. 光电子技术, 2003, 23(2): 113-116.

[42] 杨立峰, 王亚非, 周鹰, 等. 层析扫描声学显微镜的研究[J]. 仪器仪表学报, 2007, 28(9): 1605-1608.

[43] Atalar A, Koymen H, Degertekin L. Characterization of layered materials by the lamb wave lens[C]. IEEE Ultrosonics Symposium, 1990: 359-362.

[44] Miyasaka C, Tittmann B R, Ohno M. Practical shear wave lens design for improved resolution with acoustic microscope[J]. Research in Nondestructive Evaluation, 1999, 11(2): 97-116.

[45] 刘中柱. 超声显微检测原理与技术[D]. 北京: 北京理工大学, 2012.

[46] Pva-Tepla Company. Scanning acousctic microscopy[EB/OL]. http://www.pvateplaamerica.com/product/scanning-acoustic-microscope/.2010.

第 2 章　超声波基础

2.1　介质的基本声学参数

超声波属于弹性波，是机械振动在弹性介质中的传播。超声波在介质中的传播特性由介质的声学性能决定，描述介质声学特性的参数有声速、声阻抗、声衰减等，下面对其分别进行介绍[1-11]。

2.1.1　声速

声速指的是声波在弹性介质中传播的速度，通常用符号 c 表示，单位是 m/s。声波是一种机械波，可以在气体、液体和固体中传播。气体、液体和固体中的声速表达式有所差别，下面分别给出。

1. 气体中的声速

气体介质中只有纵波(压缩波)能够传播，这是因为气体介质只有体积弹性，而没有剪切弹性。在一般工程问题中，理想气体的声速可用式(2.1)表达：

$$c = \sqrt{\frac{1}{\kappa_s \rho}} = \sqrt{\frac{\gamma P_0}{\rho}} = \sqrt{\frac{\gamma RT}{M}} \tag{2.1}$$

式中，κ_s 是气体的绝热体积压缩系数，其定义为绝热情况下单位压强变化引起的体积相对变化，$\kappa_s = -\left(\dfrac{\mathrm{d}V}{V} \middle/ \mathrm{d}p\right)$；$\rho$ 是气体介质的密度；P_0 是周围环境压力；R 是摩尔气体常数；T 是绝对温度；M 是气体的分子量；γ 是气体的比定压热容 c_p 和比定容热容 c_V 之比，$\gamma = c_p / c_V$。

2. 液体中的声速

液体和气体一样没有剪切弹性，因此液体中声波的传播形式也只能是纵波。在线性声学条件下，液体中的声速可表达为

$$c = \sqrt{\frac{1}{\kappa'_s \rho}} \tag{2.2}$$

式中，κ'_s 是液体的绝热压缩系数；ρ 是液体介质的密度。

3. 固体中的声速

由于固体兼具体积弹性和剪切弹性，所以固体介质中既可以传播纵波，也可以传播横波(剪切波)。在无限大各向同性均匀固体中，横波和纵波的声速表达式分别如下：

纵波声速为

$$c_{\mathrm{L}} = \sqrt{\frac{E(1-\sigma)}{\rho(1+\sigma)(1-2\sigma)}} \tag{2.3}$$

横波声速为

$$c_{\mathrm{T}} = \sqrt{\frac{E}{2\rho(1+\sigma)}} \tag{2.4}$$

式中，ρ 是固体介质的密度；E 是杨氏模量；σ 是泊松比。

2.1.2　声阻抗

声阻抗 Z 定义为声场中某点的声压 p 与该点的质点速度 u 的比值：

$$Z = \frac{p}{u} \tag{2.5}$$

为了更清楚地了解声阻抗的物理含义，引入速度势标量函数 $\varphi(x,y,z,t)$，其定义如下：

$$\varphi = \int \frac{p}{p_0} \mathrm{d}t \tag{2.6}$$

通过式(2.6)可将声压 p 与质点速度 u 表示成

$$p = \rho_0 \frac{\partial \varphi}{\partial t} \tag{2.7}$$

$$u = -\nabla \varphi \tag{2.8}$$

式中，∇ 是梯度 grad 的符号。

对于沿着 x 轴正方向传播的简谐波，速度势又可以表示成

$$\varphi = A\mathrm{e}^{\mathrm{i}(\omega t - kx)} \tag{2.9}$$

式中，A 是传播过程中振幅的任意值；ω 是角频率($\omega = 2\pi f$，f 为频率)；k 是波数($k = 2\pi/\lambda$，λ 为波长)。

将式(2.9)代入式(2.7)和式(2.8)，可得到

$$p = \mathrm{i}\omega\rho_0 A\mathrm{e}^{\mathrm{i}(\omega t - kx)} \tag{2.10}$$

$$u = \mathrm{i}kA\mathrm{e}^{\mathrm{i}(\omega t - kx)} \tag{2.11}$$

将式(2.10)和式(2.11)代入式(2.5)，可得到声阻抗 Z 的表达式为

$$Z = \rho c \tag{2.12}$$

通过式(2.12)可知声阻抗 Z 为介质密度 ρ 与声速 c 的乘积，是一个能表征介质固有特性的重要的物理量。

2.1.3　声衰减

超声波在介质中传播时会有损耗，因而其幅值和强度要随着距离的增加而逐渐减弱。如果入射平面波的幅值为 A_0，则在传播距离 x 后，入射波幅值会减小到 A_1，关系式如下：

$$A_1 = A_0 e^{-\alpha x} \tag{2.13}$$

式中，α 是衰减系数。

因为声强与幅值的平方成正比，所以入射波声强 I_0 也会减弱到 I_1：

$$I_1 = I_0 e^{-2\alpha x} \tag{2.14}$$

对式(2.13)取自然对数，则可得到衰减系数的表达式：

$$\alpha = \frac{1}{x} \ln \frac{A_0}{A_1} \tag{2.15}$$

对于气体、液体、非结晶固体或单晶体等均匀介质，声波能量的一部分被吸收并转化为热量，但是在多晶固体的非均匀介质或在含有其他微粒而基本上是均质的材料中，还会产生散射形式的能量损失，因此衰减系数 α 应该分成两部分：

$$\alpha = \alpha_a + \alpha_s \tag{2.16}$$

式中，α_a 是吸收衰减系数；α_s 是散射衰减系数。

吸收衰减的机理较为复杂，主要是由以下原因造成的：

(1) 介质内部摩擦；

(2) 弹性迟滞；

(3) 热传导；

(4) 分子结构的松弛现象。

在气体和液体中，仅存在(1)、(3)、(4)。对于固体介质，(2)和(1)为最重要的，而(3)、(4)可以忽略不计。这些原因的机理都与频率存在密切关系，随着频率的一次方或二次方变化。对于气体、液体，吸收衰减一般随着频率的平方变化，而固体中则通常是线性变化的，即

$$\alpha_a = Cf \tag{2.17}$$

式中，C 是吸收系数；f 是波的频率。

散射衰减是由大小与波长相当、声阻抗与周围材质不同的非均匀介质散射体造成的。散射衰减系数一般是随着非均匀介质散射体相对于波长的大小(波长 λ 与直径 d 的比值)和其他因素的变化而变化的，因而可以根据两者的比值将散射系数分成以下三种情况：

(1) 当 $\lambda \ll \bar{d}$ 时，$\alpha_s \propto 1/\bar{d}$ ；

(2) 当 $\lambda \approx \bar{d}$ 时，$\alpha_s \propto \bar{d}f^2$ ；

(3) 当 $\lambda \gg \bar{d}$ 时，$\alpha_s \propto \bar{d}^3 f^4$ ；

式中，$\bar{d}$ 是非均匀介质散射体的平均直径。

影响散射衰减系数的其他因素包括各向异性介质弹性常数之间的差别、非均匀介质密度之间的差别及波的种类之间的差别。

2.2　波动方程

2.2.1　流体中的波动方程

由于在理想流体介质中只有体积形变，也即只能传播纵波，所以利用单一的标量——声压就可以对纵波在理想流体中的传播进行描述。在理想小振幅声波情况下，无限均匀理想流体介质中，以声压 $p(x,y,z,t)$ 表示的三维波动方程可以写为[1,12,13]

$$\nabla^2 p = \frac{1}{c_0^2}\frac{\partial^2 p}{\partial t^2} \tag{2.18}$$

式中，c_0 是流体介质中的纵波波速；∇^2 是拉普拉斯算子，在直角坐标系中可以表示为

$$\nabla^2 = \frac{\partial^2}{\partial x^2} + \frac{\partial^2}{\partial y^2} + \frac{\partial^2}{\partial z^2} \tag{2.19}$$

2.2.2　固体中的波动方程

与理想流体不同，固体介质一般不仅能产生体积形变，还能产生剪切形变，因此纵波和横波都能在固体介质中传播；在无体力情况下，均匀各向同性理想弹性固体介质中的波动方程可用位移矢量 u 表示为[14-16]

$$\mu\nabla^2 u + (\lambda+\mu)\nabla\nabla\cdot u = \rho\ddot{u} \tag{2.20}$$

式中，ρ 是固体介质的密度；λ 和 μ 是固体介质的拉梅常数；位移矢量 $u=u_x i$

$+u_y j+u_z k=\left(u_x,u_y,u_z\right)$；$\nabla=\dfrac{\partial}{\partial x}i+\dfrac{\partial}{\partial y}j+\dfrac{\partial}{\partial z}k$ 表示求梯度，也称为 Nabla 算子；

$\nabla\cdot u=\dfrac{\partial u_x}{\partial x}+\dfrac{\partial u_y}{\partial y}+\dfrac{\partial u_z}{\partial z}$ 是位移矢量 u 的散度；$\ddot{u}=\left(\dfrac{\partial^2 u_x}{\partial t^2},\dfrac{\partial^2 u_y}{\partial t^2},\dfrac{\partial^2 u_z}{\partial t^2}\right)$ 是位移矢量 u

对时间求二阶偏导。

　　上述波动方程中，三个方向的位移分量互相耦合，求解困难。基于矢量的亥姆霍兹分解定理，式(2.20)中的位移矢量 u 可以表示为标量势 φ 的梯度和矢量势 ψ 的旋度之和，即

$$u=\nabla\varphi+\nabla\times\psi \tag{2.21}$$

式中，矢量势 ψ 的旋度为 $\nabla\times\psi=\left(\dfrac{\partial\psi_z}{\partial y}-\dfrac{\partial\psi_y}{\partial z}\right)i+\left(\dfrac{\partial\psi_x}{\partial z}-\dfrac{\partial\psi_z}{\partial x}\right)j+\left(\dfrac{\partial\psi_y}{\partial x}-\dfrac{\partial\psi_x}{\partial y}\right)k$ 。

　　对于标量势 φ 和矢量势 ψ ，有

$$\nabla\cdot\nabla\varphi=\nabla^2\varphi \tag{2.22a}$$

$$\nabla\cdot\nabla\times\psi=0 \tag{2.22b}$$

把式(2.21)表示的位移矢量代入式(2.20)，并利用式(2.22)，则波动方程可以写为

$$\nabla\left[\left(\lambda+2\mu\right)\nabla^2\varphi-\rho\ddot{\varphi}\right]+\nabla\times\left(\mu\nabla^2\psi-\rho\ddot{\psi}\right)=0 \tag{2.23}$$

由式(2.23)可以得到如下一对不相互耦合的声波方程：

$$\nabla^2\varphi=\frac{1}{c_L^2}\ddot{\varphi} \tag{2.24}$$

$$\nabla^2\psi=\frac{1}{c_T^2}\ddot{\psi} \tag{2.25}$$

式中，$c_L=\sqrt{\left(\lambda+2\mu\right)/\rho}$ 和 $c_T=\sqrt{\mu/\rho}$ 分别是固体介质中的纵波声速和横波声速。

2.2.3 平面波

　　流体和固体中的波动方程已分别在 2.2.1 节和 2.2.2 节中给出。在直角坐标系下，分别求解对应的波动方程，即可得到流体介质和固体介质中沿任意方向传播的平面波。在平面波传播过程中，波振面保持为平面，并且与传播方向(声线方向)垂直。以相速度 c 传播的平面波可用式(2.26)表示[14,15]：

$$u=f\left(x\cdot p-ct\right)d \tag{2.26}$$

式中，d 是质点运动方向的单位向量；p 是声波传播方向的单位向量；x 是位置矢量；$x\cdot p=$const 定义了垂直于单位向量 p 的平面(平面方程的点法式)。当 $d\cdot p=\pm1$，

即质点振动方向与声波传播方向平行时，式(2.26)表示平面纵波；而当 $d \cdot p = 0$ ，即质点振动方向与声波传播方向垂直时，式(2.26)表示平面横波。

以相速度 c 沿方向 p 传播的简谐平面波，其位移表达式可以写为

$$u = Ad\,\mathrm{e}^{\mathrm{i}\eta} \tag{2.27}$$

式中，A 是声波幅值；$\mathrm{i} = \sqrt{-1}$ ；$\eta = k(x \cdot p - ct)$ ；$k = \omega/c$ 是波数；$\omega = 2\pi/T$ 是角频率；T 是简谐波周期。

对于均匀各向同性理想弹性固体，在直角坐标系中，应力 τ 和应变 ε 的关系(胡克定理)，以及应变 ε 和位移 u 之间的对应关系，可分别写为

$$\varepsilon_{ij} = \frac{1}{2}\left(u_{i,j} + u_{j,i}\right) \tag{2.28}$$

$$\tau_{ij} = \lambda \varepsilon_{kk} \delta_{ij} + 2\mu \varepsilon_{ij} \tag{2.29}$$

式中，i、j 均可分别取 x、y、z ；ε_{kk} 遵循爱因斯坦求和约定，$\varepsilon_{kk} = \varepsilon_{xx} + \varepsilon_{yy} + \varepsilon_{zz}$ ；δ_{ij} 是克罗内克 δ 函数(Kronecker delta function)，$\delta_{ij} = \begin{cases} 1, & i = j \\ 0, & i \neq j \end{cases}$ ；$u_{i,j} = \dfrac{\partial u_i}{\partial j}$ 。

利用式(2.28)和式(2.29)，式(2.27)对应的应力分量可用位移量表示为

$$\tau_{lm} = \left[\lambda \delta_{lm}\left(d_j p_j\right) + \mu\left(d_l p_m + d_m p_l\right)\right]\mathrm{i}kA\,\mathrm{e}^{\mathrm{i}\eta} \tag{2.30}$$

式中，j、l 和 m 均可分别取 x、y、z ；$d_j p_j$ 遵循爱因斯坦求和约定。

2.3 超声波在界面处的反射与透射

2.3.1 液/固界面

如图 2.1 所示，当平面声波以一定角度入射到液/固界面时，由于液体中只能传播纵波，所以液体介质 1 中的入射波 $p^{(0)}$ 和反射波 $p^{(1)}$ 都是纵波，且其声速均为 c_{L1}。而在固体中，横波和纵波均可传播，因此固体介质 2 中折射纵波 $p^{(2)}$ 和折射横波 $p^{(3)}$ 同时存在，其声速分别为 c_{L2} 和 c_{T2}。θ_0、θ_1、θ_2 和 θ_3 分别表示入射角、反射角、纵波折射角和横波折射角。液体介质 1 和固体介质 2 的密度分别为 ρ_1 和 ρ_2。

在图 2.1 所示的直角坐标系中，入射纵波 $p^{(0)}$、反射纵波 $p^{(1)}$、折射纵波 $p^{(2)}$ 和折射横波 $p^{(3)}$ 可分别表示为

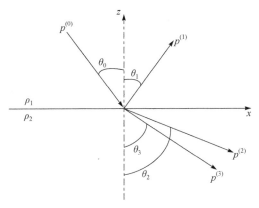

图 2.1　超声波在液/固界面的反射与透射

$$u^{(0)} = A_0 \, \mathrm{e}^{\mathrm{i}k_0(x\sin\theta_0 + z\cos\theta_0 - c_{\mathrm{L1}}t)} \begin{pmatrix} \sin\theta_0 \\ \cos\theta_0 \end{pmatrix} \tag{2.31}$$

$$u^{(1)} = A_1 \, \mathrm{e}^{\mathrm{i}k_1(x\sin\theta_1 - z\cos\theta_1 - c_{\mathrm{L1}}t)} \begin{pmatrix} \sin\theta_1 \\ -\cos\theta_1 \end{pmatrix} \tag{2.32}$$

$$u^{(2)} = A_2 \, \mathrm{e}^{\mathrm{i}k_2(x\sin\theta_2 + z\cos\theta_2 - c_{\mathrm{L2}}t)} \begin{pmatrix} \sin\theta_2 \\ \cos\theta_2 \end{pmatrix} \tag{2.33}$$

$$u^{(3)} = A_3 \, \mathrm{e}^{\mathrm{i}k_3(x\sin\theta_3 + z\cos\theta_3 - c_{\mathrm{T2}}t)} \begin{pmatrix} \cos\theta_3 \\ -\sin\theta_3 \end{pmatrix} \tag{2.34}$$

式中，A_0、A_1、A_2、A_3 分别是入射纵波、反射纵波、折射纵波及折射横波的幅值；k_0、k_1、k_2、k_3 分别是入射波、反射纵波、折射纵波及折射横波的波数。

考虑边界条件，在液/固界面 $z=0$ 处，法向位移连续，即

$$\left(u_z^{(0)} + u_z^{(1)} \big| \right)\Big|_{z=0} = \left(u_z^{(2)} + u_z^{(3)} \right)\Big|_{z=0} \tag{2.35}$$

同时，应力连续，即

$$\left[-(p)_1 \right]\Big|_{z=0} = \left\{ \rho_1 c_{\mathrm{L1}}^2 \nabla \cdot \left(u^{(0)} + u^{(1)} \right) \right\}\Big|_{z=0} = \left(\tau_{zz}^{(2)} + \tau_{zz}^{(3)} \right)\Big|_{z=0} \tag{2.36}$$

$$\left(\tau_{zx}^{(2)} + \tau_{zx}^{(3)} \right)\Big|_{z=0} = 0 \tag{2.37}$$

式(2.36)左侧 $(p)_1$ 为液体介质 1 中的声压，由流体介质本构方程可得 $-(p)_1 = \rho_1 c_{\mathrm{L1}}^2 \nabla \cdot \left(u^{(0)} + u^{(1)} \right)$；右侧 $\tau_{zz}^{(2)} + \tau_{zz}^{(3)}$ 为固体介质 2 中的法向应力。由于压强向内取正，而应力向外取正，所以式(2.36)左侧 $(p)_1$ 取负号。

式(2.31)~式(2.34)对所有的 x 和 t 均成立，这意味着在 $z=0$ 处，式(2.31)~

式(2.34)中的四个指数项相等，也即

$$k_0 c_{\mathrm{L}} = k_1 c_{\mathrm{L}} = k_2 c_{\mathrm{L}} = k_3 c_{\mathrm{T}} \tag{2.38}$$

$$k_0 \sin\theta_0 = k_1 \sin\theta_1 = k_2 \sin\theta_2 = k_3 \sin\theta_3 \tag{2.39}$$

注意到 $k = \omega/c$，由式(2.38)可得 $\omega_0 = \omega_1 = \omega_2 = \omega_3$，这说明简谐平面波入射到液/固界面时，产生的反射波和折射波与入射波具有相同的角频率。

将 $k = \omega/c$ 代入式(2.39)，即可得到声速、入射角、反射角和折射角之间的关系：

$$\frac{\sin\theta_0}{c_{\mathrm{L1}}} = \frac{\sin\theta_1}{c_{\mathrm{L1}}} = \frac{\sin\theta_2}{c_{\mathrm{L2}}} = \frac{\sin\theta_3}{c_{\mathrm{T2}}} \tag{2.40}$$

式(2.40)就是著名的 Snell 定律。给定入射角和材料声速，相关的反射角和折射角便可由式(2.40)求出。

对于入射波、反射波和折射波的幅值，将式(2.31)～式(2.34)中的相关参量代入边界条件式(2.35)～式(2.37)，可以得到如下矩阵方程：

$$\begin{bmatrix} \cos\theta_1 & \cos\theta_2 & -\sin\theta_3 \\ -\rho_1 c_{\mathrm{L1}}^2 k_1 & k_2(\lambda + 2\mu)\cos(2\theta_3) & -k_3 \mu \sin(2\theta_3) \\ 0 & k_2 \sin(2\theta_2) & k_3 \cos(2\theta_3) \end{bmatrix} \begin{bmatrix} A_1 \\ A_2 \\ A_3 \end{bmatrix} = A_0 \begin{bmatrix} \cos\theta_0 \\ \rho_1 c_{\mathrm{L1}}^2 k_0 \\ 0 \end{bmatrix} \tag{2.41}$$

式中，λ 和 μ 是固体介质 2 的拉梅常数。

在超声波入射液/固界面时，以质点振动位移表示的反射系数和透射系数可分别定义为：纵波反射系数 $R_{\mathrm{L}}(\theta) = A_1(\theta)/A_0(\theta)$，纵波透射系数 $T_{\mathrm{L}}(\theta) = A_2(\theta)/A_0(\theta)$，横波透射系数 $T_{\mathrm{T}}(\theta) = A_3(\theta)/A_0(\theta)$。字母 R 和 T 分别对应反射系数和透射系数，下标 L 和 T 分别对应纵波和横波。给定入射角和材料声速，由式(2.40)和式(2.41)便可得到相关的反射系数和透射系数。

以电子封装多层结构的高频超声检测为例，检测常用的耦合液为水，与水直接接触的封装材料一般为模具塑料，因此超声波入射的液/固界面为水/塑料界面。表 2.1 列出了水和塑料的相关特性参数[17]。

表 2.1　水和塑料的相关特性参数

材料	$\rho/(\mathrm{kg/m^3})$	$c_{\mathrm{L}}/(\mathrm{m/s})$	$c_{\mathrm{T}}/(\mathrm{m/s})$	λ/MPa	μ/MPa
水	1.00×10^3	1.50×10^3	—	—	—
6300H 环氧塑料	1.81×10^3	2.99×10^3	1.60×10^3	6.92×10^3	4.62×10^3

当超声波从水中入射到电子封装模具塑料表面时，对应的位移反射、透射系数和角度之间的关系如图 2.2 所示。从图 2.2 可以看出，当超声波垂直入射时，入

射纵波只在电子封装材料中激发了纵波，此时反射系数为 0.566，纵波透射系数为
0.434，横波透射系数为 0，这意味着电子封装塑料中只被激发出了纵波；逐渐增
大入射角，纵波透射系数几乎保持不变，而横波透射系数逐渐增大，电子封装中
同时被激发出了纵波和横波；当入射角增大到约 30° 时，反射系数增大到 1，此
时所有入射能量均被反射，纵波透射系数出现极大值，而横波透射系数下降到 0，
这一角度是水/塑料纵波临界角(第一临界角)。继续增大入射角，此时塑料中不再
存在折射纵波，但是折射横波仍然存在，一直到入射角增大至约 70°，也即水/塑
料横波临界角(第二临界角)，反射系数增大至 1，横波透射系数出现极大值，能量
主要以临界折射横波的形式存在。入射角继续增大，反射系数保持 1 不变，塑料
中不再产生横波和纵波。

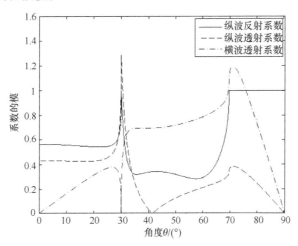

图 2.2　水/塑料界面的反射系数和透射系数

2.3.2　固/固界面

1. 平面纵波入射到固/固界面

考虑平面纵波入射到固/固界面的情况。对于均匀各向同性固体介质 1 和 2，
当平面纵波以一定角度入射到固体介质 1 和 2 之间的固/固界面时，界面处发生的
反射与透射如图 2.3 所示。图 2.3 中，$p^{(0)}$ 和 $p^{(1)}$ 分别是各向同性固体介质 1 中的
入射纵波和反射纵波，声速均为 c_{L1}，θ_0 为平面纵波入射角，θ_1 为反射纵波反射
角；$p^{(2)}$ 为固体介质 1 中的反射横波，其声速为 c_{T1}，θ_2 为反射横波反射角；$p^{(3)}$
和 $p^{(4)}$ 分别为固体介质 2 中的折射纵波和折射横波，其声速分别为 c_{L2} 和 c_{T2}，θ_3
为折射纵波的折射角，θ_4 为折射横波的折射角。固体介质 1 和 2 的密度分别为 ρ_1
和 ρ_2。此时，需要注意的是，对于液/固界面，液体介质中只存在反射纵波，而

对于固/固界面，固体介质 1 中同时存在反射纵波和反射横波。

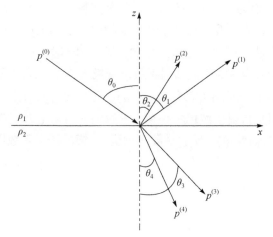

图 2.3　超声纵波在固/固界面的反射与透射

与平面纵波入射到液/固界面的情况类似，当平面纵波以一定角度入射到固/固界面时，利用式(2.27)，图 2.3 中的入射纵波 $p^{(0)}$、反射纵波 $p^{(1)}$、反射横波 $p^{(2)}$、折射纵波 $p^{(3)}$ 和折射横波 $p^{(4)}$ 可以分别表示为

$$u^{(0)}=A_0\,\mathrm{e}^{\mathrm{i}k_0(x\sin\theta_0+z\cos\theta_0-c_{\mathrm{L}1}t)}\begin{pmatrix}\sin\theta_0\\\cos\theta_0\end{pmatrix} \tag{2.42}$$

$$u^{(1)}=A_1\,\mathrm{e}^{\mathrm{i}k_1(x\sin\theta_1-z\cos\theta_1-c_{\mathrm{L}1}t)}\begin{pmatrix}\sin\theta_1\\-\cos\theta_1\end{pmatrix} \tag{2.43}$$

$$u^{(2)}=A_2\,\mathrm{e}^{\mathrm{i}k_2(x\sin\theta_2-z\cos\theta_2-c_{\mathrm{T}1}t)}\begin{pmatrix}\cos\theta_2\\\sin\theta_2\end{pmatrix} \tag{2.44}$$

$$u^{(3)}=A_3\,\mathrm{e}^{\mathrm{i}k_3(x\sin\theta_3+z\cos\theta_3-c_{\mathrm{L}2}t)}\begin{pmatrix}\sin\theta_3\\\cos\theta_3\end{pmatrix} \tag{2.45}$$

$$u^{(4)}=A_4\,\mathrm{e}^{\mathrm{i}k_4(x\sin\theta_4+z\cos\theta_4-c_{\mathrm{T}2}t)}\begin{pmatrix}\cos\theta_4\\-\sin\theta_4\end{pmatrix} \tag{2.46}$$

当两种固体介质结合完好时，在固/固界面 $z=0$ 处，位移和应力均连续，因此有边界条件：

$$\left(u_x^{(0)}+u_x^{(1)}+u_x^{(2)}\right)\Big|_{z=0}=\left(u_x^{(3)}+u_x^{(4)}\right)\Big|_{z=0} \tag{2.47}$$

$$\left(u_z^{(0)}+u_z^{(1)}+u_z^{(2)}\right)\Big|_{z=0}=\left(u_z^{(3)}+u_z^{(4)}\right)\Big|_{z=0} \tag{2.48}$$

$$\left(\tau_{zx}^{(0)}+\tau_{zx}^{(1)}+\tau_{zx}^{(2)}\right)\bigg|_{z=0}=\left(\tau_{zx}^{(3)}+\tau_{zx}^{(4)}\right)\bigg|_{z=0} \tag{2.49}$$

$$\left(\tau_{zz}^{(0)}+\tau_{zz}^{(1)}+\tau_{zz}^{(2)}\right)\bigg|_{z=0}=\left(\tau_{zz}^{(3)}+\tau_{zz}^{(4)}\right)\bigg|_{z=0} \tag{2.50}$$

由于对任意的 x 和 t，式(2.47)~式(2.50)均成立，因此式(2.42)~式(2.46)中的五个指数项在 $z=0$ 处相等，此时有

$$k_0 c_{L1}=k_1 c_{L1}=k_2 c_{T1}=k_3 c_{L2}=k_4 c_{T2} \tag{2.51}$$

$$k_0 \sin\theta_0=k_1 \sin\theta_1=k_2 \sin\theta_2=k_3 \sin\theta_3=k_4 \sin\theta_4 \tag{2.52}$$

由式(2.51)和式(2.52)可以得到

$$\omega_0=\omega_1=\omega_2=\omega_3=\omega_4 \tag{2.53}$$

$$\frac{\sin\theta_0}{c_{L1}}=\frac{\sin\theta_1}{c_{L1}}=\frac{\sin\theta_2}{c_{T1}}=\frac{\sin\theta_3}{c_{L2}}=\frac{\sin\theta_4}{c_{T2}} \tag{2.54}$$

式(2.36)表明，简谐平面波入射到固/固界面时产生的反射波和折射波与入射波具有相同的角频率。给定入射角和材料声速，由式(2.54)便可得到相关的反射角和折射角。

将相关质点位移和应力代入边界条件式(2.47)~式(2.50)，入射波、反射波和折射波幅值之间的关系可表示为

$$\begin{bmatrix} -\sin\theta_1 & -\cos\theta_2 & \sin\theta_3 & \cos\theta_4 \\ \cos\theta_1 & -\sin\theta_2 & \cos\theta_3 & -\sin\theta_4 \\ k_1\mu_1\sin(2\theta_1) & k_2\mu_1\cos(2\theta_2) & k_3\mu_2\sin(2\theta_3) & k_4\mu_2\cos(2\theta_4) \\ -k_1(\lambda_1+2\mu_1)\cos(2\theta_2) & k_2\mu_1\sin(2\theta_2) & k_3(\lambda_2+2\mu_2)\cos(2\theta_4) & -k_4\mu_2\sin(2\theta_4) \end{bmatrix} \begin{bmatrix} A_1 \\ A_2 \\ A_3 \\ A_4 \end{bmatrix}$$

$$= A_0 \begin{bmatrix} \sin\theta_0 \\ \cos\theta_0 \\ k_0\mu_1\sin(2\theta_0) \\ k_0(\lambda_1+2\mu_1)\cos(2\theta_2) \end{bmatrix} \tag{2.55}$$

式中，λ_1、μ_1 和 λ_2、μ_2 分别为固体介质 1 和固体介质 2 的拉梅常数。

与 2.4.2 节类似，超声波入射固/固界面时进行如下定义：纵波反射系数 $R_L(\theta)=A_1(\theta)/A_0(\theta)$，横波反射系数 $R_T(\theta)=A_2(\theta)/A_0(\theta)$，纵波透射系数 $T_L(\theta)=A_3(\theta)/A_0(\theta)$，横波透射系数 $T_T(\theta)=A_4(\theta)/A_0(\theta)$。在材料确定后，相关的反射系数和透射系数即可由式(2.55)求出。

仍然以电子封装多层结构的高频超声检测为例，考虑塑料和硅芯片之间的固/

固界面，对应的声学特性参数如表 2.2 所示。

表 2.2　塑料和硅芯片的声学特性参数

c	$\rho/(\mathrm{kg/m^3})$	$c_L/(\mathrm{m/s})$	$c_T/(\mathrm{m/s})$	λ/MPa	μ/MPa
6300H 环氧塑料	1.81×10^3	2.99×10^3	1.60×10^3	6.92×10^3	4.62×10^3
硅	2.33×10^3	8.70×10^3	4.65×10^3	75.58×10^3	50.38×10^3

当超声纵波从塑料中入射到塑料/硅芯片界面时，对应的位移反射、透射系数和角度之间的关系如图 2.4 所示。当超声纵波垂直入射时，纵波反射系数和透射系数分别为 0.58 和 0.42，横波反射系数和透射系数均为 0，此时，电子封装塑料层中只存在反射纵波，硅芯片层中也只存在透射纵波。增大入射角，纵波反射系数和透射系数都几乎保持不变，而横波反射系数及透射系数均逐渐增大，电子封装塑料层和硅芯片中同时存在纵波和横波。当入射角增大至约 20° 时，纵波反射系数增大到 1，纵波透射系数出现极大值，而横波反射系数和透射系数均下降至几乎为 0，这一角度是塑料/硅芯片纵波临界角(第一临界角)。当入射角继续增大至约 40° 时，达到塑料/硅芯片横波临界角(第二临界角)，横波反射系数出现最大值。

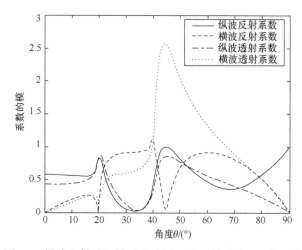

图 2.4　纵波入射时塑料/硅芯片界面的反射系数和透射系数

2. 平面横波入射到固/固界面

前面分析了平面纵波在固/固界面处的反射与透射，这里将用同样的方法来分析平面横波入射到固/固界面后声波的传播。在平面横波入射到固/固界面后，同样会产生反射纵波、反射横波、折射纵波和折射横波，此时只需将入射纵波变为入射横波，界面处的反射与透射即与图 2.3 所示的平面纵波在固/固界面的反射与透射一致。因此，除入射横波外，反射纵波、反射横波、折射纵波和折射横波均可分别用式(2.43)~式(2.46)来表示。此时，入射横波的表达式可以写为

$$u^{(0)} = A_0 \, \mathrm{e}^{ik_0(x\sin\theta_0 + z\cos\theta_0 - c_{\mathrm{L}}t)} \begin{pmatrix} \cos\theta_0 \\ -\sin\theta_0 \end{pmatrix} \tag{2.56}$$

只考虑声波位移表达式中的指数项，可以看到在横波入射时，对应的指数项与纵波入射时完全一样，因此与式(2.53)和式(2.54)类似，在将相关表达式代入位移和应力连续的边界条件后，利用指数项在 $z = 0$ 处相等，可以得到

$$\omega_0 = \omega_1 = \omega_2 = \omega_3 = \omega_4 \tag{2.57}$$

$$\frac{\sin\theta_0}{c_{\mathrm{T1}}} = \frac{\sin\theta_1}{c_{\mathrm{L1}}} = \frac{\sin\theta_2}{c_{\mathrm{T1}}} = \frac{\sin\theta_3}{c_{\mathrm{L2}}} = \frac{\sin\theta_4}{c_{\mathrm{T2}}} \tag{2.58}$$

注意，由于入射波为横波，所以式(2.58)中第一项的分母为固体介质 1 中的横波波速 c_{T1}。

进一步分析，因为横波入射时对应的反射纵波、反射横波、折射纵波和折射横波的表达式与纵波入射时没有区别，只有入射波由纵波变为横波，所以式(2.55)中等式的左边不用变化，只需将等式右边对应为横波即可。代入相关项后，可以得到平面横波入射到固/固界面后，入射波、反射波和折射波幅值之间的关系为

$$\begin{bmatrix} -\sin\theta_1 & -\cos\theta_2 & \sin\theta_3 & \cos\theta_4 \\ \cos\theta_1 & -\sin\theta_2 & \cos\theta_3 & -\sin\theta_4 \\ k_1\mu_1\sin(2\theta_1) & k_2\mu_1\cos(2\theta_2) & k_3\mu_2\sin(2\theta_3) & k_4\mu_2\cos(2\theta_4) \\ -k_1(\lambda_1 + 2\mu_1)\cos(2\theta_2) & k_2\mu_1\sin(2\theta_2) & k_3(\lambda_2 + 2\mu_2)\cos(2\theta_4) & -k_4\mu_2\sin(2\theta_4) \end{bmatrix} \begin{bmatrix} A_1 \\ A_2 \\ A_3 \\ A_4 \end{bmatrix}$$

$$= A_0 \begin{bmatrix} \cos\theta_0 \\ -\sin\theta_0 \\ k_0\mu_1\cos(2\theta_0) \\ -k_0\mu_1\sin(2\theta_0) \end{bmatrix} \tag{2.59}$$

当超声横波从塑料中入射到塑料/硅芯片界面时，对应的位移反射、透射系数和角度之间的关系如图 2.5 所示。当超声横波垂直入射时，纵波反射系数和纵波透射系数均为 0，横波反射系数为 0.58，横波透射系数为 0.42，此时，电子封装塑料层中只有反射横波，硅芯片层中也只存在透射横波。当入射角增大至约 10° 时，纵波反射系数下降至 0，这一角度是横波入射时塑料/硅芯片纵波临界角(第一临界角)。增大入射角至约 20°，横波透射系数出现极小值 0.25，达到横波入射时塑料/硅芯片横波临界角(第二临界角)。继续增大入射角至约 33°，横波反射系

数增大到 1 并保持恒定, 此时塑料中横波全反射。

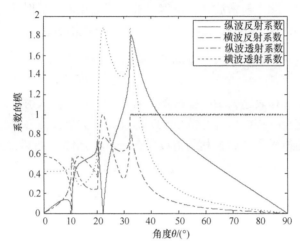

图 2.5　横波入射时塑料/硅芯片界面的反射系数和透射系数

2.3.3　固/空气界面

严格来说, 空气介质可以传播机械波, 当超声波入射到固/空气界面时, 在空气介质中也会产生折射纵波, 但是对于实际高频超声入射到固/空气界面的情况, 可以忽略空气中的折射纵波, 即将固/空气界面也近似看作固/真空界面。此时, 超声波入射到固/真空(空气)界面处的传播问题可视为超声波入射到固体自由表面的问题。

如图 2.6 所示, 当平面纵波或横波从介质中入射到固体自由表面时, 介质中产生了反射纵波和反射横波。此时, 入射纵波、入射横波、反射纵波和反射横波的位移可以分别用式(2.42)、式(2.54)、式(2.43)和式(2.44)表示。

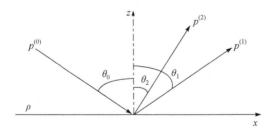

图 2.6　超声波在固体自由表面的反射

自由表面的边界条件为

$$\left[\tau_{zx}^{(0)} + \tau_{zx}^{(1)} + \tau_{zx}^{(2)} \right]\Big|_{z=0} = 0 \tag{2.60}$$

$$\left[\tau_{zz}^{(0)}+\tau_{zz}^{(1)}+\tau_{zz}^{(2)}\right]\Big|_{z=0}=0 \tag{2.61}$$

和前面的推导类似，由以上边界条件可以得到，反射横波和反射纵波与入射波的频率相等，相关角度之间的关系如下：

当入射波为纵波时，

$$\frac{\sin\theta_0}{c_L}=\frac{\sin\theta_1}{c_L}=\frac{\sin\theta_2}{c_T} \tag{2.62}$$

当入射波为横波时，

$$\frac{\sin\theta_0}{c_T}=\frac{\sin\theta_1}{c_L}=\frac{\sin\theta_2}{c_T} \tag{2.63}$$

入射波、反射纵波和反射横波波幅值之间的关系如下：

当入射波为纵波时，

$$\begin{bmatrix} k_1\mu\sin(2\theta_1) & k_2\mu\cos(2\theta_2) \\ -k_1(\lambda+2\mu)\cos(2\theta_2) & k_2\mu\sin(2\theta_2) \end{bmatrix}\begin{bmatrix} A_1 \\ A_2 \end{bmatrix}=A_0\begin{bmatrix} k_0\mu\sin(2\theta_0) \\ k_0(\lambda+2\mu)\cos(2\theta_2) \end{bmatrix} \tag{2.64}$$

当入射波为横波时，

$$\begin{bmatrix} k_1\mu\sin(2\theta_1) & k_2\mu\cos(2\theta_2) \\ -k_1(\lambda+2\mu)\cos(2\theta_2) & k_2\mu\sin(2\theta_2) \end{bmatrix}\begin{bmatrix} A_1 \\ A_2 \end{bmatrix}=A_0\begin{bmatrix} k_0\mu\cos(2\theta_0) \\ -k_0\mu\sin(2\theta_0) \end{bmatrix} \tag{2.65}$$

当高频超声波入射到封装体塑料/空气(脱黏或分层)界面时，对应的位移反射、透射系数和角度之间的关系如图 2.7 所示。从图 2.7 可以看出，当超声波垂直入射时，对应于入射纵波或入射横波，塑料中分别只存在反射纵波或反射横波。

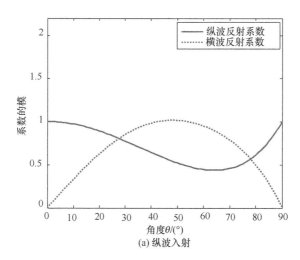

(a) 纵波入射

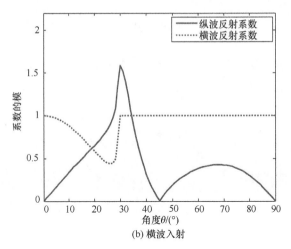

(b) 横波入射

图 2.7　高频超声波入射时塑料/空气界面的反射系数

2.4　界面波的传播

当满足一定条件时，在多层介质分界面处会产生表面波。表面波的能量集中在表面数个波长范围以内，并沿着界面传播。界面处的表面波主要有三种：①固体自由表面的 Rayleigh 波；②固/固界面的 Stoneley 波；③液/固界面的 Scholte 波。

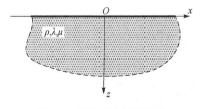

图 2.8　弹性半空间坐标系

不论是 Rayleigh 波、Stoneley 波，还是 Scholte 波，作为表面波，其最重要的特征是质点位移随距离界面(表面)深度的指数衰减。对于如图 2.8 所示的弹性半空间中以波速 c 沿 x 正向传播的平面表面波，不失一般性地，其位移分量可用如下形式表示：

$$u_x = A\mathrm{e}^{-bz}\,\mathrm{e}^{\mathrm{i}k(x-ct)} \tag{2.66}$$

$$u_z = B\mathrm{e}^{-bz}\,\mathrm{e}^{\mathrm{i}k(x-ct)} \tag{2.67}$$

式中，b 是正实数，以满足位移随离界面深度的指数衰减；k 是波数。通过确定位移分量中的幅值 A 和 B、衰减系数 b 及表面波波速 c，就可以确定在界面处传播的表面波。

将以上位移分量代入固体中的波动方程式(2.20)，可以得到关于 A 和 B 的齐次线性方程组：

$$\begin{bmatrix} c_{\mathrm{T}}^2 b^2 + k^2(c^2 - c_{\mathrm{L}}^2) & -ikb(c_{\mathrm{L}}^2 - c_{\mathrm{T}}^2) \\ -ikb(c_{\mathrm{L}}^2 - c_{\mathrm{T}}^2) & c_{\mathrm{L}}^2 b^2 + k^2(c^2 - c_{\mathrm{T}}^2) \end{bmatrix} \begin{bmatrix} A \\ B \end{bmatrix} = \begin{bmatrix} 0 \\ 0 \end{bmatrix} \tag{2.68}$$

齐次线性方程组有非零解的条件为系数行列式等于零，即

$$[c_{\mathrm{L}}^2 b^2 + (c^2 - c_{\mathrm{L}}^2)k^2][c_{\mathrm{T}}^2 b^2 + (c^2 - c_{\mathrm{T}}^2)k^2] = 0 \tag{2.69}$$

求解式(2.69)，系数 b 可以取为

$$b^{(1)} = k\sqrt{1 - c^2/c_{\mathrm{L}}^2} \tag{2.70}$$

$$b^{(2)} = k\sqrt{1 - c^2/c_{\mathrm{T}}^2} \tag{2.71}$$

由于 b 为实数，所以表面波波速小于横波波速和纵波波速。将 $b^{(1)}$ 和 $b^{(2)}$ 代入式 (2.68)，对应于 $b^{(1)}$ 和 $b^{(2)}$，系数 A 和 B 具有如下关系：

$$B^{(1)} = \mathrm{i}(b^{(1)}/k)A^{(1)} \tag{2.72}$$

$$B^{(2)} = \mathrm{i}(k/b^{(2)})A^{(2)} \tag{2.73}$$

综上，不失一般性地，位移随离界面深度指数衰减的平面表面波的通解则可以表示为

$$u_x = \left[A^{(1)} \mathrm{e}^{-b^{(1)}z} + A^{(2)} \mathrm{e}^{-b^{(2)}z} \right] \mathrm{e}^{\mathrm{i}k(x-ct)} \tag{2.74}$$

$$u_z = [\mathrm{i}(b^{(1)}/k)A^{(1)} \mathrm{e}^{-b^{(1)}z} + \mathrm{i}(k/b^{(2)})A^{(2)} \mathrm{e}^{-b^{(2)}z}] \mathrm{e}^{\mathrm{i}k(x-ct)} \tag{2.75}$$

2.4.1 固/空气界面的 Rayleigh 波

位移随距离界面深度指数衰减的平面表面波的通解可由式(2.74)和式(2.75)表示。对于固体自由表面，界面边界条件为

$$\tau_{xz}\big|_{z=0} = \tau_{zz}\big|_{z=0} = 0 \tag{2.76}$$

将位移表达式(2.74)和式(2.75)代入应力应变关系和应变位移关系式(2.28)和式(2.29)，并利用界面边界条件式(2.76)，可以得到关于 $A^{(1)}$ 和 $A^{(2)}$ 的齐次线性方程组：

$$\begin{bmatrix} 2\sqrt{1 - c^2/c_{\mathrm{L}}^2}\sqrt{1 - c^2/c_{\mathrm{T}}^2} & 2 - c^2/c_{\mathrm{T}}^2 \\ 2 - c^2/c_{\mathrm{T}}^2 & 2 \end{bmatrix} \begin{bmatrix} A^{(1)} \\ A^{(2)} \end{bmatrix} = \begin{bmatrix} 0 \\ 0 \end{bmatrix} \tag{2.77}$$

式(2.77)具有非零解，系数行列式为零，由此可以得到表面波波速与横波波速和纵波波速的关系为

$$(2 - c^2/c_T^2)^2 - 4\sqrt{1 - c^2/c_L^2}\sqrt{1 - c^2/c_T^2} = 0 \tag{2.78}$$

由式(2.77)可知，$A^{(1)}$ 和 $A^{(2)}$ 的对应关系为

$$A^{(2)} = \left(\frac{1}{2} \frac{c^2}{c_T^2} - 1 \right) A^{(1)} = -\frac{b_2^2 + k^2}{2k^2} A^{(1)} \tag{2.79}$$

将上面的关系式代入表面波的通解式(2.74)和式(2.75)，可以得到固体自由表面传播的 Rayleigh 波的位移表达式为[15]

$$u_x = AiV(z)e^{ik(x-ct)} \tag{2.80}$$

$$u_z = AW(z)e^{ik(x-ct)} \tag{2.81}$$

式 中，$V(z) = d_1 e^{-b_1 z} + d_2 e^{-b_2 z}$，$W(z) = d_3 e^{-b_1 z} - e^{-b_2 z}$，$d_1 = -2kb_2 / (b_2^2 + k^2)$，$d_2 = b_2/k$，$d_3 = 2b_1 b_2 / (b_2^2 + k^2)$。注意，在 Rayleigh 波表达式(2.80)和式(2.81)的推导过程中用到了 Rayleigh 波的波速表达式(2.78)。

Rayleigh 波的位移表达式(2.80)和式(2.81)可以写成实数的形式：

$$u_x = AV(z)\cos\left[k(x - ct) - \pi/2 \right] \tag{2.82}$$

$$u_z = AW(z)\cos\left[k(x - ct) \right] \tag{2.83}$$

在某一深度处，即 z 值固定时，$AV(z)$ 和 $AW(z)$ 均为常数，由式(2.80)和式(2.81)可知，Rayleigh 波在 x 和 z 方向的位移分量之间相位相差 $\pi/2$，且两者幅值不等。因此，其合成位移的运动轨迹为一椭圆，椭圆的方程为

$$\frac{u_x^2}{[AV(z)]^2} + \frac{u_z^2}{[AW(z)]^2} = 1 \tag{2.84}$$

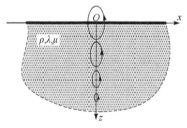

图 2.9　Rayleigh 波质点的振动轨迹

当 z 值增大，即深度变大时，$AV(z)$ 和 $AW(z)$ 快速减小，对应的椭圆也快速缩小。Rayleigh 波质点的振动轨迹如图 2.9 所示。用斜探头、直探头斜入射、叉指换能器和激光脉冲等方式可以在固体表面激发 Rayleigh 波。

图 2.10 为塑料表面 Rayleigh 波质点的横向和纵向相对位移随深度的变化(相对 $z = 0$ 处的质点纵向位移 $u_z|_{z=0}$)。图 2.10 表明，在塑料表面某一深度(约 20% Rayleigh 波波长)后，Rayleigh 波质点的纵向位移会反向，而横向位移方向保持不变，因此质点振动的椭圆轨迹也随着反向。

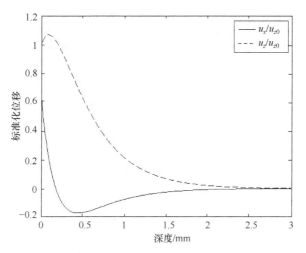

图 2.10　塑料表面 Rayleigh 波质点位移随深度的变化

2.4.2　固/固界面的 Stoneley 波

在固体自由表面或者固/空气界面可以产生 Rayleigh 波,当两个固体半空间结合在一起时,在两种固体的界面处也可以产生表面波(界面波),这种波一般称为 Stoneley 波。考虑如图 2.11 所示的两个固/固半空间界面,表面波在半空间 1 和 2 中的位移分量可分别用式(2.74)和式(2.75)表示为

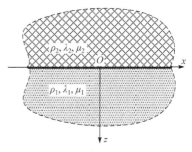

图 2.11　固/固半空间界面坐标系

$$u_{x1}=\left[A_1^{(1)}\,\mathrm{e}^{-p_1z}+A_1^{(2)}\,\mathrm{e}^{-q_1z}\right]\mathrm{e}^{\mathrm{i}k(x-ct)} \tag{2.85}$$

$$u_{z1}=\left[\mathrm{i}(p_1/k)A_1^{(1)}\,\mathrm{e}^{-p_1z}+\mathrm{i}(k/q_1)A_1^{(2)}\,\mathrm{e}^{-q_1z}\right]\mathrm{e}^{\mathrm{i}k(x-ct)} \tag{2.86}$$

$$u_{x2}=\left[A_2^{(1)}\,\mathrm{e}^{p_2z}+A_2^{(2)}\,\mathrm{e}^{q_2z}\right]\mathrm{e}^{\mathrm{i}k(x-ct)} \tag{2.87}$$

$$u_{z2}=\left[\mathrm{i}(p_2/k)A_2^{(1)}\,\mathrm{e}^{p_2z}+\mathrm{i}(k/q_2)A_2^{(2)}\,\mathrm{e}^{q_2z}\right]\mathrm{e}^{\mathrm{i}k(x-ct)} \tag{2.88}$$

式中,下标 1 和 2 分别对应于固体材料 1 和固体材料 2,且有 $p_1=k\sqrt{1-(c/c_{\mathrm{L1}})^2}$,$q_1=k\sqrt{1-(c/c_{\mathrm{T1}})^2}$,$p_2=k\sqrt{1-(c/c_{\mathrm{L2}})^2}$,$q_2=k\sqrt{1-(c/c_{\mathrm{2T}})^2}$;$c_{\mathrm{L1}}$、$c_{\mathrm{T1}}$ 和 c_{L2}、c_{T2} 分别为固体材料 1 和固体材料 2 中的纵波波速和横波波速。

界面处位移和应力均连续,边界条件为

$$u_{x1}\big|_{z=0}=u_{x2}\big|_{z=0} \tag{2.89}$$

$$u_{z1}\big|_{z=0}=u_{z2}\big|_{z=0} \tag{2.90}$$

$$\tau_{xz1}\big|_{z=0}=\tau_{xz2}\big|_{z=0} \tag{2.91}$$

$$\tau_{zz1}\big|_{z=0}=\tau_{zz2}\big|_{z=0} \tag{2.92}$$

代入相关参量, 可以得到关于 $A_1^{(1)}$、$A_1^{(2)}$、$A_2^{(1)}$ 和 $A_2^{(2)}$ 的齐次线性方程组:

$$\begin{bmatrix} 1 & 1 & -1 & -1 \\ \dfrac{p_1}{k} & \dfrac{k}{q_1} & \dfrac{p_2}{k} & \dfrac{k}{q_2} \\ 2\dfrac{p_1}{k} & \left[2-(c/c_{T1})^2\right]\dfrac{k}{q_1} & 2\dfrac{\mu_2}{\mu_1}\dfrac{p_2}{k} & \dfrac{\mu_2}{\mu_1}\left[2-(c/c_{T2})^2\right]\dfrac{k}{q_2} \\ 2-(c/c_{T1})^2 & 2 & -\dfrac{\mu_2}{\mu_1}\left[2-(c/c_{T2})^2\right] & -2\dfrac{\mu_2}{\mu_1} \end{bmatrix}\begin{bmatrix} A_1^{(1)} \\ A_1^{(2)} \\ A_2^{(1)} \\ A_2^{(2)} \end{bmatrix}$$

$$=\begin{bmatrix} 0 \\ 0 \\ 0 \\ 0 \end{bmatrix}$$

$$\tag{2.93}$$

式中, μ_1 和 μ_2 分别是固体材料 1 和 2 中的拉梅常数。

式(2.93)具有非零解的充要条件是系数行列式为零, 由此可得 Stoneley 波的波速:

$$\begin{vmatrix} 1 & 1 & -1 & -1 \\ \dfrac{p_1}{k} & \dfrac{k}{q_1} & \dfrac{p_2}{k} & \dfrac{k}{q_2} \\ 2\dfrac{p_1}{k} & \left[2-(c/c_{T1})^2\right]\dfrac{k}{q_1} & 2\dfrac{\mu_2}{\mu_1}\dfrac{p_2}{k} & \dfrac{\mu_2}{\mu_1}\left[2-(c/c_{T2})^2\right]\dfrac{k}{q_2} \\ 2-(c/c_{T1})^2 & 2 & -\dfrac{\mu_2}{\mu_1}\left[2-(c/c_{T2})^2\right] & -2\dfrac{\mu_2}{\mu_1} \end{vmatrix}=0 \tag{2.94}$$

由于 p_1、p_2 和 q_1、q_2 的表达式中均含有波数 k 因子, 结合系数行列式(2.94)中各表达式, 波数 k 完全消去, 即系数行列式(2.94)中不含 k, 也即 Stoneley 波的波速和频率无关, 所以 Stoneley 波是非频散波。式(2.94)可以通过数值方法求解, 其根不一定为实数, 也即所求波的相速度不一定为实数。这就意味着, 并非所有固体分界面处 Stoneley 波都存在。Stoneley 波的激发有斜探头、直探头斜入射、侧置直探头和激光脉冲等方式。

2.4.3 液/固界面的 Scholte 波

Scholte 波是在液/固半空间界面处(图 2.12)
传播的界面波。对于流体介质 1，可将其看作
固体介质在 $\mu_1=0$ 时的特殊情形[12]，此时
$\lambda_1=\rho_1(c_{L1})^2$。液体半空间 1 中表面波的位移
分量可用式(2.74)和式(2.75)表示为

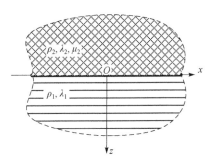

$$u_{x1}=\left[A_1^{(1)}\,\mathrm{e}^{-p_1z}\right]\mathrm{e}^{\mathrm{i}k(x-ct)} \tag{2.95}$$

$$u_{z1}=\left[\mathrm{i}(p_1/k)A_1^{(1)}\,\mathrm{e}^{-p_1z}\right]\mathrm{e}^{\mathrm{i}k(x-ct)} \tag{2.96}$$

图 2.12 液/固界面坐标系

式中，$p_1=k\sqrt{1-(c/c_{L1})^2}$，下标 1 对应于液体介质 1。

类似地，固体半空间 2 中表面波的位移分量可以表示为

$$u_{x2}=\left[A_2^{(1)}\,\mathrm{e}^{p_2z}+A_2^{(2)}\,\mathrm{e}^{q_2z}\right]\mathrm{e}^{\mathrm{i}k(x-ct)} \tag{2.97}$$

$$u_{z2}=\left[\mathrm{i}(p_2/k)A_2^{(1)}\,\mathrm{e}^{p_2z}+\mathrm{i}(k/q_2)A_2^{(2)}\,\mathrm{e}^{q_2z}\right]\mathrm{e}^{\mathrm{i}k(x-ct)} \tag{2.98}$$

式中，$p_2=k\sqrt{1-(c/c_{L2})^2}$，$q_2=k\sqrt{1-(c/c_{T2})^2}$，下标 2 对应于固体介质 2；$c_{L2}$ 和 c_{T2}
分别是固体介质 2 中的纵波波速和横波波速。

界面处法向位移和应力均连续，即

$$u_{z1}\big|_{z=0}=u_{z2}\big|_{z=0} \tag{2.99}$$

$$\tau_{xz1}\big|_{z=0}=\tau_{xz2}\big|_{z=0} \tag{2.100}$$

$$\tau_{zz1}\big|_{z=0}=\tau_{zz2}\big|_{z=0} \tag{2.101}$$

由边界条件及相关表达式，可得

$$\begin{bmatrix} -\dfrac{p_1}{k} & \dfrac{p_2}{k} & \dfrac{k}{q_2} \\[2mm] \lambda_1\dfrac{p_1^2-k^2}{k^2} & -(\lambda_2+2\mu_2)\dfrac{p_2^2}{k^2} & -(\lambda_2+2\mu_2) \\[2mm] 0 & 2\dfrac{p_2}{k} & \dfrac{k^2+q_2^2}{kq_2} \end{bmatrix}\begin{bmatrix} A_1^{(1)} \\ A_2^{(1)} \\ A_2^{(2)} \end{bmatrix}=\begin{bmatrix} 0 \\ 0 \\ 0 \end{bmatrix} \tag{2.102}$$

式中，λ_2、μ_2 是固体材料 2 中的拉梅常数。

当系数行列式为零时，式(2.102)具有非零解，由此可以求得 Scholte 波的
波速：

$$
\begin{vmatrix}
-\dfrac{p_1}{k} & \dfrac{p_2}{k} & \dfrac{k}{q_2} \\[2ex]
\lambda_1 \dfrac{p_1^2 - k^2}{k^2} & -(\lambda_2 + 2\mu_2)\dfrac{p_2^2}{k^2} & -(\lambda_2 + 2\mu_2) \\[2ex]
0 & 2\dfrac{p_2}{k} & \dfrac{k^2 + q_2^2}{kq_2}
\end{vmatrix} = 0 \tag{2.103}
$$

由于 p_1、p_2 和 q_1、q_2 的表达式中均含有波数 k 因子, 结合系数行列式(2.103)中各表达式, 波数 k 完全消去, 即系数行列式(2.103)中不含 k, 所以 Scholte 波也是非频散的。Scholte 波的能量主要集中于液体一侧, 因此, 较少用于固体无损检测, 而更多用于海洋探测等领域的分析研究。

2.5　薄层介质中超声波的传播

2.3 节和 2.4 节中的分析, 适用于多层结构中各单层介质厚度比检测用的超声波波长大很多的情况。当介质层较薄, 厚度和检测超声波波长量级相近时, 超声波会在介质层的上下界面不断反射、折射并产生新类型的超声波。对于具有自由边界条件的单层薄板, 超声波在界面处的不断反射和折射将在薄板中产生沿厚度垂直方向传播的 Lamb 波。在薄多层介质中, 由于介质层都很薄, 各界面回波将无法区分, 所以主要通过分析多层结构的上表面回波来对薄多层结构进行检测分析。

2.5.1　薄单层介质中的 Lamb 波

对于厚度为 $2h$ 的薄板, 建立如图 2.13 所示的直角坐标系, 在平面应变状态下, 薄板中沿 x 方向传播的 Lamb 波的位移分量可以表示为[15]

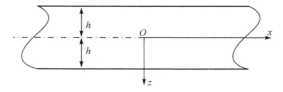

图 2.13　单层薄板坐标系

$$
u_x = \mathrm{i} V(z) \mathrm{e}^{\mathrm{i}kx - \mathrm{i}\omega t} \tag{2.104}
$$

$$
u_z = W(z) \mathrm{e}^{\mathrm{i}kx - \mathrm{i}\omega t} \tag{2.105}
$$

式中, ω 和 k 分别是 Lamb 波的角频率和波数, 且有

$$
V(z) = A \mathrm{e}^{\mathrm{i}pz} + B \mathrm{e}^{\mathrm{i}qz} \tag{2.106}
$$

$$W(z) = \frac{\mathrm{i}p}{k}A\mathrm{e}^{\mathrm{i}pz} + \frac{k}{\mathrm{i}q}B\mathrm{e}^{\mathrm{i}qz} \tag{2.107}$$

$$p^2 = \frac{\omega^2}{c_{\mathrm{L}}^2} - k^2 \tag{2.108}$$

$$q^2 = \frac{\omega^2}{c_{\mathrm{T}}^2} - k^2 \tag{2.109}$$

$V(z)$ 和 $W(z)$ 的实部为

$$V^S = A\cos(pz) + B\cos(qz) \tag{2.110}$$

$$W^S = -\frac{p}{k}A\sin(pz) + \frac{k}{q}B\sin(qz) \tag{2.111}$$

式(2.110)和式(2.111)对应的位移分量式(2.104)和式(2.105)相对于薄板的中心平面
($z=0$)对称,是 Lamb 波的对称模式,如图 2.14(a)所示。

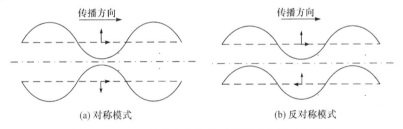

(a) 对称模式　　　　　　　　　　　　　(b) 反对称模式

图 2.14　Lamb 波质点位移的对称模式和反对称模式

由式(2.28)和式(2.29),可以得到 Lamb 波对称模式的相关应力分量,将其代
入自由薄板边界条件:

$$\tau_{zx}\big|_{z=\pm h} = 0 \tag{2.112}$$

$$\tau_{zz}\big|_{z=\pm h} = 0 \tag{2.113}$$

得到关于系数 A、B 的方程组为

$$\begin{bmatrix} -\dfrac{2p}{k}\sin(ph) & \dfrac{k^2-q^2}{qk}\sin(qh) \\ \dfrac{k^2-q^2}{k}\cos(ph) & 2k\cos(qh) \end{bmatrix} \begin{bmatrix} A \\ B \end{bmatrix} = \begin{bmatrix} 0 \\ 0 \end{bmatrix} \tag{2.114}$$

式(2.114)有非零解的条件是系数行列式等于零,由此可得 Lamb 波对称模式的特
征方程为

$$\frac{\tan(qh)}{\tan(ph)} = -\frac{4pqk^2}{(q^2-k^2)^2} \tag{2.115}$$

类似地，$V(z)$ 和 $W(z)$ 的虚部为

$$V^A = A\sin(pz) + B\sin(qz) \tag{2.116}$$

$$W^A = \frac{p}{k}A\cos(pz) - \frac{k}{q}B\cos(qz) \tag{2.117}$$

对应的位移分量相对于薄板的中心平面反对称，是 Lamb 波的反对称模式，如图 2.14(b)所示，其对应的特征方程为

$$\frac{\tan(qh)}{\tan(ph)} = -\frac{(q^2 - k^2)^2}{4pqk^2} \tag{2.118}$$

特征方程式(2.115)和式(2.118)均是超越方程，具有多值性。图 2.15 为薄硅板中对称和反对称 Lamb 波的相速度 c_p 随频厚积(频率与板厚的乘积 fd)的变化曲线。

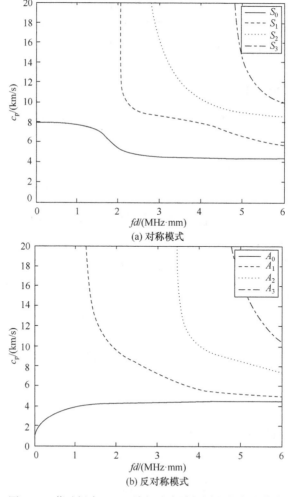

(a) 对称模式

(b) 反对称模式

图 2.15 薄硅板中 Lamb 波相速度随频厚积的变化曲线

由图 2.15 中可以看出，薄硅板中的 Lamb 波具有多模态的特性，当频厚积一定时，特征方程具有多个实根；同时，薄硅板中的 Lamb 波也具有频散特性，随着频厚积的改变，同一模态 Lamb 波的相速度会发生改变。

2.5.2　薄多层结构的超声反射函数

在对薄多层结构进行高频超声扫描检测时，常将其置于耦合液中，如图 2.16 所示。图 2.16 中，第 0 层为耦合液层；第 1 层到第 $n-1$ 层分别为多层结构的各层介质；第 n 层为基底层，基底层通常较厚，可将其视为无限半空间弹性体。第 m 层介质的密度、厚度、纵波波速和横波波速分别为 ρ_m、d_m、c_{Lm} 和 c_{Tm}。

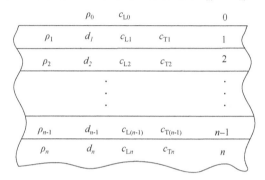

图 2.16　耦合液中的薄多层结构示意图

当一角频率为 ω (波数为 k_{L0})的纵波以角度 θ_{L0} 从耦合液层中入射到多层结构上表面时，通过矩阵方法可以得到该薄多层结构的超声反射函数为[1,18]

$$R(\theta)=\frac{Z_{\text{in}}-Z_0}{Z_{\text{in}}+Z_0} \tag{2.119}$$

式中，Z_0 是耦合层介质的法向声阻抗；Z_{in} 是薄多层结构体的整体输入阻抗。

Z_0 和 Z_{in} 可以分别表示为

$$Z_0=\frac{\rho_0 c_{L0}}{\cos\theta_{L0}} \tag{2.120}$$

$$
\begin{aligned}
Z_{\text{in}}=\frac{\text{i}}{\omega}\cdot\Big\{&\alpha_{Ln}M_{32}-\text{i}\rho_n\omega^2\Big[M_{33}\cos(2\theta_{Tn})-(c_{Tn}/c_{Ln})^2 M_{34}\sin(2\theta_{Ln})\Big]\\
&-B\big\{\beta M_{32}-\text{i}\rho_n\omega^2\big[M_{33}\sin(2\theta_{Tn})+M_{34}\cos(2\theta_{Tn})\big]\big\}\Big\}\cdot\\
\big\{&\alpha_{Ln}M_{22}-\text{i}\rho_n\omega^2\Big[M_{23}\cos(2\theta_{Tn})-(c_{Tn}/c_{Ln})^2 M_{24}\sin(2\theta_{Ln})\Big]\\
&-\beta\big\{\beta M_{22}-\text{i}\rho_n\omega^2\big[M_{23}\sin(2\theta_{Tn})-M_{24}\cos(2\theta_{Tn})\big]\big\}\Big\}^{-1}
\end{aligned}
\tag{2.121}
$$

式中，

$$\omega = k_{L0}c_{L0} = k_{Ln}c_{Ln} = k_{Tn}c_{Tn} \tag{2.122}$$

$$\beta = k_{L0}\sin\theta_{L0} = k_{Ln}\sin\theta_{Ln} = k_{Tn}\sin\theta_{Tn} \tag{2.123}$$

$$\alpha_{Ln} = k_{Ln}\cos\theta_{Ln} \tag{2.124}$$

$$\alpha_{Tn} = k_{Tn}\cos\theta_{Tn} \tag{2.125}$$

$$B = \frac{-\beta A_{41} + \alpha_{Ln}A_{42} - \mathrm{i}\rho_n\omega^2\left[A_{43}\cos(2\theta_{Tn}) - \left(c_{Tn}/c_{Ln}\right)^2 A_{44}\sin(2\theta_{Ln})\right]}{\alpha_{Tn}A_{41} + \beta A_{42} - \mathrm{i}\rho_n\omega^2\left[A_{43}\sin(2\theta_{Tn}) + A_{44}\cos(2\theta_{Tn})\right]} \tag{2.126}$$

$$M_{jk} = A_{jk} - A_{j1}A_{4k}/A_{41}, \quad j,k = 1,2,3,4 \tag{2.127}$$

$$A = \prod_{m=1}^{n-1} a_m = a_1 a_2 \cdots a_{n-1} \tag{2.128}$$

a_m 为与第 m 层介质特性相关的四阶矩阵：

$$a_m = \begin{bmatrix} a_{11} & a_{12} & a_{13} & a_{14} \\ a_{21} & a_{22} & a_{23} & a_{24} \\ a_{31} & a_{32} & a_{33} & a_{34} \\ a_{41} & a_{42} & a_{43} & a_{44} \end{bmatrix} \tag{2.129}$$

a_m 中的各元素表示为

$$a_{11} = 2\sin^2\theta_{Tm}\cos P_m + \cos(2\theta_{Tm})\cos Q_m \tag{2.130}$$

$$a_{12} = \mathrm{i}\left[\tan\theta_{Lm}\cos(2\theta_{Tm})\sin P_m - \sin(2\theta_{Tm})\sin Q_m\right] \tag{2.131}$$

$$a_{13} = -\mathrm{i}\left[\beta/(\rho_m\omega^2)\right](\cos P_m - \cos Q_m) \tag{2.132}$$

$$a_{14} = \left[\beta/(\rho_m\omega^2)\right](\tan\theta_{Lm}\sin P_m + \cot\theta_{Tm}\sin Q_m) \tag{2.133}$$

$$a_{22} = \cos(2\theta_{Tm})\cos P_m + 2\sin^2\theta_{Tm}\cos Q_m \tag{2.134}$$

$$a_{23} = \left[\beta/(\rho_m\omega^2)\right](\cot\theta_{Lm}\sin P_m + \tan\theta_{Tm}\sin Q_m) \tag{2.135}$$

$$a_{21} = \mathrm{i}\left[2\cot\theta_{Lm}\sin^2\theta_{Tm}\sin P_m - \tan\theta_{Tm}\cos(2\theta_{Tm})\sin Q_m\right] \tag{2.136}$$

$$a_{31} = 2\mathrm{i}(\rho_m\omega^2/\beta)\sin^2\theta_{Tm}\cos(2\theta_{Tm})(\cos P_m - \cos Q_m) \tag{2.137}$$

$$a_{32} = -(\rho_m\omega^2/\beta)\left[\tan\theta_{Lm}\cos^2(2\theta_{Lm})\sin P_m + 4\sin^3\theta_{Tm}\cos\theta_{Tm}\sin Q_m\right] \tag{2.138}$$

$$a_{41} = -(\rho_m\omega^2/\beta)\left[4\sin^4\theta_{Tm}\cot\theta_{Lm}\sin P_m + \tan\theta_{Tm}\cos^2(2\theta_{Tm})\sin Q_m\right] \tag{2.139}$$

且 $P_m = \alpha_{Lm}d_m$，$Q_m = \alpha_{Tm}d_m$，$a_{24} = a_{13}$，$a_{33} = a_{22}$，$a_{34} = a_{12}$，$a_{42} = a_{31}$，$a_{43} = a_{21}$，$a_{44} = a_{11}$。

2.6　散射和衍射

超声波在传播方向遇到声阻抗与周围介质不同的物质时，根据障碍物尺寸的不同，会产生散射和衍射现象，如图 2.17 所示。超声波在介质内传播过程中，如果所遇到的物体界面或障碍物的线度与超声波波长相近，超声可以绕过障碍物的边缘，此时反射回波很少，这种现象称为衍射。如果物体是直径远小于超声波波长的微粒，在通过这种微粒时大部分超声波继续向前传播，小部分超声波能量被微粒向四面八方辐射，这种现象称为散射。

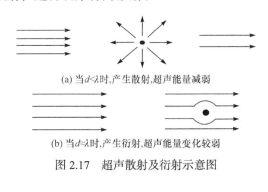

(a) 当 $d<\lambda$ 时，产生散射，超声能量减弱

(b) 当 $d>\lambda$ 时，产生衍射，超声能量变化较弱

图 2.17　超声散射及衍射示意图

2.7　衰　减

超声波的衰减是指超声波在介质中传播时，其能量会随着传播距离的增大而逐渐减小。衰减的原因是声波能量从原始形式转变成了其他新的形式，主要有下列三种形式[12,13]。

1) 由声束扩散引起的衰减

在超声波的传播过程中，随着传播距离的增大，非平面声波的声束不断扩展增大，因此单位面积上的声能(或声压)随距离的增大而减弱，这种衰减称为扩散衰减。扩散衰减仅取决于声波的几何形状，而与传播介质的性质无关。

2) 由散射引起的衰减

实际的材料不可能是绝对均匀的，例如，材料中有外来杂质、金属中晶粒的任意取向等，均会导致整个材料的特性声阻抗不均匀，从而引起声波的散射。被散射的超声波在介质中沿着复杂的路径传播，最终转化成热能，这种衰减称为散射衰减。散射有单一散射和多次散射两种形式。

3) 由介质的吸收引起的衰减

当超声波在介质中传播时，因介质的黏滞性会造成质点之间存在内摩擦，从而使一部分声能转化成热能。同时，由于介质的热传导，介质的稠密和稀疏部分之间存在热交换，以及由分子弛豫造成的吸收。这些介质对声能的吸收现象导致声能的衰减，这种衰减称为吸收衰减。

参 考 文 献

[1] 冯若. 超声手册[M]. 南京: 南京大学出版社, 2001.

[2] 林祺. 涂层性能的超声无损检测与表征技术研究[D]. 北京: 北京理工大学, 2015.

[3] 西拉德. 超声检测新技术[M]. 北京: 科学出版社, 1991.

[4] 任慧玲. 高频超声聚焦换能器技术研究[D]. 北京: 北京理工大学, 2014.

[5] 林书玉. 超声换能器的原理及设计[M]. 北京: 科学出版社, 2004.

[6] 栾桂东, 张金铎, 王仁乾. 压电换能器和换能器阵[M]. 南京: 南京大学出版社, 2005.

[7] Mason W P. Methods for measuring piezoelectric, elastic, and dielectric coefficients of crystals and ceramics[J]. Proceedings of the IRE, 1954, 42(6): 921-930.

[8] 彭凯. 超声显微测量与校准技术研究[D]. 北京: 北京理工大学, 2014.

[9] 马大猷. 现代声学理论基础[M]. 北京: 科学出版社, 2005.

[10] Pierce A D. Acoustics: An Introduction to Its Physical Principles and Applications[M]. New York: Acoustical Society of America, 1989.

[11] 应崇福. 超声学[M]. 北京: 科学出版社, 1990.

[12] 杜功焕, 朱哲民, 龚秀芬. 声学基础[M]. 3 版. 南京: 南京大学出版社, 2012.

[13] Schmerr Jr L W. Fundamentals of Ultrasonic Nondestructive Evaluation[M]. Berlin: Springer, 2016.

[14] Achenbach J D. Wave Propagation in Elastic Solids[M]. Amsterdam: Elsevier, 2012.

[15] Achenbach J D. Reciprocity in Elasto Dynamics[M]. Cambridge: Cambridge University Press, 2003.

[16] Graff K F. Wave Motion in Elastic Solids[M]. North Chelmsford: Courier Corporation, 1991.

[17] 徐步陆. 电子封装可靠性研究[D]. 上海: 上海微系统与信息技术研究所, 2002.

[18] Briggs A, Kolosov O. Acoustic Microscopy[M]. New York: Oxford University Press, 2009.

第3章　超声显微检测原理

超声显微检测技术利用高频超声波对材料内部缺陷和材料特性进行无损检测。声波可以穿透不透明物体，若遇到具有不同密度或不同弹性系数的物质界面，会发生反射和透射，从而产生反射波和透射波。此反射波和透射波的幅值与相位或频率会因材料界面形状、密度的不同而有所差异，将包含有材料界面和内部织构的信息用一定对比度的图像表述出来，就可以形象地识别和判断材料内部结构缺陷和材料特性。超声显微检测技术将人类视野延伸到了材料内部织构。

3.1　扫查成像检测原理

超声显微成像检测是利用超声显微镜实现的。超声显微镜是一种控制高频超声波出入材料内部并通过扫查运动实现对材料内部缺陷检测和材料特性测量的先进高精度仪器。超声显微镜主要有两种类型：透射式和反射式。透射式超声显微镜采用双声透镜一发一收方式，主要适合于生物样品及薄膜材料检测。而反射式超声显微镜采用单透镜自发自收方式，更适合于材料内部结构缺陷和集成电路内部缺陷无损检测[1]。

由于反射式超声显微镜只需要一个聚焦换能器，没有透射式超声显微镜两个换能器共焦调整的问题，并且对固体试样制备的要求低，现在几乎所有的商品化超声显微镜都是反射式的。反射式超声显微镜的原理如图 3.1 所示，它的核

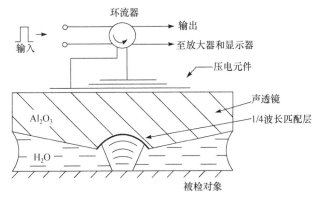

图 3.1　反射式超声显微镜的原理

心是由声透镜和压电元件组成的高频超声换能器。声透镜是一个圆柱体，它的一个端面被抛光得很平整，另一个端面上有一个凹的聚焦球面。声透镜常用的材料是熔融石英和蓝宝石。在声透镜的平整表面上耦合粘贴有压电元件，常用的压电元件材料有铌酸锂、氧化锌、锗酸铋和有机压电薄膜 PVDF 等。声透镜及其上附着的压电元件二者共同产生高频聚焦超声波，将其整体称为高频超声换能器(或探头)。

当超声显微镜工作时，声透镜和试样之间还需要耦合液(一般是水)来传递声能量。当在压电元件上施加一个短 RF 脉冲(例如，100MHz 探头，持续时间约 5ns)电压时，便会产生高频平面超声波。平面超声波经过蓝宝石等衰减系数小的声透镜内传播，在到达声透镜凹面处后，按折射定律发生折射形成球面波，再经过耦合液(水)的传播会聚到试样的某一点上，试样放置在透镜的焦点区域。在该过程中，水为声传播介质，将从声透镜发出的高频声波传送到试样处；经试样反射的超声波仍然沿同样的路径返回，在压电元件处被转换为电信号，电信号的强度与扫查点处的声反射系数呈正比例关系。该反射电信号再通过阻抗变换和驱动放大后进入接收电路，经过模数转换后形成数字信息，用于后续的信号和图像处理。实际上，试样上任意一点的反射信号都是通过上述过程获得的。超声显微镜的机械扫查平台可使聚焦探头相对试样运动，计算机控制探头对试样进行水平方向二维扫描，从而可以得到二维的超声显微扫查图像 $V(x,y)$，从 $V(x,y)$ 图像中可以获取关于材料结构的信息。也可让声透镜进行 z 方向扫描，从而得到输出信号随 z 方向变化的 $V(z)$ 曲线，从 $V(z)$ 曲线中可以获取关于材料性能的信息[2,3]。

超声显微镜的分辨力主要由蓝宝石透镜和所用耦合剂的折射率来决定。折射率是两种材料中纵波声速的比值，如果耦合液为水，由于沿蓝宝石 c 轴的声速是11100m/s，而水中声速只有 1500m/s，所以可算出折射率 $n = 11100/1500 \approx 7.4$，远大于任何可比的光学系统。因此，声束几乎会被聚焦到一个点上，这是超声显微镜具有高分辨力的原因[4]。

由介质的声阻抗率 $Z = \rho c$ 可以看出，蓝宝石与水之间巨大的声速失配将产生大的声阻抗失配，这导致声强透射系数很小，透射率只有 12.7%，而由试样表面反射回来再透过水/蓝宝石界面的声能，如果没有其他任何损失，这时只有 1.60%。因此，在蓝宝石/水界面上必须使用 1/4 波长匹配层，匹配层材料可选用硫族化合物玻璃[5]。

反射式超声显微镜的工作模式主要有内部成像和表面、亚表面成像两种模式[2]。内部成像模式如图 3.2 所示，在内部成像模式中，超声换能器发出的声波经声透镜聚焦，在被测试样表面发生折射，在试样内部进一步聚焦，声波遇到试样内部的不均匀时产生不均匀的反射并被换能器接收，经处理后在显示器中呈现其内部不均匀性的图像。在声波传播过程中，透镜的端面和试样表面也有固定的反射，可用开关电路或软件把它们和试样内部不均匀性产生的反射分开。内部成像时，所用声透镜的孔径角一般不会太大，以保证有较大的穿透深度。内部成像时，除衍射外，声波因在声透镜和试样表面再折射而产生几何像差，使声腰大大增加，用几何声学理论可以算出试样内部声腰的具体数值。例如，当透镜半张角为 17.5°，透镜曲率半径为 8mm，试样为铝，试样表面和声腰距离为 4mm(在 4mm 深处成像)时，声腰半径为 250μm。

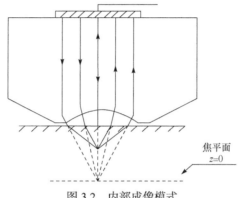

图 3.2 内部成像模式

　　超声显微镜的表面、亚表面成像模式如图 3.3 所示。在表面、亚表面成像模式中，声透镜的焦点大约位于试样亚表面层。当透镜孔径角较小(如 10°以内)时，反射波仅由入射纵波直接反射形成；而当透镜孔径角较大时，样品表面反射波不仅包括入射纵波的直接反射分量，还包括透镜孔径边区入射角接近 Rayleigh 角分量在样品表面形成泄漏表面波的再辐射分量，这两个分量叠加形成了总的输出。泄漏表面波的传播特性与样品表面及亚表面的结构有关，因此换能器接收的电压信号携带着样品表层和亚表层结构与材料性能的信息。

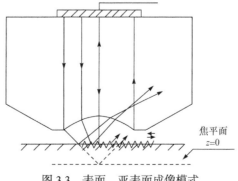

图 3.3 表面、亚表面成像模式

3.2　$V(z)$信号检测原理

3.2.1　$V(z)$曲线及其显微检测用途

在某些条件下,超声显微图像的反差对声透镜和试样表面间的距离很敏感[1]。当试样表面在声透镜的焦点位置时,可以获得最大的成像信号,可是当试样表面从焦点位置向透镜移动时,图像的反差有变化。

如果透镜在 x-y 平面保持固定,并使声束聚焦在试样表面上的一个点,然后让透镜在 z 轴方向向试样移动,则会观察到一系列的接收信号振荡,而不是单调地减弱。这种振荡是由在液/固界面激发出的泄漏 Rayleigh 波引起的。

这个现象一般用 $V(z)$ 曲线来描述。$V(z)$ 曲线,指的是试样由透镜焦点向透镜方向移动时,接收到的信号 V 随散焦位置 z 变化的曲线。通常取焦平面为 $z=0$,离开透镜的方向为 z 的正方向,图 3.4 是玻璃试样的 $V(z)$ 曲线。显然,在 $z>0$ 的区域,信号迅速下降;而在 $z=0$ 的区域,透镜发出的声线沿不同反射路径返回换能器,导致信号出现振荡,许多材料声学的物理现象正是发生在这个负散焦区域[5]。

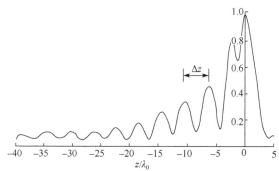

图 3.4　玻璃试样的 $V(z)$ 曲线($f=300\,\mathrm{MHz}$, $T=70\,℃$, $\lambda_0=5.2\mu\mathrm{m}$)

$V(z)$ 曲线主要用来对材料的弹性属性进行定量评估。关于 $V(z)$ 曲线,一般采用射线模型和波动理论模型来进行解释和分析,两种模型都与 Rayleigh 波的传播相关,下面分别予以简要介绍。

3.2.2　Rayleigh 波的传播特性

1. Rayleigh 波概述

当用超声显微技术对材料表面和亚表面进行检测时,常使试样的上表面置于大孔径角声透镜的散焦区域,以激发出泄漏 Rayleigh 波,利用泄漏 Rayleigh 波对浅层缺陷很敏感的特性来对表面和亚表面结构成像。

当固体材料浸没在液体中时,声透镜孔径外侧的声束在液/固界面可能会激发出表面波。这种表面波与经典的表面波不同,它的能量会不断地从固体区域中泄漏到液体区域。激发的泄漏表面波会逐渐消散,最终像体波一样泄漏到液体中;而且,这种表面波在被激发出来的时刻就开始泄漏。由于能量会泄漏到液体中,所以这种表面波称为泄漏表面波或泄漏 Rayleigh 波。

Rayleigh 波是 Rayleigh 于 1885 年首先研究并证实其存在的。Rayleigh 波的本质是弹性能量沿着固体的自由表面传播的一种形式,波的振幅在表面以下以指数形式衰减,质点振幅随深度的增加迅速衰减。因此,Rayleigh 波的大部分能量集中在约一个波长深的表面层内,频率越高,集中能量层越薄。

当一个声束入射到液/固界面时,如果入射角大于 Rayleigh 角 θ_R ,则会激发出 Rayleigh 波。这个 Rayleigh 角可由 Snell 定律算出:

$$\theta_R = \arcsin(c_w / c_R) \tag{3.1}$$

式中,c_w 是液体的声速;c_R 是 Rayleigh 波的相速度。

2. Rayleigh 波的传播

Rayleigh 波在传播的过程中,质点的运动是一种椭圆的偏振,如图 3.5(a)所示,它是相位差为 90°的纵向振动和横向振动合成的结果。表面质点做逆时针方向的椭圆振动,其振幅随离开表面的深度的增加而衰减,如图 3.5(b)所示。在约 25%波长深度处,纵向振动振幅衰减至零,此深度只剩下横向振动,超过此深度后纵向振动反向,此时质点做顺时针方向的椭圆振动。

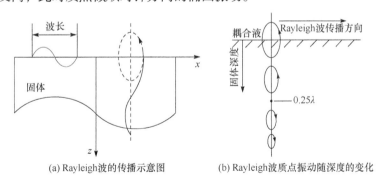

(a) Rayleigh波的传播示意图　　　(b) Rayleigh波质点振动随深度的变化

图 3.5　Rayleigh 波的振动传播形式

如果固体为各向异性,如单晶体,则 Rayleigh 波在特定的传播方向仍然会存在,但是其具体的特性与各向同性材料不同;例如,表面质点振动的椭圆轨迹需要垂直于表面,振幅随深度的衰减会出现振荡。而且,这些特性,尤其是相速度,依赖与材料晶体轴方向相关的传播。

Rayleigh 波为非色散波，其声速与频率无关。Rayleigh 波的速度主要与材料中的横波速度相关，且比横波速度慢。Rayleigh 波的声速 c_R 一般为横波声速的 87%～95%，可用固体中的横波速度 c_s 来进行近似计算，即

$$c_R \approx c_s / (1.14418 - 0.25771\sigma + 0.12661\sigma^2) \tag{3.2}$$

式中，σ 是固体的泊松比，此处的泊松比可用横波与纵波波速的比值来计算，即

$$\sigma = \frac{1 - 2(c_s / c_l)^2}{2[1 - (c_s / c_l)^2]} \tag{3.3}$$

式中，c_s 是横波的速度；c_l 是纵波的速度。

3. 声波的干涉现象

当试样上表面存在裂纹、凹孔等边界时，沿表面传播的泄漏 Rayleigh 波遇到阻挡后会发生反射，从而在超声显微镜的输出信号中叠加这种反射的泄漏波，它同输出信号相干涉，会在试样的扫查图像上产生一系列亮纹和暗纹。图 3.6 是应用超声显微镜对玻璃片上的小孔进行扫查成像时，观察到的这种干涉条纹。

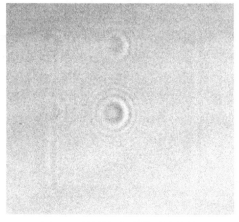

图 3.6   检测中发现的干涉条纹

这种干涉现象可以用几何声学方法来解释。如图 3.7 所示，沿 Rayleigh 角 θ_R 向试样入射的声束 1 在试样表面会激发出沿试样表面传播的 Rayleigh 波 2，Rayleigh 波在传播过程中将沿 Rayleigh 角 θ_R 向耦合液中泄漏，形成泄漏波 3；Rayleigh 波 2 在传播过程中，会在裂纹、凹孔等与试样基体的分界面处遇到阻挡而产生反射波 2′，反射波 2′ 在沿表面的传播过程中同样会沿 Rayleigh 角 θ_R 向耦合液中泄漏，形成泄漏波 2″。泄漏波 3 和 2″ 在声学图像中产生干涉现象，干涉条纹的性质取决于干涉波束 3 和 2″ 之间因传播距离的不同而产生的相位差。

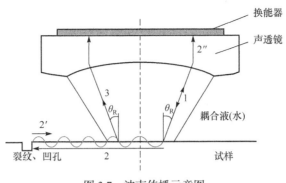

图 3.7　波束传播示意图

干涉条纹也可以用波动理论来进行分析，在边界附近超声显微镜的输出信号可以写为如下形式：

$$V(x,z) = A(z)e^{i\varphi_0(z)} + V_{ref}(z)e^{i\varphi_{ref}(x)} \tag{3.4}$$

式中，$A(z)e^{i\varphi_0(z)}$ 是超声显微镜的输出信号。输出信号的振幅和相位取决于坐标 z，即声透镜到试样表面的垂直距离。在输出信号中叠加了附加的从阻挡处反射的泄漏 Rayleigh 波信号 $V_{ref}(z)e^{i\varphi_{ref}(x)}$。实际上，对输出信号作出贡献的仅是向阻挡处入射与边界垂直的声波，附加的相移 $\varphi_{ref}(x)$ 由 Rayleigh 波沿着边界的法向 (x 方向)从焦点到阻挡处往返传播的距离决定：

$$\varphi_{ref}(x) = 2\frac{\omega}{c_R}x \tag{3.5}$$

式中，c_R 是 Rayleigh 波的声速。

由波动理论可知，当产生干涉条纹时，相邻亮纹和暗纹之间的相位差为 π，距离则等于 Rayleigh 波波长 λ_R 的 50%：

$$\Delta x = \lambda_R / 2 \tag{3.6}$$

因此，可以推导出 Rayleigh 波的声速 c_R 为

$$c_R = 2f\Delta x = 2c_0\frac{\Delta x}{\lambda_0} \tag{3.7}$$

式中，f 是超声波频率；c_0 是耦合液的声速；λ_0 是耦合液中的超声波波长；Δx 是相邻条纹之间的距离。

通过式(3.7)可以计算出 Rayleigh 波的声速，也可以通过 Rayleigh 波声速来反推出相邻干涉条纹的距离 Δx。

3.2.3　$V(z)$曲线的射线理论模型

如图 3.8 所示，当试样在$-z$ 的散焦位置时，经过声透镜发出的声线中，大部

分在试样上表面产生镜面反射，以多个不确定的角度反射进入透镜内，如图中 aa' 射线。然而有两条声线很重要，第一条是 bb'，它沿透镜的轴线传播(垂直于试样表面)，经试样表面反射后沿原路径返回；第二条是 cc'，它以 Rayleigh 角 $\theta_R = \arcsin(v_0 / v_R)$ 入射到试样表面，并在试样表面激发出波速为 v_R 的泄漏表面波(常称为 Rayleigh 波)，而这 Rayleigh 波又在耦合液内的 Rayleigh 角 θ_R 方向上激发出声波，沿与入射声线对称的路径返回换能器。这两条声线在换能器上激发出的压电信号将按照它们各自的振幅和相位相叠加，因此可以观察到它们的干涉现象[2,5,6]。

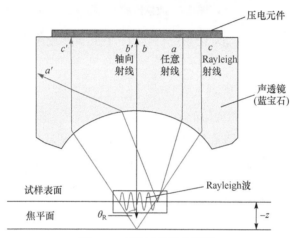

图 3.8　声透镜的射线模型

当 z 改变时，这两个声线的相位发生变化，因此换能器的输出信号在增强和减弱两种干涉情况间变化。对于轴向射线 bb'，它的相位 Φ_G 为

$$\Phi_G = -2kz \tag{3.8}$$

式中，$k = 2\pi / \lambda_0$，是液体中的波数。Rayleigh 射线的相位 Φ_R 要更复杂些，为

$$\Phi_R = -2(k\sec\theta_R - k_R\tan\theta_R)z - \pi = -2kz\left(\frac{1-\sin^2\theta_R}{\cos\theta_R}\right) - \pi = -2kz\cos\theta_R - \pi \tag{3.9}$$

式中，π 是由于以 Rayleigh 角入射的声波与表面上 Rayleigh 波再激发声波之间的相位变化而引入的；$k_R = k\sin\theta_R$ 为 Rayleigh 波波数。

于是，这两个射线的相位差为

$$\Phi_G - \Phi_R = -2kz(1-\cos\theta_R) + \pi \tag{3.10}$$

当试样离开 $z = 0$ 的焦平面，向透镜移动时，这个相位差将交替改变而形成 $V(z)$ 曲线的周期振荡。$V(z)$ 曲线中的周期 Δz 对应于 $\Phi_G - \Phi_R$ 改变 2π。因此，有

$$\Delta z = \frac{2\pi}{2k(1-\cos\theta_R)} = \frac{\lambda_0}{2(1-\cos\theta_R)} \tag{3.11}$$

而 θ_R 由 Snell 定律给出：

$$\sin\theta_R = v_0 / v_R \tag{3.12}$$

式中，v_0 是耦合液中的声速；v_R 是试样的 Rayleigh 波速。

Rayleigh 射线的总衰减的变化为

$$\Delta\alpha = 2z(\alpha_0\sec\theta_R - \alpha_R\tan\theta_R) \tag{3.13}$$

这表明在负散焦位置，Rayleigh 射线的振幅将以 $\exp(-\Delta\alpha)$ 来衰减。

这种两个声线互相干涉的射线模型有助于了解超声显微镜 $V(z)$ 信号在散焦位置的变化，可以直观地解释信号振荡现象。下面给出数学解析的波动理论模型。

3.2.4　V(z)曲线的波动理论模型

超声换能器发出的声波经声透镜折射后形成一个以焦点为中心的球面波。这个球面波波前上的任意一点均可用球坐标的 θ 与 φ 来描述，其中 θ 是点的位置矢量与 z 轴的夹角，φ 为方位角。于是，由声透镜形成的球面波可用函数 $L_1(\theta,\varphi)$ 来描述。球面波在试样表面以反射系数为 $R(\theta,\varphi)$ 的形式反射，再被灵敏度为 $L_2(\theta,\varphi)$ 的换能器接收。换能器接收到的焦点位置的总信号 V 为[5]

$$V = \int_0^{\pi/2}\int_{-\pi}^{\pi} P(\theta,\varphi)R(\theta,\varphi)\sin\theta\cos\theta\mathrm{d}\theta\mathrm{d}\varphi \tag{3.14}$$

式中，$P(\theta,\varphi)$ 是声透镜的孔径函数，且

$$P(\theta,\varphi) = L_1(\theta,\varphi)L_2(\theta,\varphi) / \cos\theta \tag{3.15}$$

对于轴对称的声透镜及各向同性的试样，P 和 R 将与 φ 无关，成像信号可以简化为

$$V = \int_0^{\pi/2} P(\theta)R(\theta)\sin\theta\cos\theta\mathrm{d}\theta \tag{3.16}$$

其中，对 φ 的积分已吸收到 $P(\theta)$ 中。

当试样从焦点移开一个距离 z 时，产生了一个与 θ 有关的相移 $2zk_z = 2zk\cos\theta$，于是，超声显微镜在散焦距离 z 处的响应可以表示为

$$V(z) = \int_0^{\pi/2} P(\theta)R(\theta)\mathrm{e}^{-\mathrm{i}2zk\cos\theta}\sin\theta\cos\theta\mathrm{d}\theta \tag{3.17}$$

显然，如果已知系统的孔径函数 $P(\theta)$，就可以由测得的 $V(z)$ 曲线来反演得到试样的声反射系数 $R(\theta)$。

令

$$u = kz \tag{3.18}$$

$$t = \frac{1}{\pi}\cos\theta \tag{3.19}$$

对上述响应 $V(z)$ 进行变量变换，则可得到

$$V(u) = \int_0^{1/\pi} P(t)R(t)\mathrm{e}^{-\mathrm{i}2\pi ut}t\mathrm{d}t \tag{3.20}$$

再令 $Q(t) = tP(t)R(t)$，则式(3.20)可写为

$$V(u) = \int_0^{1/\pi} Q(t)\mathrm{e}^{-\mathrm{i}2\pi ut}\mathrm{d}t \tag{3.21}$$

由于 $Q(t)$ 在一定的 θ 范围内，即一定的 t 范围外为零，所以 $V(u)$ 与 $Q(t)$ 组成了傅里叶变换对。

对材料而言，$R(t)$ 上有两个重要的不连续点，以激发出 Rayleigh 波。一个是在 $t_0 = 1/\pi$ 处，因为 $t > t_0$ 时，$R(t)$ 将不连续地变化为零；另一个是 $t_R = \cos\theta_R/\pi$，在 Rayleigh 角 θ_R 上 $R(\theta)$ 有 2π 的相位突变。这两个不连续点也将是 $Q(t)$ 的不连续点，从而造成傅里叶变换对 $V(u)$ 有周期为 Δu 的振荡，且

$$\Delta u = \frac{1}{t_0 - t_R} \tag{3.22}$$

这同样给出了 $V(z)$ 曲线的振荡周期：

$$\Delta z = \frac{\lambda_0}{2(1 - \cos\theta_R)} \tag{3.23}$$

这与射线模型的结果完全一致。

参 考 文 献

[1] 刘中柱. 超声显微检测原理与技术[D]. 北京: 北京理工大学, 2012.

[2] Briggs A, Kolosov O. Acoustic Microscopy[M]. New York: Oxford University Press, 2009.

[3] Roman G M. Acoustic Microscopy: Fundamentals and Applications[M]. Weinheim: Wiley-VCH Press, 2008.

[4] Fassbender S U, Kraemer K. Acoustic microscopy – A powerful tool to inspect microstructures of electronic devices[C]. Proceedings of the SPIE – The International Society for Optical Engineering, 2003: 112-121.

[5] 冯若. 超声手册[M]. 南京: 南京大学出版社, 2001.

[6] Yu Z, Boseck S. Scanning acoustic microscopy and its applications to material characterization[J]. Reviews of Modern Physics, 1995, 67(4): 863-891.

第4章　高频超声波的非线性

在线性声学研究中，在小振幅声波的假定下，质点运动服从胡克定律，声波在传播过程中除幅值衰减和相位变化外，声波的频率和波形保持不变。但是当传播介质具有非线性或声波振动强度过大时，质点运动的非线性和传播声波的畸变是不可忽略的，质点运动将不再满足胡克定律，此时，在介质中传播的声波将表现出一系列的非线性特征，属于非线性声学研究的范畴[1,2]。

4.1　高频超声的非线性效应

在线性声学中，一个正弦波在传播过程中，其不同波形位置上的介质各点具有同样的波速，而在引入非线性项后，波形上各点的传播速度不再相同，此时，各 x 点的传播速度可表达为

$$c(x) = c_0 + \left(1 + \frac{1}{2}\frac{B}{A}\right)u(x) \tag{4.1}$$

式中，$\frac{B}{A}$ 是非线性声学参量。

式(4.1)表明，考虑非线性项后，各 x 点的传播速度不仅依赖基波传播速度 c_0，而且与 x 位置处的质点振动速度和非线性声学参量有关。

假设声源发出原始正弦波声波的初始时刻为 t_0，由式(4.1)可知：当 $u(x)$ 为正时，即在声压为正的区域，$c(x) > c_0$，且在波峰处波速最大；当 $u(x)$ 为负时，即在声压为负的区域，$c(x) < c_0$，且在波谷处波速最小；当 $u(x)$ 为零时，即在交界处，$c(x) = c_0$。

上述区域的声速变化会导致声波在传出后，原始的正弦波形因各点传播速度不同而发生畸变。随着传播时间的延长，非线性效应不断累积，而原始的正弦波形会慢慢变尖，逐步变为锯齿波形。波形的畸变标志着谐波滋生，声波能量从基波转向更高的频率成分。

4.2　非线性超声波动方程

在理论研究中，通常将超声波动方程和应力-应变本构关系结合，研究超声波

在固体介质中传播的非线性特性。固体中的非线性波动方程非常复杂，不存在解析解，多采用摄动法(微扰法)等近似方法求解其近似解。

本节主要介绍固体中的一维纵波非线性波动理论；基于应力-应变本构关系，推导在固体中传播的一维纵波非线性波动方程，利用摄动法求解在单频正弦信号激励下非线性波动方程的逐级近似解；从理论上解释产生高次谐波的非线性声学现象，建立非线性超声特征参数与超声接收信号之间的定量关系；讨论超声非线性系数的含义，建立材料性能、非线性系数和超声非线性特征参数之间的内在联系。

4.2.1　基本假定

在线性声学领域内，其相关规律和性质都是以线性化假设为前提的。而当声波的频率很高或声波能量较大时，将不能忽略声学基本方程中的非线性项。流体非线性声学是固体非线性声学的基础。在流体非线性声学中，波动方程中引入了一个非线性项，称为运动非线性项。

对分析过程做如下假设：

(1) 均采用小形变假设，同时忽略运动非线性；

(2) 在声波传播过程中仅存在介质非线性，不考虑运动非线性的影响；

(3) 不考虑材料力学方向差异，从各向同性假设入手，开展相应的理论推导。

4.2.2　固体介质中的非线性波动方程

设固体是理想的，即不存在机械的耗散过程，其 Christoffel 运动方程为

$$\rho \ddot{u}_i = \frac{\mathrm{d}\sigma_{ik}}{\mathrm{d}x_k} \tag{4.2}$$

式中，$\sigma_{ik} = J_{il}\dfrac{\partial \Phi}{\partial \varepsilon_{kl}}$，$\Phi$ 是固体的弹性能；ε 是拉格朗日坐标下的应变矩阵；$J_{il} = \dfrac{\partial u_i}{\partial x_1}$，$J_{il}$ 是矩阵 J 的第 i 行第 l 列元素。

设三个位移分量为

$$u = u(x,t), \quad v = v(x,t), \quad w = w(x,t) \tag{4.3}$$

雅可比矩阵为

$$J = \begin{bmatrix} 1+u_a & 0 & 0 \\ v_a & 1 & 0 \\ w_a & 0 & 1 \end{bmatrix}$$

应变分量为

$$\varepsilon_{11} = u_a + \frac{1}{2}(u_a{}^2 + v_a{}^2 + w_a{}^2)$$

$$\varepsilon_{12} = \varepsilon_{21} = \frac{1}{2}v_a$$

$$\varepsilon_{13} = \varepsilon_{31} = \frac{1}{2}w_a \tag{4.4}$$

$$\varepsilon_{23} = \varepsilon_{32} = \varepsilon_{22} = \varepsilon_{33} = 0$$

根据矩阵理论,

$$I_1 = \varepsilon_{11}, \quad I_2 = -(\varepsilon_{12}\varepsilon_{21} + \varepsilon_{13}\varepsilon_{31}), \quad I_3 = 0$$

$$\Phi = \frac{1}{2}(\lambda + 2\mu)\varepsilon_{11}{}^2 + 2\mu(\varepsilon_{12}\varepsilon_{21} + \varepsilon_{13}\varepsilon_{31}) + \frac{1}{3}(l + 2m)\varepsilon_{11}{}^3 + 2m(\varepsilon_{12}\varepsilon_{21} + \varepsilon_{13}\varepsilon_{31}) \tag{4.5}$$

式中, λ、μ 是二阶弹性常数。

$$\sigma_{ik} = J_{jl}\frac{\partial \Phi}{\partial \varepsilon_{kl}} = J_{j1}\frac{\partial \Phi}{\partial \varepsilon_{k1}} + J_{j2}\frac{\partial \Phi}{\partial \varepsilon_{k2}} + J_{j3}\frac{\partial \Phi}{\partial \varepsilon_{k3}} \tag{4.6}$$

将式(4.4)与式(4.5)代入式(4.6), 仅保留到二阶项[1]:

$$\sigma_{11} = (\lambda + 2\mu)u_a + \frac{3}{2}(\lambda + 2\mu)u_a{}^2 + \frac{1}{2}(\lambda + 2\mu)(v_a{}^2 + w_a{}^2)$$

$$+ (l + 2m)u_a{}^2 + \frac{m}{2}(v_a{}^2 + w_a{}^2)$$

$$\sigma_{12} = \mu v_a + \mu u_a v_a + m u_a v_a$$

$$\sigma_{13} = \mu w_a + \mu v_a w_a + m u_a w_a$$

$$\sigma_{21} = \mu v_a + (\lambda + 2\mu)u_a v_a + m u_a v_a \tag{4.7}$$

$$\sigma_{22} = \mu v_a{}^2$$

$$\sigma_{23} = m v_a w_a$$

$$\sigma_{31} = \mu w_a + (\lambda + 2\mu)u_a w_a + m u_a w_a$$

$$\sigma_{32} = m v_a w_a$$

$$\sigma_{33} = \mu w_a{}^2$$

式中, l、m、n 是三阶弹性常数。将式(4.7)代入波动方程(4.2), 可得

$$\Box_l{}^2 u = \left(3 + 2\frac{l + 2m}{\lambda + 2\mu}\right)\frac{\partial u}{\partial x}\frac{\partial^2 u}{\partial x^2} + \left(1 + \frac{m}{\lambda + 2\mu}\right)\left(\frac{\partial v}{\partial x}\frac{\partial^2 v}{\partial x^2} + \frac{\partial w}{\partial x}\frac{\partial^2 w}{\partial x^2}\right) \tag{4.8}$$

$$\Box_l{}^2 v = \frac{\lambda + 2\mu + m}{\mu}\left(\frac{\partial u}{\partial x}\frac{\partial^2 v}{\partial x^2} + \frac{\partial v}{\partial x}\frac{\partial^2 u}{\partial x^2}\right) \tag{4.9}$$

$$\Box_l{}^2 w = \frac{\lambda + 2\mu + m}{\mu}\left(\frac{\partial u}{\partial x}\frac{\partial^2 w}{\partial x^2} + \frac{\partial w}{\partial x}\frac{\partial^2 u}{\partial x^2}\right) \tag{4.10}$$

式中，$\square^2$ 为达朗贝尔算符，$\square^2 = \dfrac{1}{c^2}\dfrac{\partial^2}{\partial t^2} - \dfrac{\partial^2}{\partial x^2}$，当声波为纵波时，下标为 l，$c = c_L$；当声波为横波时，下标为 T，$c = c_T$。式(4.8)～式(4.10)表明频率为 ω 的纵波或横波在无限介质中会产生频率为 2ω 的纵波，但不能产生频率为 2ω 的横波。

如果介质中只有纵波，则有

$$u = u(x,t), \quad v = w = 0$$

小变形条件下一维波动方程为[2]

$$\rho\frac{\partial^2 u}{\partial t^2} = \frac{\partial \sigma}{\partial x} \tag{4.11}$$

式中，u 是位移；ρ 是密度；t 是时间；σ 是 Piola-Kirchhoff 应力张量。

对于各向同性固体中的二阶非线性，Piola-Kirchhoff 应力张量 σ_{ij} 为

$$
\begin{aligned}
\sigma_{ij} =\ & \lambda\frac{\partial u_k}{\partial x_k}\delta_{ij} + \mu\left(\frac{\partial u_i}{\partial x_j} + \frac{\partial u_j}{\partial x_i}\right) + \left(\frac{\lambda}{2}\frac{\partial u_k}{\partial x_l}\frac{\partial u_k}{\partial x_l} + l\frac{\partial u_k}{\partial x_k}\frac{\partial u_l}{\partial x_l}\right)\delta_{ij} \\
& + m\frac{\partial u_k}{\partial x_k}\frac{\partial u_i}{\partial x_j} + \frac{l}{4}\frac{\partial u_i}{\partial x_k}\frac{\partial u_k}{\partial x_j} + \frac{m}{2}\left(\frac{\partial u_k}{\partial x_l}\frac{\partial u_k}{\partial x_l} + \frac{\partial u_k}{\partial x_l}\frac{\partial u_l}{\partial x_k}\right)\delta_{ij} \\
& + (\lambda + m)\frac{\partial u_k}{\partial x_k}\frac{\partial u_j}{\partial x_i} + \left(\mu + \frac{l}{4}\right)\left(\frac{\partial u_j}{\partial x_k}\frac{\partial u_i}{\partial x_k} + \frac{\partial u_k}{\partial x_j}\frac{\partial u_k}{\partial x_i} + \frac{\partial u_j}{\partial x_k}\frac{\partial u_k}{\partial x_i}\right)
\end{aligned}
$$

式中，δ_{ij} 是克罗内克 δ 函数。上式中前两项为线性项，其余为非线性项，则 Piola-Kirchhoff 应力张量可简写为

$$\sigma_{ij} = \sigma_{ij}^L + \sigma_{ij}^{NL} \tag{4.12}$$

式中，σ_{ij}^L 是线性部分；σ_{ij}^{NL} 是非线性部分。式(4.11)波动方程可写为

$$\rho\frac{\partial^2 u_i}{\partial t^2} = \frac{\partial \sigma_{ij}^L}{\partial x_j} + \frac{\partial \sigma_{ij}^{NL}}{\partial x_j} \tag{4.13}$$

式中，总位移 $u = u^1 + u^2$，u^1 是线性位移，u^2 是非线性位移。式(4.13)可表示为

$$\frac{\partial^2 u^1}{\partial t^2} - c^2\frac{\partial^2 u^1}{\partial x^2} = 0 \tag{4.14}$$

$$\frac{\partial^2 u^2}{\partial t^2} - c^2\frac{\partial^2 u^2}{\partial x^2} = \frac{1}{\rho}\frac{\partial u}{\partial x}\frac{\partial^2 u^1}{\partial x^2} \tag{4.15}$$

式中，c 是波速。纵波和横波的波速分别为

$$c = c_L = \sqrt{\frac{\lambda + 2\mu}{\rho_0}}, \quad c = c_T = \sqrt{\frac{\mu}{\rho_0}} \tag{4.16}$$

式(4.14)为线性波动方程，式(4.15)为非线性波动方程。

4.2.3　非线性波动方程的求解

目前，研究者多使用二阶经典非线性系数研究声波非线性现象，仅少数研究者使用三阶非线性系数[3-9]，本节尝试使用摄动法求解二阶与三阶经典非线性系数。

在小应变情况下，正应变定义为

$$\varepsilon = \frac{\partial u}{\partial x} \tag{4.17}$$

假设固体介质的非线性本构关系(应力-应变关系)为

$$\sigma = E \cdot f(\varepsilon) \tag{4.18}$$

式中，E 是弹性模量。考虑声速 c、弹性模量 E 和密度 ρ 之间关系为 $c = \sqrt{E/\rho}$，将式(4.17)、式(4.18)代入式(4.11)可得

$$\frac{\partial^2 u^2}{\partial t^2} = c^2 f'(\varepsilon)\frac{\partial^2 u}{\partial x^2} \tag{4.19}$$

将 $f'(\varepsilon)$ 按照 Taylor 级数展开，其本构关系为[3-6]

$$f(\varepsilon) = \varepsilon + \frac{1}{2}\beta\varepsilon^2 + \frac{1}{6}\delta\varepsilon^3 + \Delta(\varepsilon^4) \tag{4.20}$$

式中，β 是二阶经典非线性系数；δ 是三阶经典非线性系数；$\Delta(\varepsilon^4)$ 是 ε 高阶无穷小项。

再把式(4.20)代入式(4.19)，略去高阶小项，可得

$$\frac{\partial^2 u^2}{\partial t^2} = c^2 \frac{\partial^2 u}{\partial x^2}\left[1 + \beta\frac{\partial u}{\partial x} + \frac{\delta}{2}\left(\frac{\partial u}{\partial x}\right)^2\right] \tag{4.21}$$

一般情况下，方程(4.21)无解析解，多采用摄动法(或微扰法)来得到其近似解。令 $u(x,t)$ 为

$$u(x,t) = u_0(x,t) + u_1(x,t) + \cdots + u_n(x,t) \tag{4.22}$$

当 $x=0$ 时，有

$$u_0(x,t) = A_1 \sin(kx - \omega t) \tag{4.23}$$

仅考虑式(4.21)二阶非线性系数的贡献，式(4.21)可写为

$$\frac{\partial^2 u}{\partial t^2} - c^2 \frac{\partial^2 u}{\partial x^2} = c^2 \beta \frac{\partial u}{\partial x}\frac{\partial^2 u}{\partial x^2} \tag{4.24}$$

将式(4.23)代入式(4.24)的右侧，可得到

$$\frac{\partial^2 u}{\partial t^2} - c^2 \frac{\partial^2 u}{\partial x^2} = -\frac{c^2 A_1^2}{2} \beta k^3 \sin[2(kx - \omega t)] \tag{4.25}$$

假设式(4.25)的通解为

$$u_1(x,t) = f(x)\sin[2(kx - \omega t)] + g(x)\cos[2(kx - \omega t)] \tag{4.26}$$

将式(4.26)代入式(4.25)的左侧，可得到

$$\left(-4k\frac{dg}{dx} + \frac{d^2 f}{dx^2}\right)\sin[2(kx - \omega t)] + \left(4k\frac{df}{dx} + \frac{d^2 g}{dx^2}\right)\cos[2(kx - \omega t)]$$

$$= -\frac{A_1^2}{2}\beta k^3 \sin[2(kx - \omega t)] \tag{4.27}$$

由式(4.27)可得到

$$-4k\frac{dg}{dx} + \frac{d^2 f}{dx^2} = -\frac{A_1^2}{2}\beta k^3 \tag{4.28}$$

$$4k\frac{df}{dx} + \frac{d^2 g}{dx^2} = 0 \tag{4.29}$$

假设 $d^2 g/dx^2 = 0$、$df/dx = 0$，由式(4.28)可得

$$u_1(x,t) = -\frac{A_1^2 k^2}{8}\beta x \cos[2(kx - \omega t)] \tag{4.30}$$

使用上述方法求解三阶非线性系数。考虑三阶非线性系数对波动方程的影响：

$$\frac{\partial^2 u}{\partial t^2} - c^2 \frac{\partial^2 u}{\partial x^2} = c^2 \frac{\delta}{2}\left(\frac{\partial u}{\partial x}\right)^2 \frac{\partial^2 u}{\partial x^2} \tag{4.31}$$

将式(4.23)代入式(4.31)的右侧，可得到

$$\frac{\partial^2 u}{\partial t^2} - c^2 \frac{\partial^2 u}{\partial x^2} = -\frac{c^2 A_1^3}{8}\delta k^4 \left\{\sin(kx - \omega t) + \sin[3(kx - \omega t)]\right\} \tag{4.32}$$

假设式(4.31)的通解为

$$u_2(x,t) = f(x)\sin[3(kx - \omega t)] + g(x)\sin(kx - \omega t)$$
$$+ p(x)\cos[3(kx - \omega t)] + q(x)\cos(kx - \omega t) \tag{4.33}$$

将式(4.33)代入式(4.32)的左侧，可得到

$$-\frac{df}{dx} \cdot 6k\cos[3(kx - \omega t)] + \frac{dp}{dx} \cdot 6k\sin[3(kx - \omega t)] - \frac{d^2 f}{dx^2}\sin[3(kx - \omega t)]$$

$$-\frac{d^2 p}{dx^2}\cos[3(kx - \omega t)] - \frac{dg}{dx} \cdot 2k\cos(kx - \omega t) + \frac{dq}{dx} \cdot 2k\sin(kx - \omega t)$$

$$-\frac{d^2 g}{dx^2} \cdot \sin(kx - \omega t) - \frac{d^2 q}{dx^2}\cos(kx - \omega t) \tag{4.34}$$

$$= -\frac{A_1^3}{8}\beta k^4 \left\{\sin[3(kx - \omega t)] + \sin(kx - \omega t)\right\}$$

由式(4.34)可得到

$$2k\frac{dg}{dx}+\frac{d^2q}{dx^2}=0 \tag{4.35}$$

$$2k\frac{dq}{dx}-\frac{d^2g}{dx^2}=\frac{\delta}{8}A_1^3k^4 \tag{4.36}$$

$$\frac{d^2p}{dx^2}-6k\frac{df}{dx}=0 \tag{4.37}$$

$$6k\frac{dp}{dx}-\frac{d^2f}{dx^2}=-\frac{\delta}{8}A_1^3k^4 \tag{4.38}$$

假设 $d^2p/dx^2=0$、$d^2q/dx^2=0$、$df/dx=0$、$dg/dx=0$，由式(4.34)可得

$$p(x)=-\frac{\delta}{48}A_1^3k^3x \tag{4.39}$$

$$q(x)=-\frac{\delta}{16}A_1^3k^3x \tag{4.40}$$

$$u_2(x,t)=-\frac{\delta}{16}A_1^3k^3x\left\{\frac{1}{3}\cos[3(kx-\omega t)]+\cos(kx-\omega t)\right\} \tag{4.41}$$

将式(4.23)、式(4.30)、式(4.41)代入式(4.22)，按 x 同次方幂化简合并整理得

$$\begin{aligned}u(x,t)=&A_1\sin(kx-\omega t)-\frac{\beta}{8}A_1^2k^2x\cos[2(kx-\omega t)]\\&-\frac{\delta}{48}A_1^3k^3x\left\{\cos[3(kx-\omega t)]+3\cos(kx-\omega t)\right\}\end{aligned} \tag{4.42}$$

式中，ω 是圆频率；k 是波数。令式(4.42)中第二项与第三项的幅值分别为 A_2 和 A_3(超声接收信号的二次谐波幅值和三次谐波幅值)，则得到

$$\beta=\frac{8A_2}{k^2xA_1^2} \tag{4.43}$$

$$\delta=\frac{48A_3}{k^3xA_1^3} \tag{4.44}$$

由式(4.43)与式(4.44)可知，当换能器频率和传播距离固定不变时，非线性系数 β、δ 分别与 A_2/A_1^2 和 A_3/A_1^3 成正比。检测过程中，定义相对非线性系数为

$$\beta'=\frac{A_2}{A_1^2}=\frac{k^2}{8}\beta x \tag{4.45}$$

$$\delta'=\frac{A_3}{A_1^3}=\frac{k^3}{48}\delta x \tag{4.46}$$

由式(4.45)与式(4.46)可知，相对非线性系数 β' 和 δ' 为超声波传播距离 x 的函数。在远场区二阶相对非线性系数 β' 和三阶相对非线性系数 δ' 与 x 具有较好的线性关系。

当简谐波在存在晶格畸变、微塑性变形和微裂纹等缺陷的金属疲劳构件中传播时，由于超声波与晶格缺陷、微裂纹等相互作用，超声波发生折射、反射或散射等现象，使超声波波形发生畸变，即产生了高次谐波分量，超声波的传播产生了非线性。也就是说，当金属介质出现晶格微缺陷、微塑性变形和残余应力时，超声传播的二阶和三阶相对非线性系数 β' 和 δ' 也将发生变化。因此，可利用超声相对非线性系数的变化表征金属构件的这些疲劳损伤。

4.3　金属构件疲劳损伤检测

4.3.1　超声表征原理

使用超声非线性系数表征金属构件疲劳损伤(微塑性变形、微裂纹和残余应力等特征)，是利用超声非线性特征参数来表征金属构件的材料特性，是金属疲劳损伤分析反问题的范畴。基于固体材料的本构关系(应力-应变关系)表示金属构件的材料非线性特性。固体材料本构关系中的非线性系数与结构的弹性常数之间存在明确的数学函数关系。

当金属材料内部存在应力或疲劳损伤时，一阶弹性常数数值变化不大，但是，二阶或三阶等高阶弹性常数数值会发生明显的变化。由于高阶弹性常数对金属材料的微塑性变形、微裂纹或残余应力等疲劳特征更为敏感，所以非线性超声检测特征参数比线性超声特征参数(如声速、声衰减等)对微塑性变形、微裂纹或残余应力等疲劳特征具有更高的灵敏度。

假设金属材料在形变过程中，各种力所做的功均大部分转化为弹性能，该弹性能与瞬时应变和固体材料的形变历史有关。假设弹性能仅与瞬时应变有关，则有

$$w(\varepsilon) = \frac{1}{2} \sum_{i,j,k,l} C_{ijkl} \varepsilon_{ij} \varepsilon_{kl} + \frac{1}{6} \sum_{i,j,k,l,m,n} C_{ijklmn} \varepsilon_{ij} \varepsilon_{kl} \varepsilon_{mn} \tag{4.47}$$

式中，w 是单位体积的应变能；ε 是应变张量。ε 的系数为 n 阶弹性常数，如 C_{ijkl} 为二阶弹性常数，C_{ijklmn} 为三阶弹性常数。固体非线性高阶弹性常数可表示为[10]

$$C_{ijkl\cdots} = \rho \frac{\partial^n U}{\partial \varepsilon_{ij} \varepsilon_{kl} \cdots} \tag{4.48}$$

式中，U 是单位质量内能；ρ 是介质密度。

Breazeale 等[11,12]利用弹性常数表示超声波在固体中传播时的非线性特性。基于连续介质模型，得到在固体中传播的一维纵波非线性波动方程为

$$\rho \frac{\partial^2 u}{\partial t^2} = K_2 \frac{\partial^2 u}{\partial x^2} + (3K_2 + K_3) \frac{\partial u}{\partial x} \frac{\partial^2 u}{\partial x^2} \tag{4.49}$$

式中，u 是质点振动位移；ρ 是介质密度；K_2 和 K_3 分别是二阶弹性常数和三阶弹性常数。对沿 x 方向传播的超声纵波，有 $K_2 = C_{11}$、$K_3 = C_{111}$。将式(3.48)与式(3.20)对比，在一维条件下，二阶超声非线性系数 β 与弹性常数 K_2、K_3 之间具有定量关系，因此可通过二阶超声非线性系数 β 的检测来获取三阶弹性常数 K_3，进而评价固体介质的非线性属性。

超声非线性系数 β、δ 反映了声波在具有疲劳损伤(微塑性变形、微裂纹或残余应力)的金属构件中传播时发生畸变的程度，当单一频率的谐波信号在具有非线性特性的金属材料中传播时，会产生高次谐波。在频域中表现为超声接收信号的能量在基波和谐波分量的重新分布。

(1) 当仅考虑二阶超声非线性系数 β 时，接收信号的二次谐波幅值 A_2 与 $\beta x k^2 A_1^2$ 成正比。

(2) 当考虑三阶超声非线性系数 δ 时，接收信号的三次谐波幅值 A_3 与 $\delta x k^3 A_1^3$ 成正比。

当换能器激励声波频率 ω 及收发换能器之间的距离 x 固定不变时，如果接收信号的二次谐波幅值 A_2、A_3 增加，则非线性系数 β、δ 的绝对值也相应增加，即信号能量从基频向高阶频率转移，信号发生畸变，β、δ 的值越大，畸变程度越明显。

因此，利用非线性超声检测方法检测超声接收信号中高次谐波幅值与基波幅值之间的关系，可以预测金属构件疲劳损伤非线性特征的变化规律，预测金属构件的疲劳程度或疲劳寿命。

4.3.2　超声非线性机理

金属构件的疲劳损伤与材料中的位错、微塑性变形、微裂纹、残余应力等材料特性有关。

金属构件在循环载荷交变作用下，循环载荷的变化在主滑移面上形成位错，随着载荷循环周期的增加，位错运动促进位错累积形成位错偶。位错偶相互捕获直至形成位错偶的脉状网络(位错密度为 $10^{14} \sim 10^{16} \mathrm{m}^{-2}$)，随着循环周期的增加，网状结构继续发展直至位错密度达到临界值，形成持续滑移带。

金属材料持续滑移带可形成梯形结构的平行墙。梯形由位错偶形成，占滑移带体积分量的 10%。金属材料内部位错可由二次位错的内应力表征，也可由疲劳过程的塑性应变幅度表示。随着载荷循环周期的增加，二次位错形成了滑移带的

塑性硬化。随着塑性应变的累积，滑移带形成了梯形结构。

在微裂纹萌生前，位错的滑移与累积体现了金属构件疲劳损伤程度。随着位错密度的增大，材料的非线性特性逐渐增强；当金属构件中位错密度趋于饱和时，材料的非线性特性更加明显；当微裂纹形核时，微裂纹上下端面处于闭合状态；当微裂纹扩展时，微裂纹上下端面间距增大，微裂纹张开，引起超声波高次谐波分量的衰减，导致了超声波非线性特性参数的变化。因此，通过高阶超声非线性参数可以获得材料内部晶格位错情况或微裂纹分布状态。

参 考 文 献

[1] 钱祖文. 非线性声学[M]. 2 版. 北京: 科学出版社, 2009.

[2] Bender F A, Kim J Y, Jacobs L J, et al. The generation of second harmonic waves in an isotropic solid with quadratic under the presence of a stress-free boundary[J]. Wave Motion, 2013, 50(2): 146-161.

[3] Abeele V D, Koen E A. Elastic pulsed wave propagation in media with second- or higher-order nonlinearity. Part I. Theoretical framework[J]. Journal of the Acoustical Society of America, 1996, 99 (6): 3334-3346.

[4] Abeele V D, Koen E A. On the quasi-analytic treatment of hysteretic nonlinear response in elastic wave propagation[J]. Journal of the Acoustical Society of America, 1997, 101(4): 1886-1898.

[5] Abeele V D, Sutin A, Carmeliet J, et al. Micro-damage diagnostics using nonlinear elastic wave spectroscopy (NEWS) [J]. NDT&E International, 2001, 34(4): 239-248.

[6] Abeele V D, Johnson P A, Sutin A. Nonlinear elastic wave spectroscopy (NEWS) techniques to discern material damage, Part I: Nonlinear wave modulation spectroscopy (NWMS) [J]. Research in Nondestructive Evaluation, 2000, 12(1):17-30.

[7] Amura M, Meo M, Amerini F. Baseline-free estimation of residual fatigue life using a third order acoustic nonlinear parameter[J]. Journal of the Acoustical Society of America, 2011, 130(4): 1829-1837.

[8] Amura M, Meo M. Prediction of residual fatigue life using nonlinear ultrasound[J]. Smart Meterials and Structures, 2012, 21(4): 045001.

[9] Ren G, Kim J, Jhang K Y. Relationship between second- and third- order acoustic nonlinear parameters in relative measurement[J]. Ultrasonics, 2015, 56: 539-544.

[10] Kim J Y, Qu J, Jacobs L J, et al. Acoustic nonlinearity parameter due to microplasticity[J]. Journal of Nondestructive Evaluation, 2006, 25(1): 29-37.

[11] Breazeale M A, Thompson D O. Finite-amplitude ultrasonic waves in aluminum[J]. Applied Physics Letters, 1963, 3(5): 77-78.

[12] Peters R D, Breazeale M A, Ford J. Third harmonic of an initial sinusoidal ultrasonic wave in copper[J]. Applied Physics Letters, 1968, 12(3): 106-109.

第5章 高频聚焦超声换能器

5.1 压电效应与压电方程

超声波的产生与接收主要通过超声换能器来实现。超声换能器能够实现电能和声能之间的相互转化。

超声换能器的种类很多，按照能量转化的机理和使用的材料，可以分为压电换能器、磁致伸缩换能器、静电换能器(电容型换能器)、机械型超声换能器等。在众多类型的超声换能器中，压电换能器应用最为广泛。压电换能器是通过具有压电效应的压电材料，如石英、压电陶瓷、压电复合材料及压电薄膜等，将电信号转换成声信号，或将声信号转换成电信号，从而实现能量转化。

5.1.1 压电效应

对于具有非对称性的压电晶体，当在其适当的方向施加作用力时，其内部的电极化状态会发生变化，在电介质的某两个相对表面内会出现与外力成正比的符号相反的束缚电荷，这种由外力作用使电介质带电的现象称为压电效应。

当晶体内的正、负电荷在电场作用下发生相对位移时，晶体产生内应力，最终使晶体发生宏观形变的现象，称为反向压电效应。

压电换能器发射超声波的过程是利用压电振子的反向压电效应，接收超声波的过程是利用压电振子的正向压电效应。

正向压电效应和反向压电效应都是线性的，即晶体表面出现的电荷多少与形变大小成正比。当形变改变方向时，电场也改变方向。在外电场作用下，晶体的形变大小与电场强度成正比，当电场反向时，形变也改变方向。

5.1.2 压电材料的介电性和弹性

1. 介电性

压电材料都是介电的，电介质在外电场作用下发生电极化。在一般电场的作用下，晶体中的离子或者极性分子做很小的弹性位移，使电介质发生离子式极化或者弹性定向式极化。在理想的电介质中，只有极化而没有电导，只是以极化方式传递电荷的作用。去极化状态下的压电陶瓷可看作各向同性的材料，将它放入电场强度为 E 的电场内，压电陶瓷内将出现极化强度 P，P 与 E 的比值为极化系

数 α，即 $\alpha = P/E$。

不同材料、不同的电场强度具有不同的 α 值：

$$P = \alpha E \tag{5.1}$$

$$D = \varepsilon_0 E + P = (\varepsilon_0 + \alpha)E = \varepsilon E \tag{5.2}$$

式中，ε 是介电常数；ε_0 是真空介电常数，$\varepsilon_0 = 8.85 \times 10^{-12}\text{F/m}$；$D$ 是电位移。

P、E、D 都是矢量，用直角坐标系表示它们三个的分量，即 P_1、P_2、P_3 和 E_1、E_2、E_3 及 D_1、D_2、D_3。它们之间的关系为

$$\begin{cases} P_1 = \alpha E_1 \\ P_2 = \alpha E_2 , \\ P_3 = \alpha E_3 \end{cases} \begin{cases} D_1 = \varepsilon E_1 \\ D_2 = \varepsilon E_2 \\ D_3 = \varepsilon E_3 \end{cases} \tag{5.3}$$

写成矩阵形式为

$$\begin{cases} \{P\} = \{\alpha\}\{E\} \\ \{D\} = \{\varepsilon\}\{E\} \end{cases} \tag{5.4}$$

对于完全各向异性的电介质，D、P 和 E 的方向是彼此不同的，具体关系为

$$\begin{cases} P_x = \alpha_{11}E_1 + \alpha_{12}E_2 + \alpha_{13}E_3 \\ P_y = \alpha_{21}E_1 + \alpha_{22}E_2 + \alpha_{23}E_3 , \\ P_z = \alpha_{31}E_1 + \alpha_{32}E_2 + \alpha_{33}E_3 \end{cases} \begin{cases} D_x = \varepsilon_{11}E_1 + \varepsilon_{12}E_2 + \varepsilon_{13}E_3 \\ D_y = \varepsilon_{21}E_1 + \varepsilon_{22}E_2 + \varepsilon_{23}E_3 \\ D_z = \varepsilon_{31}E_1 + \varepsilon_{32}E_2 + \varepsilon_{33}E_3 \end{cases} \tag{5.5}$$

将式(5.5)写成矩阵的形式，有

$$\begin{cases} P = \begin{bmatrix} P_1 \\ P_2 \\ P_3 \end{bmatrix} = \begin{bmatrix} \alpha_{11} & \alpha_{12} & \alpha_{13} \\ \alpha_{21} & \alpha_{22} & \alpha_{23} \\ \alpha_{31} & \alpha_{32} & \alpha_{33} \end{bmatrix} \begin{bmatrix} E_1 \\ E_2 \\ E_3 \end{bmatrix} \\[20pt] D = \begin{bmatrix} D_1 \\ D_2 \\ D_3 \end{bmatrix} = \begin{bmatrix} \varepsilon_{11} & \varepsilon_{12} & \varepsilon_{13} \\ \varepsilon_{21} & \varepsilon_{22} & \varepsilon_{23} \\ \varepsilon_{31} & \varepsilon_{32} & \varepsilon_{33} \end{bmatrix} \begin{bmatrix} E_1 \\ E_2 \\ E_3 \end{bmatrix} \end{cases} \tag{5.6}$$

2. 弹性

压电晶体或压电陶瓷属于弹性体，具有弹性的性质。当有外力作用于它时，它要产生形变；当除去这一外力时，它能自动恢复原状。

从晶体上取出一小平行六面微分体积元，使小体积元的面与相应的坐标轴垂直，并设其边长分别为 dx、dy 和 dz，则体积为 dxdydz。如图 5.1 所示，在小体积元上，$abcd$ 面上作用的正应力为

$$T_{xx} = f(x, y, z) \tag{5.7}$$

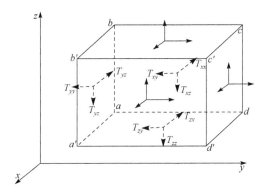

图 5.1　小平行六面微分体积元的应力分布情况

对于 $a'\,b'\,c'\,d'$ 面，x 的增量为 $\mathrm{d}x$，因此该面上的正应力是

$$T'_{xx} = f(x + \mathrm{d}x, y, z) \tag{5.8}$$

将式(5.8)展开为 Taylor 级数的形式：

$$T'_{xx} = f(x + \mathrm{d}x, y, z) = f(x, y, z) + \frac{\partial f(x, y, z)}{\partial x}\mathrm{d}x + \frac{1}{1\times 2}\frac{\partial^2 f(x, y, z)}{\partial x^2}(\mathrm{d}x)^2 + \cdots \tag{5.9}$$

略去其中一阶以上的高阶微量的所有项，得

$$T'_{xx} = T_{xx} + \frac{\partial T_{xx}}{\partial x}\mathrm{d}x \tag{5.10}$$

由上述方法可知，各个方向的应力分量分别为

$$A:\ \ T_{zz} + \frac{\partial T_{zz}}{\partial z}\mathrm{d}z, \quad B:\ \ T_{zx} + \frac{\partial T_{zx}}{\partial z}\mathrm{d}z$$

$$C:\ \ T_{zy} + \frac{\partial T_{zy}}{\partial z}\mathrm{d}z, \quad D:\ \ T_{xz} + \frac{\partial T_{xz}}{\partial x}\mathrm{d}x$$

$$E:\ \ T_{xx} + \frac{\partial T_{xx}}{\partial x}\mathrm{d}x, \quad F:\ \ T_{xy} + \frac{\partial T_{xy}}{\partial x}\mathrm{d}x$$

$$G:\ \ T_{yz} + \frac{\partial T_{yz}}{\partial y}\mathrm{d}y, \quad H:\ \ T_{yx} + \frac{\partial T_{yx}}{\partial y}\mathrm{d}y$$

$$I:\ \ T_{yy} + \frac{\partial T_{yy}}{\partial y}\mathrm{d}y$$

于是，可得沿 x 轴的合力为

$$\sum F_x = \left(T_{xx} + \frac{\partial T_{xx}}{\partial x}\mathrm{d}x\right)\mathrm{d}y\mathrm{d}z - T_{xx}\mathrm{d}y\mathrm{d}z + \left(T_{yx} + \frac{\partial T_{yx}}{\partial y}\mathrm{d}y\right)\mathrm{d}z\mathrm{d}x - T_{yx}\mathrm{d}z\mathrm{d}x$$

$$+ \left(T_{zx} + \frac{\partial T_{zx}}{\partial z}\mathrm{d}z\right)\mathrm{d}x\mathrm{d}y - T_{zx}\mathrm{d}x\mathrm{d}y = \frac{\partial T_{xx}}{\partial x}\mathrm{d}x\mathrm{d}y\mathrm{d}z + \frac{\partial T_{yx}}{\partial y}\mathrm{d}y\mathrm{d}z\mathrm{d}x + \frac{\partial T_{zx}}{\partial z}\mathrm{d}z\mathrm{d}x\mathrm{d}y$$

$$\tag{5.11}$$

分别用 ξ、η、ζ 表示小体积元沿 x、y、z 轴的位移，则加速度分量分别为

$$\frac{\partial^2 \xi}{\partial t^2}, \quad \frac{\partial^2 \eta}{\partial t^2}, \quad \frac{\partial^2 \zeta}{\partial t^2}$$

根据牛顿第二定律，有

$$\sum F_x = \rho \mathrm{d}x\mathrm{d}y\mathrm{d}z \frac{\partial^2 \xi}{\partial t^2} \tag{5.12}$$

式中，ρ 是平行六面微分小体积元的密度，由沿 y 轴和 z 轴的合力可分别得出

$$\sum F_y = \rho \mathrm{d}x\mathrm{d}y\mathrm{d}z \frac{\partial^2 \eta}{\partial t^2} \tag{5.13}$$

$$\sum F_z = \rho \mathrm{d}x\mathrm{d}y\mathrm{d}z \frac{\partial^2 \zeta}{\partial t^2} \tag{5.14}$$

对以上三个方程，等号两端均除以 $\mathrm{d}x\mathrm{d}y\mathrm{d}z$，得到以下形式的运动方程：

$$\begin{cases} \dfrac{\partial T_{xx}}{\partial x} + \dfrac{\partial T_{xy}}{\partial y} + \dfrac{\partial T_{xz}}{\partial z} = \rho \dfrac{\partial^2 \xi}{\partial t^2} \\[2mm] \dfrac{\partial T_{yx}}{\partial x} + \dfrac{\partial T_{yy}}{\partial y} + \dfrac{\partial T_{yz}}{\partial z} = \rho \dfrac{\partial^2 \eta}{\partial t^2} \\[2mm] \dfrac{\partial T_{zx}}{\partial x} + \dfrac{\partial T_{zy}}{\partial y} + \dfrac{\partial T_{zz}}{\partial z} = \rho \dfrac{\partial^2 \zeta}{\partial t^2} \end{cases} \tag{5.15}$$

为了书写方便，将下角标进行如下更改：

$$x \to 1, \quad y \to 2, \quad z \to 3$$

将双足标进一步简化为单足标：

$$11 \to 1, \quad 22 \to 2, \quad 33 \to 3, \quad 23\text{、}32 \to 4, \quad 13\text{、}31 \to 5, \quad 12\text{、}21 \to 6$$

则式(5.15)可以改写成

$$\begin{cases} \dfrac{\partial T_1}{\partial x} + \dfrac{\partial T_6}{\partial y} + \dfrac{\partial T_5}{\partial z} = \rho \dfrac{\partial^2 \xi}{\partial t^2} \\[2mm] \dfrac{\partial T_6}{\partial x} + \dfrac{\partial T_2}{\partial y} + \dfrac{\partial T_4}{\partial z} = \rho \dfrac{\partial^2 \eta}{\partial t^2} \\[2mm] \dfrac{\partial T_5}{\partial x} + \dfrac{\partial T_4}{\partial y} + \dfrac{\partial T_3}{\partial z} = \rho \dfrac{\partial^2 \zeta}{\partial t^2} \end{cases} \tag{5.16}$$

写成矩阵的形式为

$$\begin{bmatrix} T_1 & T_6 & T_5 \\ T_6 & T_2 & T_4 \\ T_5 & T_4 & T_3 \end{bmatrix} \begin{bmatrix} \dfrac{\partial}{\partial x} \\ \dfrac{\partial}{\partial y} \\ \dfrac{\partial}{\partial z} \end{bmatrix} = \rho \frac{\partial^2}{\partial t^2} \begin{bmatrix} \xi \\ \eta \\ \zeta \end{bmatrix} \tag{5.17}$$

5.1.3　压电方程

压电方程是描述压电效应的方程，表示压电体的介电性能、弹性性能及它们之间的耦合关系，并考虑压电体的机械边界条件和电学条件。

压电方程是描述压电材料压电效应的数学表达式，它将压电材料的弹性性能和介电性能互相联系起来。压电材料既具有弹性介质的性质，又具有电介质的性质，还具有压电体的性质，因此描述压电材料性能的参数有三类，即力学参数、电学参数和压电耦合参数。从热力学函数出发，分析压电晶体的边界条件来推导压电方程。具体的过程为：从力学量、电学量和热学量中各选择一个量作为热力学函数中描述系统的独立变量，然后将热力学函数中的因变量按独立变量展开，利用热力学关系(麦克斯韦关系式)导出函数之间的关系，即压电方程。

压电振子由于应用状态或者测试条件不同，可以处于不同的电学边界条件和机械边界条件。机械边界条件有两种，分别为机械自由和机械夹持；电学边界条件也有两种，分别为电学短路和电学开路。利用两种机械边界条件和两种电学边界条件进行组合，可以得到四类边界条件。在推导压电方程时，每类边界条件对应一种独立变量的选择方式，可以推导出一种类型的压电方程，如表 5.1 所示。

表 5.1　压电振子的四类压电方程

边界类别	名称	变量特点	压电方程
第一类 边界条件	机械自由和 电学短路	$T=0;S\neq0$ $E=0;D\neq0$	d 型： $\begin{cases} S_h = s_{hk}^E T_k + d_{jh} E_j, & h,k=1,2,\cdots,6 \\ D_i = d_{ik} T_k + \varepsilon_{ij}^T E_j, & i,\ j=1,2,3 \end{cases}$
第二类 边界条件	机械夹持和 电学短路	$S=0;T\neq0$ $E=0;D\neq0$	e 型： $\begin{cases} T_h = c_{hk}^E S_k - e_{jh} E_j, & h,k=1,2,\cdots,6 \\ D_i = e_{ik} s_k + \varepsilon_{ij}^S E_j, i, & j=1,2,3 \end{cases}$
第三类 边界条件	机械自由和 电学开路	$T=0;S\neq0$ $D=0;E\neq0$	g 型： $\begin{cases} S_h = s_{hk}^D T_k + g_{jh} D_j, & h,k=1,2,\cdots,6 \\ E_i = -g_{ik} T_k + \beta_{ij}^T E_j, & i,j=1,2,3 \end{cases}$

边界类别	名称	变量特点	压电方程
第四类 边界条件	机械夹持和 电学开路	$S=0; T\neq 0$ $D=0; E\neq 0$	h 型: $\begin{cases} T_h = c_{hk}^D s_k - h_{jh} D_j, & h,k=1,2,\cdots,6 \\ E_i = -h_{ik} s_k + \beta_{ij}^S D_j, & i,j=1,2,3 \end{cases}$

压电方程中出现了 12 个电弹常数，它们的物理意义分别如下。

(1) 弹性常数分量:

$$c_{hk}^D = \left(\frac{\partial T_h}{\partial s_k}\right)_D, \quad c_{hk}^E = \left(\frac{\partial T_h}{\partial s_k}\right)_E$$

分别是恒电位移、恒电场的弹性常数分量，其单位为 N/m^2。

(2) 介电隔离率分量:

$$\beta_{ij}^S = \left(\frac{\partial E_i}{\partial D_j}\right)_S, \quad \beta_{ij}^T = \left(\frac{\partial E_i}{\partial D_j}\right)_T$$

分别是恒应变、恒应力的介电隔离率分量，其单位为 m/F。

(3) 柔性常数分量:

$$s_{hk}^D = \left(\frac{\partial s_h}{\partial T_k}\right)_D, \quad s_{hk}^E = \left(\frac{\partial s_h}{\partial T_k}\right)_E$$

分别是恒电位移、恒电场的柔性常数分量，其单位为 m^2/N。

(4) 介电常数分量:

$$\varepsilon_{ij}^S = \left(\frac{\partial D_i}{\partial E_j}\right)_S, \quad \varepsilon_{ij}^T = \left(\frac{\partial D_i}{\partial E_j}\right)_T$$

分别是恒应变、恒应力的介电常数分量，其单位为 F/m。

(5) 压电(劲度)常数分量:

$$h_{jh} = \left(\frac{\partial s_h}{\partial D_j}\right)_T = -\left(\frac{\partial E_j}{\partial T_h}\right)_D$$

单位为 N/C(或 V/m)。

(6) 压电(应变)常数分量:

$$d_{jh} = \left(\frac{\partial s_h}{\partial E_j}\right)_T = \left(\frac{\partial D_j}{\partial T_h}\right)_E$$

单位为 C/N(或 m/V)。

(7) 压电(电压)常数分量:

$$g_{jh} = \left(\frac{\partial s_h}{\partial D_j}\right)_T = -\left(\frac{\partial E_j}{\partial T_h}\right)_D$$

单位为(V · m)/N(或 m²/C)。

(8) 压电(应力)常数分量:

$$e_{jh} = \left(\frac{\partial T_h}{\partial E_j}\right)_S = \left(\frac{\partial D_j}{\partial S_h}\right)_E$$

单位为 N/(V · m)(或 C/m²)。

5.1.4　压电晶体的振动模式

压电晶体进行机械能和电能之间的相互转化(耦合),是利用一定大小和形状的压电振子在特定的条件下(极化方向和电场方向)的振动来实现的。

压电振子的振动方式又称为振动模式。对于一个弹性体,理论上可以存在无穷多个振动模式,这些振动模式有单一的也有复合的。对于单一的振动模式,一般可以分为三类:伸缩振动模式、剪切振动模式和弯曲振动模式。

各种振动模式的压电材料振子是压电换能器的基础。当超声信号的频率处于振子的谐振频率附近时,压电振子就会发生谐振并输出最大的电压,此时换能器的机电转化效率也是最高的,因此压电振子具有频率选择的特点。

压电振子的振动模式有多种分类方法,最普遍的情况是分为横效应振动模式和纵效应振动模式两种。横效应振动模式与纵效应振动模式的区别取决于压电陶瓷振子的激发电场和振子中弹性波动传播方向。

当横效应振动时,激发电场垂直于弹性波的传播方向,因此压电陶瓷的横效应振动模式不受压电陶瓷振子电学边界条件的约束。横效应振动模式包括矩形压电陶瓷振子的长度伸缩振动模式和宽度伸缩振动模式,以及薄圆环和薄圆盘的径向伸缩振动模式。

当纵效应振动时,激发电场平行于弹性波的传播方向,因此纵效应振动振子的振动受压电陶瓷振子电学边界条件的约束。纵效应振动模式包括压电陶瓷薄板的厚度振动、纵向极化细长圆棒的纵向振动模式及薄板振子的厚度剪切振动模式等。

5.2　换能器的结构和工作原理

高频聚焦超声换能器能实现电能和声能之间的相互转化,是超声显微镜的关键部件之一,其中心频率直接影响超声显微镜检测的分辨力。

该超声换能器的主体结构由压电振子、背衬、匹配层和声透镜四大部分组成,如图 5.2 所示。为了固定主体结构和密封防水，一般采用不锈钢外壳和防水型射频连接器，以满足换能器的浸水使用要求。

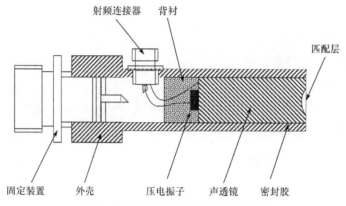

图 5.2　高频聚焦超声换能器的结构图

5.2.1　压电振子

1. 压电材料

压电振子是高频聚焦超声换能器的核心组成部分，由压电材料制成，主要用来实现声-电转化及电-声转化。

压电材料具有弹性、介电性和压电特性，描述压电材料性能的参数有三类，即力学参数、电学参数和压电参数；压电材料的性能参数主要包括声速、声阻抗、介电常数及机电耦合系数等。这些性能参数主要与压电材料的材料特性有关，另外机电耦合系数还与压电晶片的几何形状有关。

压电材料主要有四种，分别是压电陶瓷、压电高聚物、压电复合材料、压电单晶。它们的性能各不相同，适用的领域也不同，各种压电材料的机电耦合系数与声阻抗如图 5.3 所示。

压电单晶材料制作的超声换能器能够同时具有宽频带和高灵敏度，因此压电单晶材料是制作高频聚焦超声换能器的较佳材料，压电单晶主要包括无铅单晶 $LiNbO_3$、$KNbO_3$ 及含铅单晶 PZN/PT、PMN/PT，本书中介绍的高频聚焦超声换能器选用 $LiNbO_3$ 压电单晶材料作为压电振子材料。

频率常数是指压电振子的谐振频率与其在主振动方向上线度尺寸的乘积[1-4]，常用 N 表示。频率常数是一个材料常数，与压电振子主振动方向的声速 c 成正比。

在高频时，常用的薄圆片压电振子和薄长条压电振子一般呈现厚度振动模式。此时，压电振子的频率常数 N_t 等于其谐振频率 f_r 与厚度 t 的乘积，即

$$N_t = f_r \times t = \frac{c}{2} \tag{5.18}$$

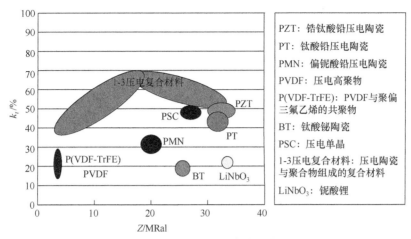

图 5.3　各种压电材料的机电耦合系数与声阻抗

在实际使用过程中，根据压电振子的频率常数和谐振频率可以确定压电振子的尺寸，而在已知压电振子频率常数和尺寸的情况下，可计算出压电振子的谐振频率。

2. 压电晶片的等效电路

透镜式高频聚焦超声换能器的压电振子是一个电场平行于传播方向的厚度伸缩晶片，考虑厚度为 t、电极面为主要表面(可以是矩形、圆形或其他形状，面积为 S)、在厚度方向极化的晶片，如图 5.4 所示。设其厚度可与波长相比，而横向尺寸比波长大得多，因而可认为晶片是横向截止的，压电晶片的应变可以表示为

$$S_3 \neq 0, \quad S_1 = S_2 = S_4 = S_5 = S_6 = 0$$

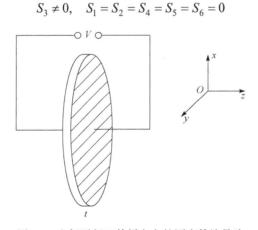

图 5.4　电场平行于传播方向的厚度伸缩晶片

因电场方向沿 z 方向，故可认为

$$D_3 \neq 0$$

这种情况选用 h 型压电方程较为方便，压电方程简化为

$$\begin{cases} T_3 = c_{33}^D s_3 - h_{33} D_3 \\ E_3 = -h_{33} S_3 + \beta_{33}^S D_3 \end{cases} \tag{5.19}$$

压电晶片的运动方程简化为

$$\rho \frac{\partial^2 \zeta}{\partial t^2} = \frac{\partial T_3}{\partial z} \tag{5.20}$$

根据压电方程(5.19)和运动方程(5.20)，以及边界条件可以得到压电晶片的电路状态方程(5.21)和机械振动方程(5.22)。

$$I = \mathrm{j}\omega Q = \mathrm{j}\omega wl D_3 = \mathrm{j}\omega C_0 V - n(\dot{\zeta}_1 + \dot{\zeta}_2) \tag{5.21}$$

式中，$C_0 = S / (t\beta_{33}^S)$ 是晶片的静态电容；V 是晶片两端施加的电压；$n = Sh_{33} / (\beta_{33}^S t)$ 是机电转换系数；$\dot{\zeta}_1$ 和 $\dot{\zeta}_2$ 分别是 $x=0$ 和 $x=t$ 端面的振动速度。

$$\begin{cases} F_1 = \left(\dfrac{\rho v S}{\mathrm{j}\sin(kt)} - \dfrac{n^2}{\mathrm{j}\omega C_0} \right)(\dot{\zeta}_1 + \dot{\zeta}_2) + \mathrm{j}\rho v S \tan\left(\dfrac{1}{2}kt \right)\dot{\zeta}_1 + nV \\[4mm] F_2 = \left(\dfrac{\rho v S}{\mathrm{j}\sin(kt)} - \dfrac{n^2}{\mathrm{j}\omega C_0} \right)(\dot{\zeta}_1 + \dot{\zeta}_2) + \mathrm{j}\rho v S \tan\left(\dfrac{1}{2}kt \right)\dot{\zeta}_2 + nV \end{cases} \tag{5.22}$$

式中，v 是声波在压电材料中的传播速度；k 是压电材料中声波的波数；F_1 和 F_2 分别是 $x=0$ 和 $x=t$ 端面的外力。

由电路状态方程(5.21)和机械振动方程(5.22)按照机电类比原理即可画出压电晶片的等效电路图，如图 5.5 所示。

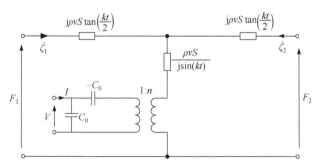

图 5.5　厚度伸缩压电晶片的 Mason 等效电路

5.2.2　背衬层

背衬层是超声换能器很重要的组成部分，因为它的一些参数将决定换能器带宽和灵敏度。

超声换能器中的背衬主要有两个用途：其一是与晶片进行匹配，减少晶片振荡的次数，从而提高换能器的频带宽度；其二是吸收晶片背向发射的声波，减少换能器的固有杂波，提高检测的可靠性，吸收效果由背衬材料与晶片声阻抗的匹配情况以及背衬的衰减系数决定。要达到较少声波反射到晶片的目的，应使背衬与晶片的声阻抗匹配良好。声波入射到背衬后，声波要完全衰减，这就要求背衬具有较大的衰减系数。因此，衰减系数和声阻抗是背衬材料的两个重要参数，衰减系数是指声能在物体中的损耗率，这种损耗主要由散射损耗和吸收损耗造成；材料的声阻抗主要与材料的密度和声速有关。为了得到比较理想的宽频带探头，一般要使背衬的声阻抗达到晶片声阻抗的 2/3[5]。

根据换能器的工作状态，背衬层可分为轻背衬、中背衬和重背衬。工作在连续波状态下的换能器用轻背衬，常常是空气背衬。对于检测换能器，为了提高分辨力，常常使用重背衬，当背衬材料的声阻抗非常接近压电材料的声阻抗时，可以获得良好的振动性能，但是由于阻抗的作用，声波幅值会大大降低，所以为了同时获得较高的分辨力和振幅，往往采用中背衬。传统的背衬材料一般是在环氧树脂中添加钨粉。

在高阻抗、高衰减背衬设计研究方面有许多研究成果。根据散射衰减理论，当声波遇到障碍物时，它的传播特性与声波的波长及障碍物的尺寸有很大关系[6]，图 5.6(a)为声波的波长远小于障碍物尺寸时声波的散射示意图，图 5.6(b)为两者尺寸差不多时声波的散射示意图，图 5.6(c)为声波波长远大于障碍物尺寸时声波的散射示意图。在设计背衬时，希望声波不被反射到压电晶片中，因此声波波长应该远大于背衬中颗粒的尺寸，即图 5.6(c)所示的情况。

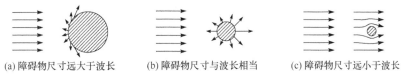

(a) 障碍物尺寸远大于波长　　　(b) 障碍物尺寸与波长相当　　　(c) 障碍物尺寸远小于波长

图 5.6　声波传播特性与障碍物的尺寸关系

根据声传播理论，刚性不动小球对平面波的散射声场的声压表达式为

$$p_S(r,\theta,t) = p_0 e^{j\omega t}\sum_{l=0}^{\infty}\left[-(-j)^l(2l+1)\frac{\dfrac{d}{d(ka)}j_l(ka)}{\dfrac{d}{d(ka)}h_l^{(2)}(ka)}h_l^{(2)}(kr)P_l\cos\theta\right]$$

刚性不动微小粒子 $ka \ll 1$ 且平面波散射的远声场 $kr \ll 1$ 时声压表达式简化为

$$p_S(r,\theta,t) = -\frac{p_0 \mathrm{e}^{\mathrm{j}(\omega t - kr)}}{kr} \frac{(ka)^3}{3}\left(1 - \frac{3}{2}\cos\theta\right)$$

声强表达式为

$$I_S(r,\theta) = \frac{|p_S(r,\theta)|^2}{2\rho_0 c_0} = \frac{k^4 a^6}{9}\left(1 - \frac{3}{2}\cos\theta\right)^2 \frac{I_0}{r^2}$$

声强散射系数可以表示为

$$T_{S=}\frac{I_S}{I_0} = \frac{k^4 a^6}{9r^2}\left(1 - \frac{3}{2}\cos\theta\right)^2 \tag{5.23}$$

这种类型的散射，称为 Rayleigh 散射。Rayleigh 散射适应的范围是 $ka \leqslant 0.5$。

由式(5.23)可以得知，声场在颗粒填充材料中的散射系数与颗粒直径大小的 6 次方成正比。因此，在颗粒直径远小于声波波长的前提下，即 $ka \ll 1$，颗粒直径越大，材料对声波的散射越大，背衬材料的衰减系数也就越大。根据 Rayleigh 衰减的条件 $ka \leqslant 0.5$，得出颗粒填充物直径大小的表达式为

$$a \leqslant \frac{0.5}{k} \tag{5.24}$$

一般来说，在环氧树脂中添加尺寸相同的钨粉，无法同时获得较高的阻抗和较高的声衰减系数，现阶段主要通过三种方法得到理想性能的背衬：①调整在环氧树脂中添加不同颗粒大小钨粉的比例；②采用适度粒度的高阻抗、高密度填料；③适当增加基料的柔性，即对环氧树脂进行改性处理，包括加入液体橡胶或橡胶粉[7]。

一般背衬材料由液态环氧树脂混合钨粉后固化而成。制作钨粉——环氧树脂背衬的方法很多，比较普遍的有浇铸法、挤压法、负压抽吸法、液浸置换法等。为制作高声阻抗率的重背衬材料，必须设法提高钨粉在环氧树脂中的填充量，制作成高密度的材料。Grewe 和 Gururaja[8]对不同体积百分比的 5μm 钨粉/环氧树脂体系的声学性能进行了研究，但是直接混合法得到的背衬中钨粉的体积百分比只能达到 31.9%，声阻抗最大为 10.8MRayl，这种方法很难再继续提高背衬的密度。为制作更高声阻抗的背衬，Low 和 Jones[9]提出利用"浸渍法"制作背衬，首先把钨粉挤压至紧密堆积状态，再用混合的环氧树脂浸渍。但是这种方法耗时较长，整个过程大约需要 140h，而且得到的材料的性能并不均匀，要切取材料的下端作为换能器的背衬。

滕永平[10]提出了挤压法制作背衬，具体步骤为：首先筛选出 100 目和 300 目的钨粉并按一定比例进行混合，将 1/3 的混合钨粉放置在背衬制作容器的最底层；

然后取 1/3 的混合钨粉与一定比例的环氧树脂进行混合，去掉气泡后作为背衬的第二层放在容器中；将剩余的 1/3 混合钨粉放在容器内作为背衬的第三层，利用台钳对装好三层背衬材料的柱体进行加压，加压强度至顶盖周围有环氧树脂液状物溢出为止。这种方法制作的背衬材料声阻抗可以达到 20MRayl 左右，声衰减在13～21dB/cm，基本可以满足较高衰减、较高声阻抗的要求。赵雁等[11]对挤压法进行了改进，增加了背衬厚度的同时在背衬背面加工了 V 形槽，有效地避免了声衰减不足造成的杂波干扰。

为了得到较好的背衬材料，和世海[12]对挤压法中的材料进行了处理。为了提高背衬的声阻抗特性，选择目数为 150 目、300 目、500 目的钨粉颗粒按照 1:2:2的比例充分混合，加热混合物除去混合物表面的水分，以减少背衬中气泡的产生，取适量钨粉混合物放入模具中作为背衬的第一层；微热环氧树脂和固化剂，增加其流动性；将混合并去除水分的钨粉加入到环氧树脂中进行充分搅拌，并加入固化剂，形成的环氧树脂钨粉混合物作为背衬的第二层，将背衬模具放在虎钳上进行加压直至有环氧树脂液状物流出；在恒压下固化 48h 后取出材料并进行打磨，得到需要的背衬材料。利用这种方法得到的背衬声阻抗可达 18MRayl。

彭应秋等[13]利用分层浇铸和阻抗过渡法加工背衬。这种方法将背衬分为两层进行制作，第一层是环氧树脂与钨粉的混合物，在混合物中加入聚硫橡胶或橡胶粉之类的高吸声材料作为第二层，在背衬的制作过程中，采用离心沉淀的方法将大颗粒的钨粉沉积到背衬底层，使背衬底层具有与压电晶片相当的声阻抗，小颗粒钨粉与吸声材料聚集在背衬上层，使背衬上层具有很高的衰减系数。因此，这种方法制作的背衬基本可以满足声阻抗匹配与声衰减的要求。

以上方法制作的背衬通常具有较高的声阻抗，可以较好地与压电晶片匹配。但是背衬的声衰减特性并不理想，Wang 对此进行了深入的研究[14]，研究表明，随着钨粉在背衬中体积百分比的上升，背衬的密度不断增大，背衬的声阻抗特性呈增大趋势，但其声衰减特性呈不同的变化趋势。随着钨粉的体积百分比的增加，声衰减系数先增大，在钨粉的体积百分比为 8%时声衰减系数达到峰值。当钨粉的体积百分比继续上升时，声衰减系数呈下降的趋势。当钨粉体积百分比达到 25%以上时，声衰减系数降到 30dB/cm 以下，已影响背衬的吸声效果。

为了制作衰减性能好的背衬，Trzaskos 等采用钨粉和软质聚氯乙烯粉末，经热压成型方法压制背衬材料[15]。利用软质聚氯乙烯的弹性，释放压力后的背衬材料会略微膨胀，因此背衬材料具有较高的声衰减特性。但是当钨粉的比例提高时，软质聚氯乙烯的量会减少，这时材料的结合力变差甚至无法成型。由于钨粉在背衬材料中的比例很低，这种方法得到的背衬声阻抗较低，一般在 12MRayl 以下。

吴锦川等[16]提出了改进的热压成型法。为提高背衬的声衰减特性，采用衰减性能较佳的热塑性聚氨酯树脂；为了提高材料的均匀性，首先将聚氨酯溶于有机试剂中，蒸发掉有机试剂使聚氨酯均匀沉积于钨粉颗粒上；为了提高材料的声阻抗特性，将由热塑性聚氨酯包裹的钨粉复合颗粒通过热压成型法制成背衬材料。具体步骤如下：在 40℃的烘箱让热塑性聚氨酯树脂完全溶于四氢呋喃有机溶剂中；将钨粉放入溶有热塑性聚氨酯树脂的有机溶剂中，并将有机溶剂蒸发掉；将得到的钨粉复合颗粒装入背衬模具中，在热压成型油压机上成型，温度保持在热塑性聚氨酯的玻璃化温度 110℃，施加 2~4MPa 的压力约 20s。在保持压力的情况下让模具自然冷却到室温，然后把成型的材料退出模具，即获得所需要的背衬材料，利用这种方法制作的背衬声阻抗可达 24MRayl，声衰减系数可达 70dB/cm，利用这种背衬制成的中心频率为 2.8MHz 的换能器–6dB 带宽可达 120%。

　　换能器的背衬除广泛采用环氧树脂加钨粉进行配置外，还采用硅橡胶加钨粉、聚乙烯醇加钨粉、环氧树脂加氯化汞等方法，也有用液体橡胶制成的。近几年，国外对背衬块的研究进展迅速，其中有钨-乙烯塑料法、钨粉与可碾延金属(如 Al、Cu、Pb、Sn 等)的固-固复合材料法等，都取得了良好的效果。固-固复合材料与钨粉/环氧树脂块相比较，在较小的钨粉体积分数时，就能得到较高的阻抗。要增大衰减系数，可选择合适的微粒直径，有时为了增强吸声的效果，还可以将背衬制成尖劈状或圆锥形，使其表面呈凹凸不平的形状。

5.2.3　匹配层

　1. 匹配层的作用

　　以均匀层形式夹在声阻抗率不同的两种介质之间，用以实现声阻抗过渡或匹配的结构，称为匹配层。匹配理论基本上是利用声波的反射和透射原理。当平面声波垂直入射到两种介质的分界面上时，超声波声压的反射系数 r 和透射系数 t 分别为

$$r = \frac{Z_2 - Z_1}{Z_2 + Z_1}$$

$$t = \frac{2Z_2}{Z_2 + Z_1}$$

式中，Z_1、Z_2 分别是第一种介质和第二种介质的声阻抗。

　　声波反射和透射的振幅大小主要取决于两种材料的声阻抗大小和声波的入射角度。如果第一种材料的声阻抗远小于第二种材料，那么绝大多数声波将被反射。通过在两种材料中间加上声阻抗和厚度合适的匹配层，就会使更多的能量从第一种材料进入第二种材料。匹配层的厚度通常为 1/4 波长，这样可以使能量衰减最

少。1/4 波长匹配层可以使声阻抗从声源材料到负载过渡得很缓慢。对于空气耦合换能器，声源材料一般为压电陶瓷，这种材料的声阻抗很大，一般为 $33.7 \times 10^6 \mathrm{kg}/(\mathrm{m}^2 \cdot \mathrm{s})$，远大于负载空气的声阻抗(一般为 $400\mathrm{kg}/(\mathrm{m}^2 \cdot \mathrm{s})$)。因此，要想有更多的声能进入空气，需要设计多层匹配层对换能器进行声匹配[17,18]。

在高频聚焦超声换能器工作时，阻抗的显著差异，即严重的阻抗失配不仅会降低界面处的声波透射系数，还会严重影响换能器的发射、接收灵敏度、轴向分辨力及信息的丰富程度。因此，在高频聚焦超声换能器的超声匹配过程中，必须通过采用匹配层材料实现声阻抗的匹配或过渡。匹配层的材料、阻抗和厚度对换能器的性能影响很大，能影响换能器的灵敏度、带宽、传递函数及脉冲回波波形。因此，还要求匹配层具有高声速、低衰减系数的性能。透镜式高频聚焦超声换能器的匹配层一般使用蒸镀技术形成于透镜的前端。

图 5.7 为本书作者实验室研发的高频聚焦超声换能器实物图，其中，图 5.7(a) 为中心频率为 100MHz 的高频聚焦超声换能器，图 5.7(b)为中心频率为 500MHz 的高频聚焦超声换能器。

(a) 100MHz　　　　　　　　　　　　　(b) 500MHz

图 5.7　高频聚焦超声换能器实物图

2. 关于匹配层的研究

超声换能器中应用最多的是单层阻抗匹配层和双层阻抗匹配层。由于工艺上的因素，双层阻抗匹配用得比较少。

匹配层的设计和理论计算一直都是人们研究的热点。Thiagarajan 等[19]在 1997年设计的匹配层为包含玻璃层和帕利灵(聚对二甲苯)层的双层结构，在满足声学匹配的同时起到保护换能器的作用。

Kim 和 Roh[20]在 1998 年为高能量、宽带超声换能器设计了新的匹配层结构，并利用不同于传统方法的直接时域分析法给出了最佳的匹配层特性阻抗值。

Rhee 等[21]使用超声换能器设计软件 piezoCAD 分析出了 0～100MHz 的

LiNbO$_3$制作的高频超声换能器的性能与匹配层的厚度间的关系，如图 5.8 所示。由图 5.8 可知，对于 7.5MRayl 的单层匹配层，换能器的中心频率、带宽、插入损耗、−6dB 脉冲宽度基本是在 0.25 处得到增强。

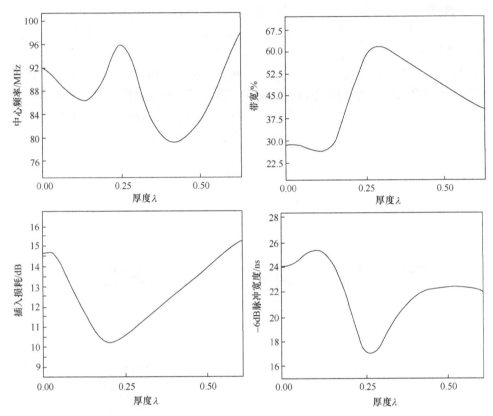

图 5.8　100MHz 的换能器的性能参数与 7.5MRayl 的匹配层厚度的关系

　　Toda[22]研究提出了一种新的匹配层设计理念，并设计了一种新型的双层匹配层，适合于高效率超声换能器使用。Callens 等[23]将胶作为双层匹配层结构中的一层，讨论了不同匹配层厚度对换能器性能带来的影响，并给出了理论计算结果。Tohmyoh[24]设计的匹配层可以作为一种宽带滤波器来使用，不仅能实现换能器阻抗匹配，还可以起到信号滤波的作用。

　　在匹配层的制备方面，国内外的科研工作者也做了大量的工作。Wang 等[25]在 2004 年选用二氧化硅为填充材料，并选用溶胶-凝胶法制备出了适合高频超声换能器使用的匹配层，并研究了不同老化温度下样品的阻抗变化规律。Zhang 等[26]在 2007 年选用氧化铝为材料制备了匹配层样品，样品中氧化铝颗粒的粒径在 50nm 以下。在 2009 年，Zhou 等[27]选用氧化铝和环氧树脂为材料，利用旋涂法制备了匹配层样品，并制造了采用此匹配层的超声换能器。

3. 背衬层与匹配层的等效电路

超声换能器的背衬层及匹配层的横向尺寸比波长大得多，故可看作无限大平板，如图 5.9 所示。类似于压电晶片机械振动方程的推导，可得无限大平板纵振动的机械振动方程(5.25)，等效电路图如图 5.10 所示。

$$\begin{cases} F_1 = \dfrac{\rho v S}{\mathrm{j}\sin(kt)}(\dot{\zeta}_1 + \dot{\zeta}_2) + \mathrm{j}\rho v S \tan\left(\dfrac{1}{2}kt\right)\dot{\zeta}_1 \\[4mm] F_2 = \dfrac{\rho v S}{\mathrm{j}\sin(kt)}(\dot{\zeta}_1 + \dot{\zeta}_2) + \mathrm{j}\rho v S \tan\left(\dfrac{1}{2}kt\right)\dot{\zeta}_2 \end{cases} \tag{5.25}$$

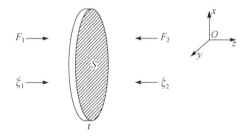

图 5.9　纵振动的无限大平板

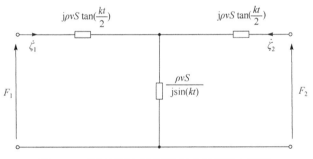

图 5.10　背衬层及匹配层纵振动的等效电路图

4. 匹配层的设计

匹配层的作用主要有两方面：一方面是机械阻抗变换，可以使换能器与声负载很好地匹配耦合；另一方面是放大换能器的位移振幅[28]。根据匹配层的等效电路图，可以得到匹配层两端振速(或位移)复数之比：

$$\frac{\dot{\zeta}_1}{\dot{\zeta}_2} = -\left[\cos(kt) + \mathrm{j}\frac{Z_t \sin(kt)}{\rho v S} \right]$$

式中，Z_t 是负载声阻抗，并假定为纯电阻；ρvS、t 分别是匹配层的声阻抗和厚度。所以，振速或位移的变化幅值比为

$$A = \left| \frac{\dot{\zeta}_1}{\dot{\zeta}_2} \right| = \cfrac{1}{\sqrt{1 + \left(\dfrac{Z_t^2}{(\rho vS)^2} - 1 \right) \sin^2(kt)}} \tag{5.26}$$

利用式(5.26)可以得到换能器位移的变化幅值比与匹配层声阻抗 ρvS 和厚度 t 的关系，如图 5.11 所示。由图 5.11 可以得出，在设计匹配层时，通常使 $\chi = \dfrac{\rho vS}{Z_t} > 1$，即匹配层的声阻抗大于负载的声阻抗，此时 $A>1$，即换能器振幅得到放大。值得注意的是，在 $kt = \pi / 2$，即 $t = \lambda / 4$ 时，可得到最大的振幅放大，因此在设计换能器的匹配层尺寸时，一般取其厚度为 1/4 波长。

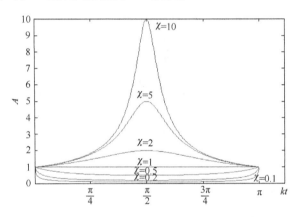

图 5.11　变幅 A 随 kt 的变化曲线 $\left(\chi = \dfrac{\rho vS}{Z_t} \right)$

通过 KLM 等效电路求得的单层 1/4 波长厚度的匹配层的声阻抗计算公式为

$$Z_{m1} = (Z_1 Z_2^2)^{1/3}$$

双层匹配层的计算公式为

$$Z_{m1} = (Z_1^4 Z_2^3)^{1/7}, \quad Z_{m2} = (Z_1 Z_2^6)^{1/7}$$

式中，Z_1 是压电晶片或(透镜式换能器)透镜的声阻抗；Z_2 是负载的声阻抗；Z_{m1} 是第一层匹配层的声阻抗；Z_{m2} 是第二层匹配层的声阻抗。

5.2.4 声透镜

1. 概述

声透镜是在其制成适当形状后可使沿直线传播的声波产生会聚或发散的器件。声透镜与光学透镜形似，由两个曲面(其中一个可以是平面)共轴排列，其间所围材料的声速应该不同于透镜外材料中的声速，这样构成的透镜有聚集或发散声波的作用，透镜的形状有平-凹面型、平-凸面型、双凸面型、双凹面型及凸-凹面型。透镜的性能取决于其本身的材料性能、周围介质的特性及折射表面的几何形状。

超声显微检测利用超声换能器的声透镜实现超声波在耦合液中的汇聚，形成声束聚焦，声束并不聚焦为一个点，而是形成沿声透镜声轴方向分布的一个狭长的纺锤形焦区，焦区的最小直径和长度是衡量声透镜聚焦特性的重要指标。声透镜不仅要保证超声换能器实现理想的聚焦效果，还应保证声波在声透镜传播过程中的衰减尽量小，这取决于声透镜的材料和几何形状。声透镜一端是平整光滑的表面，用于耦合压电振子；另一端有一个凹的聚焦球面，用于实现超声波聚焦，即将压电振子与声透镜组合形成聚焦系统，其结构是在传统的压电换能器的基础上加入了声透镜，如图 5.12 所示。

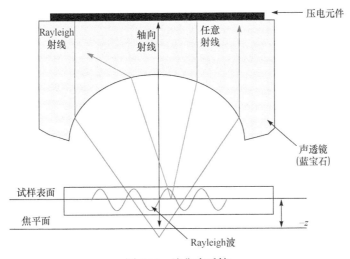

图 5.12　聚焦声透镜

2. 折声材料

用于制作声透镜使声波发生折射的材料为折声材料。折声材料可以是固态的，也可以是液态的，但是液体不能自成形状，必须有外壳盛装，故使用起来不方便。在多数情况下，都是选用固体材料来制作声透镜。

在选择透镜材料时，尽量使它的声阻抗与周围介质的声阻抗相差不大，这样可以获得最大的透射，同时要注意在工作频率下透镜材料的吸收系数要小。熔融石英和蓝宝石是超声显微检测用高频超声换能器常用的声透镜材料。

3. 声透镜设计

声透镜的参数设计应根据焦距要求进行，焦距有声焦距和几何焦距之分。声透镜的聚焦效果取决于折声材料与被检测对象材料介质(超声显微检测中，一般为水)的声速比和折射球面曲率半径，若折声材料与被检测对象材料介质的声速为 c_1 和 c_2，透镜的曲率半径为 R，则几何焦距为

$$F = \frac{R}{\dfrac{c_1}{c_2} - 1} \tag{5.27}$$

一般情况下，几何焦距并非声焦距。

几何焦距 F 与声焦距 F_a 的关系为

$$F = \frac{l_0}{1 - \dfrac{F_a}{l_0}} \left[\frac{F_a}{l_0} - 0.635 \left(\frac{F_a}{l_0} \right)^2 + 0.2128 \left(\frac{F_a}{l_0} \right)^3 \right] = 1.563 \times 10^{-2}\,\mathrm{m} \tag{5.28}$$

式中，l_0 是近场区长度，对于圆形晶片，有

$$l_0 = \frac{d^2}{4\lambda} \tag{5.29}$$

式中，d 是晶片直径；λ 是负载材料中的波长。

F/l_0 和 F_a/l_0 的关系曲线如图 5.13 所示。可以看出，声焦距的极限值为近场区长度的 90%，且只有在几何焦距为近场区长度的 2 倍以内时，才能通过改变透镜的曲率半径来有效地改变声焦距。

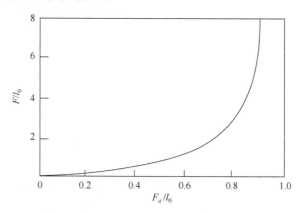

图 5.13　F/l_0 和 F_a/l_0 的关系曲线

注意，声焦点并非不占空间的几何点，而是近似圆柱体，若晶片半径为 a，则相对于声轴上声压下降 6dB 处的圆柱体，即焦柱的直径为

$$d_{-6\text{dB}} = 0.71\frac{\lambda F_a}{a} \tag{5.30}$$

圆柱体长度，即焦柱长度近似为

$$l = \frac{2D}{D^2 - 1}a \tag{5.31}$$

式中，$D = \dfrac{a^2}{\lambda F_a}$。

根据声波折射系数的不同，当折射系数 $n>1$ 时，称为减速透镜；当折射系数 $n<1$ 时，称为加速透镜。超声显微检测用超声换能器的声透镜，在水耦检测情况下，通常有 $n>1$，即 $c_1>c_2$，则会聚透镜至少应当有一个凸折射表面，即透镜的聚焦球面是凹球面。

超声透镜的聚焦是表征透镜实用性能的基本参数，在焦距处声强达到最大值。透镜的焦距取决于透镜的折射系数和几何参数。超声透镜的放大系数和分辨力取决于透镜的最大孔径角，也称临界角。在超声成像系统中，通过超声透镜在焦点处的声压放大系数，可以近似计算出接收系统的灵敏度和焦点处的最大声强。声透镜的放大系数与透镜材料中的吸收系数有很大的关系，这是因为超声波的吸收不仅与材料本身有关，而且与超声波的频率和传播距离等也有关。

4. 声透镜及焦柱参数计算实例

设计一个 100MHz 聚焦换能器的声透镜，声透镜材料选用熔融石英，c_1=5960m/s，透镜的孔径为 $d=2a$=3mm，耦合介质为水，c_2=1480m/s。要求声焦距为 F_a=0.015m。聚焦球面半径、球冠深度、孔径半角及透镜长度计算如下。

根据式(5.27)可得聚焦球面半径与几何焦距的关系为

$$R = \left(1 - \frac{c_1}{c_2}\right)F = 0.7517F \tag{5.32}$$

根据水的声速和换能器频率，可计算出水中的波长为

$$\lambda = \frac{c_2}{f} = 1.48 \times 10^{-5}\,\text{m} \tag{5.33}$$

由式(5.28)得出水中的近场长度为

$$l_0 = \frac{d^2}{4\lambda} = 0.152\text{m}$$

根据透镜的几何焦距和声焦距间关系式(5.29)，代入 F_a=0.015m，得

$$F = \frac{l_0}{1-\frac{F_a}{l_0}}\left[\frac{F_a}{l_0} - 0.635\left(\frac{F_a}{l_0}\right)^2 + 0.2128\left(\frac{F_a}{l_0}\right)^3\right] = 1.563\times10^{-2}\,\text{m} \tag{5.34}$$

由式(5.32)和式(5.34)计算出声透镜的聚焦球面几何半径 $R=1.171\times10^{-2}\text{m}$。

由式(5.30)和式(5.31)分别计算出聚焦声束的焦柱直径和焦柱长度为

$$d_{-6\text{dB}} = 0.71\frac{\lambda F_a}{a} = 0.7\times10^{-5}\,\text{m} = 7\mu\text{m} \tag{5.35}$$

$$l = \frac{2D}{D^2-1}a = 0.2989\text{mm} \tag{5.36}$$

球冠深的计算公式为

$$h = R - \sqrt{R^2 - \left(\frac{d}{2}\right)^2} = 9.64\times10^{-5}\,\text{m} = 0.0964\text{mm}$$

孔径半角的计算公式为

$$\theta = \arcsin\left(\frac{d}{2R}\right)\frac{360}{2\pi} = 7.358°$$

声波在透镜和水中传播示意图如图 5.14 所示，为了获得合理的检测范围，应避免被检面反射信号与透镜面反射信号混叠，可考虑使被检面反射信号位于相邻两次透镜面反射信号的中间。

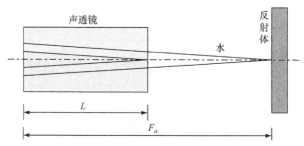

图 5.14　反射法检测时声波在透镜和水中的传播示意图

设声波在透镜中往返一次的传播时间为 t_l，在透镜与被检面之间的水中(焦距长度)往返一次的传播时间为 t_w，若使被检面反射信号位于第 k 次和第 $k+1$ 次透镜面反射信号的中间，则根据声传播路径及声速间关系有 $t_l + t_w = (k+0.5)t_l$，代入 $t_l = 2L/c_1$、$t_w = 2F_a/c_2$ 可得

$$L = \frac{c_1}{c_2}\frac{F_a}{k-0.5}$$

对于所设计的透镜，取 $k=2$，可算得

$$L = \frac{5960}{1480}\frac{0.015}{2-0.5} = 0.04027\text{m} = 40.27\text{mm} \tag{5.37}$$

5.3　换能器电阻抗

5.3.1　电阻抗特性

　　超声换能器的电阻抗(或电导纳)通常是指在换能器电信号输入输出端测得的电阻抗(或电导纳)，如果忽略电损耗，则一个压电换能器的静态(未经激励振动状态)等效电路就是一个纯电容。当换能器振动辐射声能时，还存在动态阻抗，它是由换能器振动部分的驱动力阻抗和介质对振动部分的反作用力产生的。总动态阻抗可以用电阻、电容和电感来表示。如果在离某一共振频率很远的频率上没有其他共振，则在这个共振频率附近可以把压电换能器近似为一个集总系统，等效电路如图 5.15 所示。

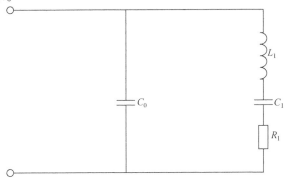

图 5.15　压电换能器在谐振频率附近的集总等效电路

5.3.2　等效电路分析方法

　　由背衬、压电晶片及匹配层组成的换能器的 KLM 等效电路如图 5.16 所示。
　　根据声传输线理论，压电晶片两端的阻抗 Z_{c1} 和 Z_{c2} 可由式(5.38)和式(5.39)表示：

$$Z_{c1} = Z_0 \frac{Z_1 \cos(k_0 d_0 / 2) + jZ_0 \sin(k_0 d_0 / 2)}{Z_0 \cos(k_0 d_0 / 2) + jZ_1 \sin(k_0 d_0 / 2)} \tag{5.38}$$

式中，

$$Z_1 = Z_{p1} \frac{Z_t \cos(k_{p1} d_{p1}) + jZ_{p1} \sin(k_{p1} d_{p1})}{Z_{p1} \cos(k_{p1} d_{p1}) + jZ_t \sin(k_{p1} d_{p1})}$$

$$Z_{c2} = Z_0 \frac{Z_b \cos(k_0 d_0 / 2) + jZ_0 \sin(k_0 d_0 / 2)}{Z_0 \cos(k_0 d_0 / 2) + jZ_b \sin(k_0 d_0 / 2)} \tag{5.39}$$

因此，换能器的电阻抗 Z_{in} 可以表示为

$$Z_{in} = \frac{1}{j\omega C_0} + jX_1 + \frac{Z_{c1} \cdot Z_{c2}}{Z_{c1} + Z_{c2}} \frac{1}{N^2} = R_{in} + jX_{in} \tag{5.40}$$

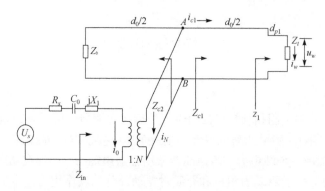

图 5.16　超声换能器的 KLM 等效电路

　　图 5.17 是采用等效电路法由式(5.40)计算得到的某超声换能器的电阻抗曲线。该超声换能器的背衬声阻抗为 20MRayl，匹配层的声阻抗为 3.86MRayl，压电晶片为压电陶瓷材料 PZT-5A，超声换能器的负载为水。

　　由图 5.17 可得，随着频率的增大，超声换能器的电阻抗幅值基本上呈下降趋势，在中心频率附近会有小的波动；阻抗角在[−60°,−90°]内，且绝对值先减小后增大，在超声换能器的中心频率处达到最大值。

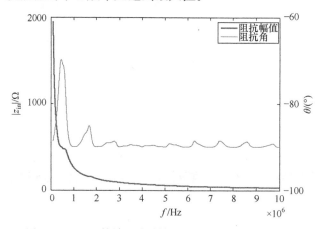

图 5.17　KLM 等效电路计算的超声换能器电阻抗曲线

5.3.3　测量方法

　　换能器电阻抗测量方法主要有三种：①阻抗分析仪法，用精密阻抗分析仪来测量换能器的电阻抗，是压电换能器电阻抗精密测量的方法；②采样电阻法，一种间接测量方法，其测量原理如图 5.18 所示，通过串联电阻 R，测量 $V_1(\omega)$ 和 $V_2(\omega)$，由式(5.41)计算压电换能器的电阻抗特性；③电流探笔伏安法，是根据换能器电阻抗的定义，在超声换能器正常工作状态下，用高灵敏度电压探头和电流探头分别测量换能器电端口的电压 $V(t)$ 和电流 $I(t)$，并对测得的电压信号和电流信号进行频谱变换，得到频域下的电压 $V(\omega)$ 和电流 $I(\omega)$，由式(5.42)计算得到换能器的电阻抗特性，其测量原理如图 5.19 所示。

$$Z(\omega) = \frac{V_1(\omega) - V_2(\omega)}{V_2(\omega)} R \tag{5.41}$$

$$Z(\omega) = \frac{V(\omega)}{I(\omega)} \tag{5.42}$$

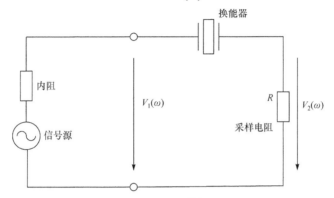

图 5.18　换能器电阻抗的采样电阻法测量原理

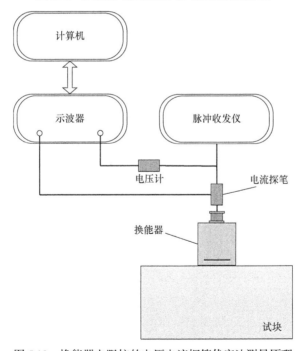

图 5.19　换能器电阻抗的电压电流探笔伏安法测量原理

利用某型号阻抗分析仪对 V101 超声换能器的电阻抗进行测量，被测超声换能器的负载为水，测量得到的电阻抗幅值-频率曲线和电阻抗相角-频率曲线如图 5.20 所示。

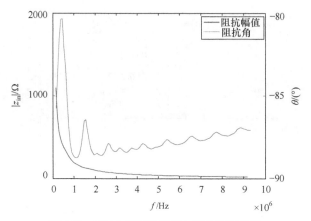

图 5.20　V101 超声换能器电阻抗测量曲线

对测量得到的电阻抗曲线与理论计算得到的电阻抗曲线在 0.2～0.8MHz 进行比较，结果如图 5.21 所示。

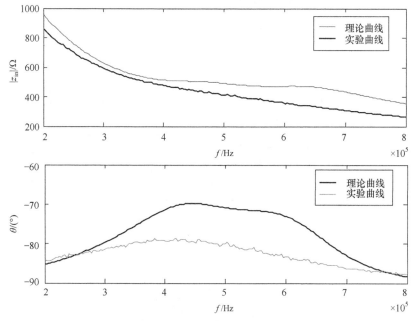

图 5.21　超声换能器电阻抗的测量结果与理论分析结果比较

可以得出，测量结果与理论计算得到的电阻抗曲线变化趋势是一致的，都是随着频率的增大，电阻抗幅值呈下降趋势；阻抗角在 $[-60°, -90°]$，且绝对值先减小后增大，在超声换能器的中心频率处取最大值。

测量结果与理论计算得到的电阻抗在数值上存在一定的差距，电阻抗幅值的差值最大值出现在 0.67MHz 附近，为 50Ω，相角的差值最大值出现在 0.6MHz，为 $10°$。造成这种差距的原因主要有两方面：①在理论计算时，忽略了换能器电匹配电路对换能器电阻抗的影响；②用于理论计算的换能器各部分参数不够准确，由于超声换能器制造过程的复杂性，很难准确知道换能器各部分的参数，这会造成计算的误差。

5.3.4　电阻抗匹配

当压电换能器在其谐振频率附近工作时，由于静态电容的影响，一般呈容性，如果直接将信号源接到换能器上，将会产生一部分无功分量，致使换能器有功功率相对减小。要拓宽超声换能器的频带，除了需要添加背衬和匹配层对换能器进行声阻抗匹配外，还要进行换能器与其激励电源间的电阻抗匹配。一般来讲，换能器的电阻抗匹配含义包含两方面内容：一是阻抗变换，就是把换能器阵元的阻抗变换成激励电源所需要的阻抗值；二是调谐作用，利用匹配网络来补偿换能器的容性阻抗，从而减小工作带宽内的阻抗复角，降低耗散功率，更有效地提高激励电源的效率，保证宽带特性[25]。解决换能器与激励电源间电阻抗匹配问题的方法就是采用一些诸如电感、电容的低耗元件，组成一定的网络加于激励电源和换能器之间。此时，换能器仍工作于原谐振频率上，换能器两端的电压也和原先的相同，但从信号源两端来看，其输出功率及整个发射系统的效率将发生变化，匹配的目的就是尽可能使信号源输出功率全部转换为换能器的发射功率[29]。

常用的匹配方法有 4 种：①电感匹配，有串联电感和并联电感两种方式；②由电感和电容组成的匹配网络，这种匹配方法更易调谐和调阻；③此外，还可用变压器进行匹配，即通过初级线圈和次级线圈之间的变压及耦合作用匹配，此种方法常用于大功率匹配；④T 形匹配网络对换能器进行阻抗匹配[30]。

串联电感法是在换能器与激励源之间串联一个电感 L_2，等效电路如图 5.22 所示，在电阻抗匹配后，超声换能器的谐振频率不变，且满足 $\omega_0 = \dfrac{1}{\sqrt{L_1 C_1}}$。

通过计算，可以得到等效电路的总阻抗为

$$Z_2 = R_2 + jX_2 = \frac{R_1}{1+(\omega_0 C_0 R_1)^2} + j\omega_0\left[L_2 - \frac{C_0 R_1^{\,2}}{1+(\omega_0 C_0 R_1)^2}\right]$$

此电路的理想匹配条件为

$$\begin{cases} R_2 = \dfrac{R_1}{1+(\omega_0 C_0 R_1)^2} \\ X_2 = \omega_0 \left[L_2 - \dfrac{C_0 R_1{}^2}{1+(\omega_0 C_0 R_1)^2} \right] = 0 \end{cases} \tag{5.43}$$

由此，得到实现电阻抗匹配的串联电感值为

$$L_2 = \frac{C_0 R_1{}^2}{1+(\omega_0 C_0 R_1)^2}$$

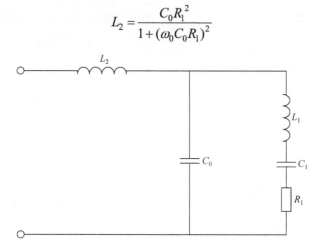

图 5.22　串联电感法电阻抗匹配等效电路

由式(5.43)可以看出，匹配后电路的电阻抗 R_2 比原电路的电阻抗 R_1 要小，对于中心频率较低的换能器，C_0 很小，R_1 的值与 R_2 的值基本接近，电匹配效果较好；但对于较高频率的换能器，经过这种电路匹配后的电阻抗 R_2 过小，由于激励电路的输出电阻和连接电缆的电阻一般为 50Ω，换能器获得的功率就很小。因此，这种匹配电路只能用于低频率的换能器的电阻抗匹配。

T 形匹配网络是在串联电感电路的基础上再并联一个电容、串联一个电感得到的电路网络，如图 5.23 所示。

加入匹配网络后，等效电路的总阻抗为

$$Z_3 = R_3 + \mathrm{j}X_3 = \frac{R_2}{1+(\omega_0 C_3 R_2)^2} + \mathrm{j}\omega_0 \left[L_3 - \frac{C_3 R_2{}^2}{1+(\omega_0 C_3 R_2)^2} \right]$$

此电路的理想匹配条件为

$$\begin{cases} R_3 = \dfrac{R_2}{1+(\omega_0 C_3 R_2)^2} \\ X_3 = \omega_0 \left[L_3 - \dfrac{C_3 R_2{}^2}{1+(\omega_0 C_3 R_2)^2} \right] = 0 \end{cases} \tag{5.44}$$

由式(5.44)得到实现电阻抗匹配的串联电感 $L_3 = \dfrac{C_3 R_2^2}{1+(\omega_0 C_3 R_2)^2}$，因为 L_3 可以通过 C_3 确定，C_3 是自由变量，所以这种匹配电路更容易调谐。

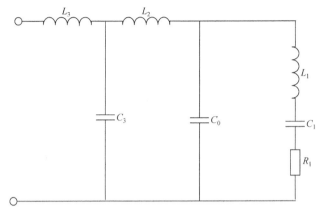

图 5.23　T 形匹配网络法电阻抗匹配等效电路

5.4　换能器声场

5.4.1　声场模型

超声换能器辐射声场的建模和仿真是超声无损检测理论的一个重要部分，利用该模型可分析超声换能器辐射的声波在介质中的传播规律，即超声换能器辐射声束情况。超声换能器声场的分析计算模型主要有点源叠加模型、多元高斯声束模型、角谱平面波模型、边界衍射波模型、边界元模型等。其中，最常用的两种半解析模型为点源叠加模型和多元高斯声束模型[31]。

1. 点源叠加模型

1) Rayleigh 积分模型

点源叠加模型是将换能器表面看成一系列的点源，每个点源辐射简谐球面波 $\exp(-\mathrm{i}\omega t)$，换能器在空间某点的声场强度是换能器上一系列点源辐射在该点的声压强度的叠加。点源叠加模型是超声换能器声场计算的一种最基础的算法，应用广泛。

点声源(球面波)辐射在水中距声源距离为 r 的球面处的声压为

$$p(r,\omega) = \frac{\exp(\mathrm{i}kr)}{r} \tag{5.45}$$

式中，$k = \dfrac{\omega}{c} = \dfrac{2\pi}{\lambda}$，是波数。

应用点源叠加模型，换能器辐射在介质中声场的 Rayleigh 积分为

$$p(r,\omega) = \frac{-\mathrm{i}\omega\rho}{2\pi} \int_S v_z(x_0, y_0, z_0 = 0) \frac{\exp(\mathrm{i}kr)}{r} \mathrm{d}S \tag{5.46}$$

式中，$r = \sqrt{(x - x_0)^2 + (y - y_0)^2 + z^2}$ 表示换能器表面任意一点 $(x_0, y_0, z_0 = 0)$ 到介质中任意位置 (x, y, z) 的距离；ρ 是介质密度；k 是波数；v_z 是归一化的换能器表面质点法向速度分布；积分面 S 是换能器表面，对于平面声源，可认为 $v_z = v_0$。

由式(5.46)可以看出，点源叠加模型有两大优点：①可以对各种几何形状的换能器进行求解；②在应用于无损检测时，可以实现高频近似。然而，当采用点源叠加模型计算声场时，由于需要将换能器分成相当多的点源，并进行叠加，在计算多层介质中的声场时，需要进行声线追踪，计算量很大，所以求解速度慢；该解析表达式在某些点(如焦点位置)可能出现奇异点，需要更复杂的方程来处理这些问题。

2) O'Neil 聚焦声场模型

对于聚焦声场的计算，O'Neil 在 1949 年提出了一个球面聚焦换能器(也称高频聚焦超声换能器)的计算模型[32]，该模型认为声波以一个相同的径向速度 v_0 作用在处于无限大平面障板的半径为 a 的球面表面，如图 5.24 所示。

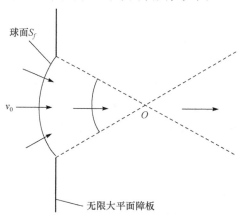

图 5.24　球面聚焦换能器 O'Neil 模型示意图

O'Neil 认为，尽管 Rayleigh 积分只是在计算平面声源的声场时才严格有效，但在高频情况下，把平面积分替换为球面积分，Rayleigh 积分理论可以直接应用，即

$$p(r,\omega) = \frac{-\mathrm{i}\omega\rho v_0}{2\pi} \int_{S_f} \frac{\exp(\mathrm{i}kr)}{r} \mathrm{d}S \tag{5.47}$$

式中，S_r 是图 5.24 中的球面；v_0 是换能器表面的法向振动速度。Rayleigh 积分能够获得解析解的情况是非常少的，通常以数值方法来计算，其计算效率较低，故在实际应用中，数值 Rayleigh 积分常被作为一种参照标准，用来验证其他方法的计算精度。

换能器轴线上的声压分布可以通过解析计算得到，因此可通过比较 O'Neil 模型与解析式得到的轴线声压计算结果来说明 O'Neil 模型的准确性。设一个聚焦换能器的频率为 50MHz，晶元半径为 6mm，焦距为 50mm，则二者计算的轴线声压结果对比如图 5.25 所示。可以看出，O'Neil 模型与解析式计算得到的聚焦换能器的轴线声压完全一致，这证实了 O'Neil 模型的正确性。研究表明：除了一些极端的情况外，O'Neil 积分在几乎所有条件下都是一种很好的聚焦换能器声场模型，因此该模型经常用作其他模型的对照标准。

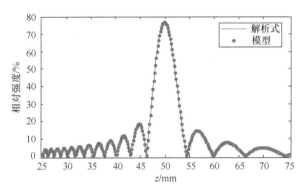

图 5.25　O'Neil 模型与精确计算得到的聚焦换能器轴线声压比较

2. 多元高斯声束模型

多元高斯声束模型是由多个高斯声束叠加而成的，叠加的目的是满足声场的边界条件。Wen 和 Breazeale[33]最早引入了多元高斯声束模型的概念，即通过多个复数型高斯函数的叠加就可以很好地近似一个圆盘声源辐射的声场。图 5.26 给出高斯声束叠加的示意图[34]。

Wen 和 Breazeale[33]从亥姆霍兹波动方程开始推导，定义基函数，然后将边界条件表示为一系列基函数的叠加，并计算满足边界条件的叠加系数。Schmerr[35]系统地阐述了多元高斯声束模型，并成功地描述了活塞探头水浸检测的声场分布。

多元高斯声束模型具有较高的计算效率，且计算精度可以满足一般工程应用的要求，因而近些年得到了广泛研究[35-44]。Huang 等[41]提出了一个基于 ABCD 传递矩阵的高斯声束模型，可以方便地用于计算高斯型声束向多层介质中辐射的速度场，这样再利用 Wen 和 Breazeale[33]提出的高斯声束叠加方法，便可以获得圆盘源和矩形源向多层介质中辐射的速度场。

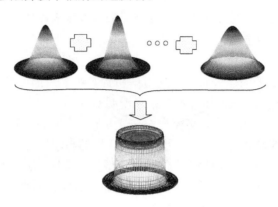

图 5.26　高斯声束叠加示意图

多元高斯声束模型是建立在近轴近似法则的理论基础上的，在 $z/a \gg 1$ 时(a 为超声换能器晶片半径，z 是介质中某点与超声换能器的距离)误差很小，在远场区，甚至半近场以外的区域都可以满足这个条件。因此，多元高斯声束模型可以准确地描述远场和半近场区外的声场分布，但是，在半近场区内会出现较大的误差。由于超声检测时一般会选取远场作为检测区域，所以计算误差会限制在很小的范围内。

利用多元高斯声束叠加技术，圆盘式换能器在液体中辐射声场的声压分布表达式为[41]

$$p(x,y,D) = \sum_{n=1}^{N} \frac{\rho c v_0 A_n}{1+(\mathrm{i}B_n D/x_{\mathrm{R}})} \exp(\mathrm{i}kD) \exp\left[-\frac{B_n(x^2+y^2)/a^2}{1+(\mathrm{i}B_n D/x_{\mathrm{R}})}\right] \qquad (5.48)$$

式中，A_n、B_n 分别是各个高斯声束对应的复常数；N 是叠加的高斯声束数量；a 是晶片的半径；k 是声波在液体中的波数，$k = 2\pi/\lambda$；x_{R} 是 Rayleigh 距离，且 $x_{\mathrm{R}} = ka^2/2$；x、y 是液体坐标系中的坐标点，原点在超声换能器的中心；D 为液体中某点距换能器的距离。

多元高斯声束叠加方法也可用于几何焦距为 F 的聚焦换能器，只需要将式(5.48)中的 B_n 用 $B_n + \mathrm{i}ka^2/(2F)$ 来修正，该公式就可以给出聚焦换能器的声场分布。

根据 Wen 和 Breazeale[33]的研究成果，当利用若干高斯声束叠加来计算超声探头的辐射声场时，叠加的高斯声束越多，声场计算结果越精确，一般来讲 15 个高斯声束的叠加，就可以得到足够的精确度[45]，对应的 A_n 和 B_n 见表 5.2。

表 5.2　多高斯函数叠加系数(N=15)

n	A_n	B_n
1	−2.9716+8.6187i	4.1869 −5.1560i
2	−3.4811 +0.9687i	3.8398 − 10.8004i
3	−1.3982 − 0.8128i	3.4355 − 16.3582i
4	0.0773 −0.3303i	2.4618 − 27.7134i
5	2.8798 + 1.6109i	5.4699 + 28.6319i
6	0.1259 − 0.0957i	1.9833 − 33.2885i
7	− 0.2641 − 0.6723i	2.9335 − 22.0151i
8	18.019 + 7.8291i	6.3036 + 36.7772i
9	0.0518 +0.0182i	1.3046 − 38.4650i
10	−16.9438 − 9.9384i	6.5889 + 37.0680i
11	0.3708 + 5.4522i	5.5518 + 22.4255i
12	−6.6929+4.0722i	5.4013 + 16.7326i
13	−9.3638 − 4.9998i	5.1498 + 11.1249i
14	1.5872 − 15.4212i	4.9665 + 5.6855i
15	19.0024+3.6850i	4.6296 + 0.3055i

多元高斯声束模型是有限个(10～15 个)高斯函数的叠加,其计算速度非常快;应用近轴近似法则可以具体表示出每个高斯声束,从而解决了在交界面处的一些奇异点的问题,因而近年来得到了广泛研究。该模型缺点是所计算的换能器的形状受限制及应用近轴近似法则对一些特殊辐射面可能失去准确性。

3. 点源-高斯声束模型

从上述描述可知点源叠加模型和多元高斯声束模型各有其优缺点,因此我们希望得到一种声场计算模型,能够综合点源叠加模型和多元高斯声束模型的优点,并且削弱两者的缺点。Schmerr 等[46]在 2010 年提出了一种结合点源叠加模型和多元高斯声束模型优点的点源-高斯声束(Gaussian beam equivalent point source, GBEPS)模型,对相控阵超声在水中的声场进行了计算仿真。借鉴这种思路,可建立高频聚焦换能器的点源-高斯声束模型,并以此对高频聚焦声束在水中、液-固介质和多层介质中的声场进行计算和仿真。

在点源-高斯声束模型中,换能器辐射的声场等于一些三角形单元或矩形单元等效的点源的叠加。对每个单元的积分通过解析方法很容易实现,若引入一个指向性函数,则在远场区域产生一个球面波。然后,利用等效的单元高斯声束来取代该球面波,该高斯声束在特定的射线方向轴附近与球面波有相同的传播特性。

由于可以较方便地处理高斯声束在两种介质交界面上的透射和反射，所以将该法则应用到由多边形单元声源传播到复杂几何体中的射线关系计算中，最后将这些单元在介质中任意点的响应进行叠加得到介质中的声场分布[46]。

点源-高斯声束模型既包括了点源叠加模型中换能器辐射面形状不受限制和多元高斯声束模型没有奇异点的优点，又较点源叠加模型加快了计算速度；而且应用高斯声束的近轴近似法则，比较容易解决多层复合介质中的声波传播问题。但是，在点源-高斯声束模型中，和点源叠加模型一样，在求多层复合介质中的声波传播问题时，也需要进行射线追踪计算，不如多元高斯声束模型效率高。

1) 点源-高斯声束模型的原理

假定流体中一个点源辐射球面波 $\exp(-\mathrm{i}\omega t)$ ，如图 5.27 所示，则距离声源为 r 的球面上的声压为

$$p = \frac{\exp(\mathrm{i}kr)}{r} \tag{5.49}$$

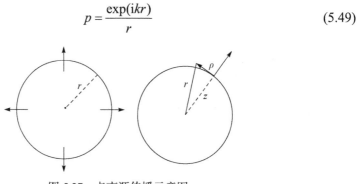

图 5.27　点声源传播示意图

如图 5.27 所示，将 z 轴作为特定的计算方向，令 $r = \sqrt{\rho^2 + z^2}$ ，则在 z 轴附近，有

$$p = \frac{\exp(\mathrm{i}k\sqrt{\rho^2 + z^2})}{\sqrt{\rho^2 + z^2}} \cong \frac{1}{z}\exp(\mathrm{i}kz)\exp\left(\frac{\mathrm{i}k\rho^2}{2z}\right) \tag{5.50}$$

而沿 z 轴传播的高斯声束，声压表示为

$$p = \frac{A(-\mathrm{i}k/(2B))}{z - \mathrm{i}k/(2B)}\exp(\mathrm{i}kz)\exp\left[\frac{\mathrm{i}k\rho^2}{2(z - \mathrm{i}k/(2B))}\right] \tag{5.51}$$

式中，A、B 是表示高斯声束具体特性的常数。通过比较式(5.50)和式(5.51)可以看出，若

$$\left|\frac{k}{2B}\right| \ll z, \quad A\left(\frac{-\mathrm{i}k}{2B}\right) = 1 \tag{5.52}$$

则平面波和高斯声束的传播特性是一致的。因此，在点源-高斯声束模型中，超声

换能器辐射的声场首先是球面波(点声源)的叠加，然后用满足式(5.52)的高斯声束来代替球面波。

点源-高斯声束模型的有效性取决于能够精确模拟球面波的常数 A、B。计算最合适的 A、B 常数的方法有很多，这里采用 Prony 方法[47]来求解，该方法计算速度快且直接。用该方法计算得到的结果为

$$A = 10.51 + 9.11\mathrm{i}, \quad B = 96.67 - 11.50\mathrm{i} \tag{5.53}$$

采用点源-高斯声束模型进行换能器辐射声场的计算时，将换能器看成无数个代替点源的高斯声束的叠加。为了减少声线追踪计算数量，加快计算速度，在超声换能器声场的点源-高斯声束模型的建立过程中，将换能器分为多个小的多边形单元(矩形单元或三角形单元，这里简便起见，采用矩形单元)，每个小的多边形单元发射一个高斯声束，先对这些多边形单元逐个进行积分，再进行叠加，最后得到换能器的声场。该方法减少了声线计算数量，但引入了指向性函数 D_R，如图 5.28 所示。

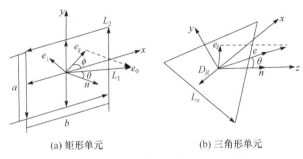

(a) 矩形单元　　　　　　　　　(b) 三角形单元

图 5.28　多边形单元指向性函数参数

对于矩形单元，指向性函数为

$$D_R = \frac{-\mathrm{i}kab}{2\pi} \frac{\sin\left\{k_1 \sin\left[\theta(e_{\parallel} \cdot L_1)/2\right]\right\}}{k_1 \sin\left[\theta(e_{\parallel} \cdot L_1)/2\right]} \frac{\sin\left\{k_1 \sin\left[\theta(e_{\parallel} \cdot L_2)/2\right]\right\}}{k_1 \sin\left[\theta(e_{\parallel} \cdot L_2)/2\right]} \tag{5.54}$$

式中，L_1、L_2 是向量，$L_1 = ae_x$，$L_2 = be_y$，其中 a、b 分别是矩形单元在 x、y 方向上的边长，e_x、e_y 分别是这两个方向上的单位向量；$e_{\parallel}$ 是声线在 x-y 平面上的投影；θ 为声线与 z 轴之间的夹角。

如图 5.28(a)所示，将 e_0 写为球坐标的形式：

$$e_0 = \sin\theta\cos(\phi e_x) + \sin\theta\cos(\phi e_y) + \sin\theta\cos(\phi e_z) \tag{5.55}$$

通过矢量计算，最后得出指向性函数为

$$D_R = \frac{-\mathrm{i}k_1 ab}{2\pi} \frac{\sin A}{A} \frac{\sin B}{B} \tag{5.56}$$

式中,

$$\begin{cases} A = k(a/2)\sin\theta\sin\phi \\ B = k(b/2)\sin\theta\cos\phi \end{cases}$$

对于三角形单元,如图5.28(b)所示,其指向性函数为

$$D_R = \sum_{n=1}^{3} \frac{1}{2\pi} \frac{(n \times e) \cdot L_n}{\sin^2\theta} \exp\left[-\mathrm{i}k_1 \sin\theta(e_\parallel \cdot D_n)\right] \frac{\sin\left\{k_1 \sin\left[\theta(e_\parallel \cdot L_n)/2\right]\right\}}{k_1 \sin\left[\theta(e_\parallel \cdot L_n)/2\right]} \tag{5.57}$$

式中, n 是沿 z 轴垂直于单元的单位向量; D_n 是由质心到第 n 边中点的距离向量; L_n 是第 n 边的向量。三角形单元计算 D_R 比较复杂。

2) 球面聚焦换能器的点源-高斯声束模型

当应用点源-高斯声束模型计算凹球面聚焦换能器辐射在水中的声场时,将换能器分成若干微小矩形单元(图5.29)。图中, y_0 为微小矩形单元的中心, (x,y,z) 为水中任意一点的坐标。引入指向性函数 D_R ,球面聚焦换能器辐射在水中的质点振动速度为

$$v = v_0 \sum_{m=1}^{M} D_R^m \frac{\exp(\mathrm{i}kr_m)}{r_m - \mathrm{i}k/(2B)} \tag{5.58}$$

式中, v_0 是换能器表面质点的法向振动速度; r_m 是第 m 个微小矩形单元中心到所求点的距离; k 是波数; M 是微小矩形单元的个数; $B = 96.67 - 111.50\mathrm{i}$; D_R 由式(5.54)得到。

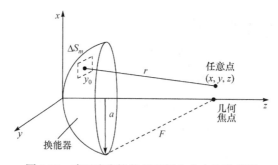

图5.29　球面聚焦换能器辐射在水中的示意图

5.4.2　水中的辐射声场

球面聚焦换能器辐射到水中的声场计算有多种方法,这里应用点源-高斯声束模型对球面聚焦换能器声场进行计算,并与经典 O'Neil 模型和多元高斯声束模型

进行对比，最后通过实测声场来验证点源-高斯声束模型的正确性。

1. 声场仿真

针对中心频率 50MHz、孔径 12mm、几何焦距 25mm 的凹球面聚焦换能器，假设 $v_0 = 1$，分别应用经典 O'Neil 模型、多元高斯声束模型和点源-高斯声束模型，使用 MATLAB 编程计算高频聚焦换能器在水中的辐射声场，换能器轴线上的轴线声压和焦平面上的径向声压如图 5.30 所示。如果将几何焦距改为 50mm，则聚焦换能器在水中的声压分布如图 5.31 所示。

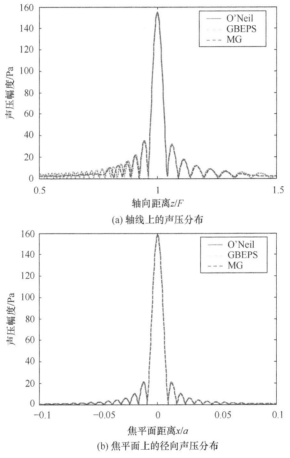

(a) 轴线上的声压分布

(b) 焦平面上的径向声压分布

图 5.30　几何焦距为 25mm 的 50MHz 聚焦换能器的声压分布图

聚焦换能器的声压，在焦区之前的分布是振荡的，并在焦区达到最大值；随着点位与换能器表面距离的增加，声压逐渐减小。从图 5.30(a) 和图 5.31(a) 可以看出，对于不同的焦距，三种模型计算得到的 50MHz 聚焦换能器轴线声压分布都

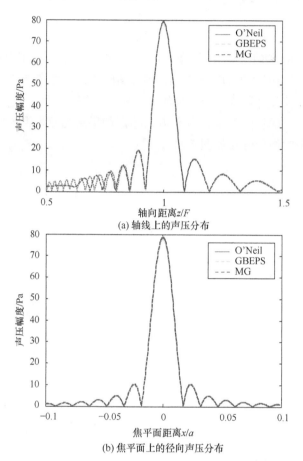

(a) 轴线上的声压分布

(b) 焦平面上的径向声压分布

图 5.31　几何焦距为 50mm 的 50MHz 聚焦换能器的声压分布图

符合这个特点，在焦区之前也有振荡，在到达焦区后振荡逐渐减小；点源-高斯声束模型和多元高斯声束模型得到的轴线声压分布与经典 O'Neil 模型的声压分布仅在靠近换能器表面的近场部分有些不同，其余部分则基本重合。图 5.30(b)和图 5.31(b)则显示出点源-高斯声束模型、多元高斯声束模型得到的焦平面声压分布与经典 O'Neil 模型的声压分布曲线基本重合。

需要指出的是，三种模型得到的声压分布图在放大时，还是能看出有一些细微的差别，其中点源-高斯声束模型与经典 O'Neil 模型的计算结果更接近。

从图 5.30 和图 5.31 还可以看出，在频率相同的情况下，焦距越短，焦点处的声束越集中，焦区长度和焦点直径越小，理论上能获得越高的分辨力。

下面将聚焦换能器的频率改为 20MHz，孔径仍为 12mm，焦距为 50mm，则可得到该换能器与 50MHz 换能器的轴线声压分布和焦平面径向声压分布，如图 5.32 所示。

从图 5.32 可以看出，在相同的几何参数情况下，频率越高，焦点处的声束越集中，焦区长度和焦点直径越小，理论上能得到越高的分辨力。所以，实际检测时常尽可能地使用较高频率的探头，以得到高分辨力。

对于聚焦换能器，可以应用上述三种模型建立二维声场。图 5.33 为上述焦距为 50mm 的 50MHz 聚焦换能器的声场。

由图 5.33 所示的二维声场图可以看出，除了靠近换能器表面的局部外，三种模型得到的二维声场是基本相同的，且点源-高斯声束模型相比多元高斯声束模型更接近经典 O'Neil 模型的计算结果。

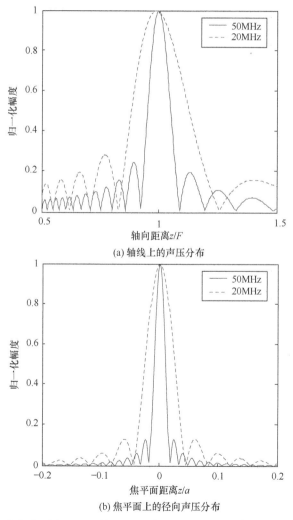

(a) 轴线上的声压分布

(b) 焦平面上的径向声压分布

图 5.32　几何焦距为 50mm 的 20MHz 与 50MHz 聚焦换能器的声压分布图

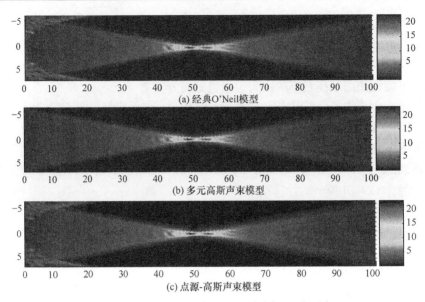

图 5.33　50MHz 球面聚焦换能器的二维声场图(焦距为 50mm)

上述分析表明,点源-高斯声束模型和多元高斯声束模型可用于对高频聚焦超声换能器在水中的辐射声场进行仿真,其中多元高斯声束模型较经典 O'Neil 模型的偏差相对较大,而点源-高斯声束模型的偏差则相对较小,且从程序运行过程中可以看出它的速度比经典 O'Neil 模型快得多。

2. 高频聚焦换能器声场的测量结果与点源-高斯声束模型计算结果比较

高频聚焦换能器声场的点源-高斯声束模型的正确性,可通过比较其声场的测量结果和模型计算结果来进行验证。实验使用的超声换能器特性测量系统[48,49]如图 5.34 所示。该系统为三轴扫查系统,有三个平动扫查轴(x、y、z),x、y 轴为水平运动轴,z 轴为垂直运动轴,行程为 1100mm × 650mm × 500mm,可对换能器的声场进行扫查测量。

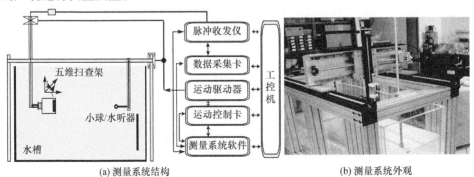

图 5.34　超声换能器特性测量系统的结构和外观

由于该超声换能器特性测量系统的脉冲收发仪工作频率只能到 35MHz，所以对标称频率为 20MHz 的高频聚焦换能器进行声场的测量和计算，其孔径为 6mm，标称焦距为 32mm。使用超声换能器特性测量系统对该换能器进行频谱特性测量后，20MHz 超声波水中波长约为 75μm。该设备配有 PAL-75μm、PAL-0.2mm 和 Onda-0.5mm 三种水听器，为减小测量误差，采用 PAL-75μm 水听器进行测量。

使用点源-高斯声束模型进行计算和水听器实际测量得到的该换能器声场的声轴面和焦平面声场分布如图 5.35 所示。

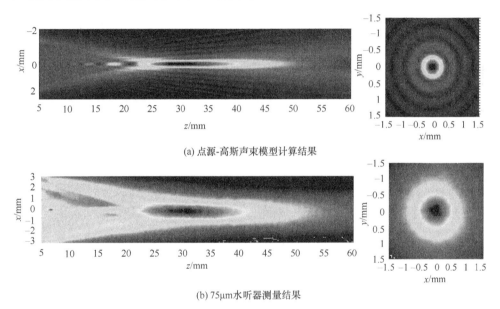

(a) 点源-高斯声束模型计算结果

(b) 75μm 水听器测量结果

图 5.35　20MHz 聚焦换能器的二维声场的声轴面和焦平面声场图

从图 5.35 可以看出，测量得到的声束比点源-高斯声束模型计算的结果要大一些，原因主要有两点：一是仿真时使用的是单频(20MHz)，但实际的探头是宽带换能器，其–6dB 带宽的下限比 20MHz 小了很多(约为 12MHz)；二是由于高频探头的波长很小，所用水听器与之相比偏大，导致声场成像后轮廓模糊。不过从主要能量的分布位置来看，二者得到的结果是基本一致的。可见，实测结果验证了点源-高斯声束模型计算声场的正确性，因此点源-高斯声束模型可以用于高频聚焦换能器的声场模拟仿真。

5.4.3　固液界面声场

超声显微的很多检测对象具有层状结构，如电子封装等。超声波在试样中的传播特性问题，实际上是声场问题。多数换能器产生的是有限束，换能器在试样中建立的有限束声场，除与换能器本身的形状、尺寸、振动模式及工作参数有关外，还与试样各层的性质、状况有关[50]。为了简化计算，本书将层状介质的各层介质视为各向同性介质，介绍换能器在各向同性多层固体介质中产生的声场分布特性，应用点源-高斯声束模型进行计算。

首先分析高频聚焦声束在两种介质(液、固两种介质)中的声场，然后导出高频聚焦声束在多层介质中的传播声场。

1. 聚焦换能器向两种介质中辐射时的声场模型

如图 5.36 所示，球面聚焦换能器发射的超声波在液、固两种介质中传播。在计算换能器辐射的声场时，换能器辐射在水中和固体中的声场应分别进行计算。超声换能器辐射到水中的声场由前述内容中的方法进行计算得出。下面主要求解换能器辐射到固体中的声场。

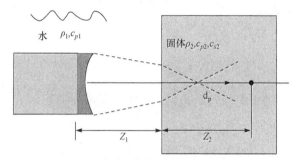

图 5.36　聚焦换能器垂直向水-固体中辐射

应用点源叠加模型，换能器辐射的一条声线经水传播后，在固体中引起的质点的振动速度为

$$v(x,\omega) = \frac{-ik_1 v_0}{2\pi} \int_S \frac{T_{12} d \exp(ik_1 z_1 + ik_2 z_2)}{\sqrt{\varphi_1}\sqrt{\varphi_2}} \, \mathrm{d}S \tag{5.59}$$

其中，

$$\begin{cases} \varphi_1 = z_1 + c_2 z_2 / c_1 \\ \varphi_2 = z_1 + c_2 \cos^2\theta_1 z_2 / (c_1 \cos^2\theta_2) \end{cases} \tag{5.60}$$

式中，v_0 是换能器表面质点的法向振动速度；S 是换能器表面面积；$k_m = \omega/c_m (m=1,2)$ 是超声波在水中和固体中传播的波数；$c_m (m=1,2)$ 是相应的声速；$z_m (m=1,2)$ 是超声波遵循 Snell 定律从换能器一点传播到固体中一点的声线路径在水、固体两种介质中的距离；T_{12} 是平面声波沿该声线路径的透射系数(基于速度比)；d 是声波在固体中 P-波或 S-波的方向。

用高斯声束代替点声源，$z = z' - \mathrm{i}k/(2B)$，有

$$v(x,\omega) = \frac{-\mathrm{i}k_1 v_0}{2\pi} \int_S \frac{T_{12} d \exp(\mathrm{i}k_1 z_1 + \mathrm{i}k_2 z_2)}{\sqrt{\psi_1}\sqrt{\psi_2}} \mathrm{d}S \tag{5.61}$$

其中，

$$\begin{cases} \psi_1 = \left[z_1 - \mathrm{i}k/(2B)\right] + c_2 z_2/c_1 \\ \psi_2 = \left[z_1 - \mathrm{i}k/(2B)\right] + c_2 \cos^2\theta_1 z_2/(c_1 \cos^2\theta_2) \end{cases} \tag{5.62}$$

与计算水中的质点速度一样，将换能器分成 M 个小单元，由式(5.54)引入指向性函数 D_R，将这些单元引起的质点的振动速度进行叠加，则整个换能器辐射到固体中声场的点源-高斯声束模型表达式为

$$v = v_0 \sum_{m=1}^{M} d^m T_{12}^m D_R{}^m \frac{\exp(\mathrm{i}k_1 z_1^m + \mathrm{i}k_2 z_2^m)}{\sqrt{\psi_1^m}\sqrt{\psi_2^m}} \tag{5.63}$$

2. 声线追踪方法

由于点源-高斯声束模型是基于点源叠加模型的，所以在计算超声换能器辐射到多种介质中的声场时，需要确定声线在多种介质中的传播路径，即确定静态相位点和声线在每种介质中的传播距离。所以，进行声线追踪是一个必要的过程，也是计算声场的基础。进行两种介质中的声线追踪有两种方法：一种是直接求解方程得到静态相位点和声线在每种介质中的传播距离；另一种是运用二分法，通过迭代得到近似值。

直接通过空间几何关系求解方程来求取静态相位点，如图 5.37 所示，其方程如下：

$$\begin{cases} \dfrac{\sin\theta_1}{c_1} = \dfrac{\sin\theta_2}{c_2} \\[2mm] \sin\theta_2 = \dfrac{\sqrt{(x_2-x)^2 + (y_2-y)^2}}{\sqrt{(x_2-x)^2 + (y_2-y)^2 + (z_2-z)^2}} \\[2mm] \sin\theta_1 = \dfrac{\sqrt{(x_1-x)^2 + (y_1-y)^2}}{\sqrt{(x_1-x)^2 + (y_1-y)^2 + (z_1-z)^2}} \\[2mm] \dfrac{x_1-x}{y_1-y} = \dfrac{x_1-x_2}{y_1-y_2} \end{cases} \tag{5.64}$$

求解上面的方程(关于 x 的四阶方程)，可以直接求出静态相位点 $(x, y, z = 0)$，进而可以求出声波在每种介质中的传播距离 AB 和 BC，将结果代

入声场计算式(5.45)中，得出声场结果。

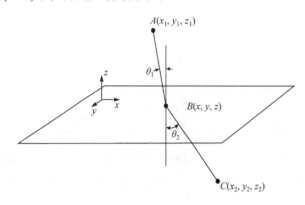

图 5.37　两种介质声线追踪示意图

二分法则是通过将发射点位置 $A(x_1, y_1, z_1)$ 和计算点位置 $C(x_2, y_2, z_2)$ 分别投影到交界面平面上，得到与交界面的两个交点，取这两个交点的 1/2 位置的点判断连接该点和 A、C 的连续得到的入射和折射声线是否符合 Snell 定律，如果不符合，则以该点为起点，A 或 C 点为终点，继续进行二分，直至得到的声线符合 Snell 定律(在预先设定的一个小阈值之内)，即

$$\frac{c_1}{\sin\theta_1} = \frac{c_2}{\sin\theta_2} \tag{5.65}$$

式中，c_1、c_2 分别是两种介质中的纵波声速；θ_1、θ_2 分别是入射角和折射角。

由于直接求解的方程为 4 阶，计算速度很慢。二分法的计算速度相对较快，而且是多层介质的声传播中进行声线追踪计算的基础，因此本书的计算采用二分法。

3. 两种介质中的声场仿真

设高频聚焦换能器的中心频率为 20MHz，几何焦距为 32mm，孔径为 12mm，其辐射的超声波在水-陶瓷两种介质中传播，假设陶瓷为各向同性，其纵波声速 c_p 为 4600m/s，密度为 7.5×10^3 kg/m³，两种介质的交界面位于 $z = 15$mm 处。应用点源-高斯声束模型，将球面换能器分为多个矩形小单元，计算出高频聚焦声束在两种介质中的轴线声压分布，如图 5.38 所示，二维声场分布如图 5.39 所示。

从图 5.39 中可以看出，高频聚焦声束传播入射到分界面(图中的白色线位置)后，在第二种介质中发生折射并聚焦，焦点的位置较只有一种介质(水)时明显提前，约提前了 12mm。

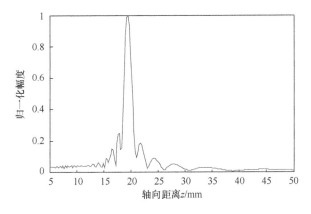

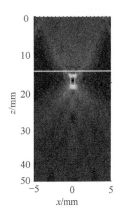

图 5.38　两种介质中的轴线声压分布　　图 5.39　两种介质中的二维声场分布

5.4.4　多层介质声场

1. 聚焦换能器向多层介质辐射时的声场模型

高频聚焦声束在多层介质中传播示意图如图 5.40 所示，当超声波在传播时，会在各层介质交界面上发生反射、折射和透射，要建立超声换能器辐射到多层介质中的声场，必须解决超声波的折射问题。由于高斯声束在两种介质交界面处的反射和折射很容易进行处理，所以根据点源-高斯声束模型的基本思想，将换能器分割成 m 个小矩形单元，将每个小矩形单元发射的点声源用高斯声束来代替，高斯声束的系数为式(5.35)中的值。

高斯声束的传播有三个方向的分量，轴线上能量很高，由于点源-高斯声束模

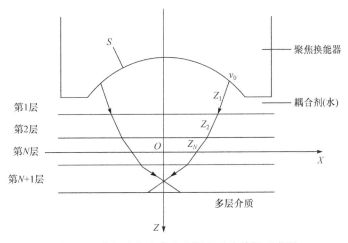

图 5.40　高频聚焦声束在多层介质中传播示意图

型基于点源叠加方法，是求球面波沿某一传播方向上的质点振动速度，所以计算换能器辐射的声场时只计算沿高斯声束轴线上的分量。

由换能器发射的单一高斯声束在第 $N+1$ 层介质中引起的在高斯声束轴线方向上的质点振动速度为[51]

$$v_{N+1} = Av_0 \frac{\sqrt{\det[M_{N+1}(z_{N+1})]}}{\sqrt{\det[M_{N+1}(0)]}} \left[\prod_{n=1}^{N} T_n d_1 \frac{\sqrt{\det[M_n(z_n)]}}{\sqrt{\det[M_n(0)]}}\right] \times \exp\left[i\omega \sum_{n=1}^{N} \frac{z_n}{c_n}\right] \quad (5.66)$$

式中，A 是高斯声束系数，$A = 10.51 + 9.11i$；$M_n(z_n)$ 是 2×2 矩阵，表示高斯声束在第 n 层介质中传播距离为 z_n 处的相位，对于高斯声束，每层介质中的 2×2 矩阵 M_n 有具体的传播的透射法则；T_n 是 3×3 矩阵，表示在某一给定声传播路径下平面波的透射系数或折射系数；d_1 表示波可以为纵波或者横波，z_n 是声波在某一给定声传播路径下在每层介质中的传播距离。例如，M_1 为水中的高斯声束的相位，为

$$M_1(z_1) = \begin{bmatrix} \dfrac{1/c_1}{z_1 - ik/(2B)} & 0 \\ 0 & \dfrac{1/c_1}{z_1 - ik/(2B)} \end{bmatrix} \quad (5.67)$$

式中，$M_n(0)$ 是 2×2 矩阵，表示高斯声束在第 n 层介质中初始点处的相位。

应用 GBEPS 模型，将换能器分为 M 个矩形单元，则整个换能器辐射在第 $N+1$ 层介质中一点的质点振动速度为 M 个高斯声束在该点处质点速度的叠加，计算公式为

$$v_{N+1} = \sum_{m=1}^{M} \left\{ Av_0 D_R^m \frac{\sqrt{\det[M_{N+1}^m(z_{N+1}^m)]}}{\sqrt{\det[M_{N+1}^m(0)]}} \left[\prod_{n=1}^{N} T_n^m d_1 \frac{\sqrt{\det[M_n^m(z_n^m)]}}{\sqrt{\det[M_n^m(0)]}}\right] \right.$$
$$\left. \times \exp\left[i\omega \sum_{n=1}^{N} \frac{z_n^m}{c_n}\right] \right\} \quad (5.68)$$

式中，$M_n^m(z_n^m)$ 是 2×2 矩阵，表示第 m 个矩形单元在第 n 层介质中的高斯声束的相位；$M_n^m(0)$ 是 2×2 矩阵，表示第 m 个矩形单元在第 n 层介质的第一点的高斯声束的相位；T_n^m 是 3×3 矩阵，表示第 m 个矩形单元在第 n 层介质中，在某一给定声传播路径下平面波的透射系数或折射系数；D_R^m 是第 m 个矩形单元的指向性函数。

2. 求取 M_n 矩阵的方法

对于多层的各向同性介质，就某一条声线路径来说，该路径在第 $n+1$ 层介质中第一点处高斯声束的相位值表示为 $M_{n+1}(0)$，其表达式为

$$M_{n+1}(0) = \left[D_n^t M_n(z_n) + C_n^t \right] \left[B_n^t M_n(z_n) + A_n^t \right]^{-1} \tag{5.69}$$

其中，A_n^t、B_n^t、C_n^t、D_n^t 是四个表示透射的矩阵，分别为

$$\begin{cases} A_n^t = \begin{bmatrix} \cos\theta_{n+1} & 0 \\ 0 & 1 \end{bmatrix}, & B_n^t = \begin{bmatrix} 0 & 0 \\ 0 & 0 \end{bmatrix} \\[2mm] C_n^t = \begin{bmatrix} 0 & 0 \\ 0 & 0 \end{bmatrix}, & D_n^t = \begin{bmatrix} \dfrac{\cos\theta_n}{\cos\theta_{n+1}} & 0 \\ 0 & 1 \end{bmatrix} \end{cases} \tag{5.70}$$

式中，θ_n 是该声线传播到第 n 层介质时的入射角；θ_{n+1} 是声线在第 n 层介质中的折射角，同时相当于传播到第 $n+1$ 层介质时的入射角。

对于某一条声线路径，该路径在第 $n+1$ 层介质中某一点处高斯声束的相位值表示为 $M_{n+1}(z_{n+1})$，其中，z_{n+1} 表示该声线在第 $n+1$ 层介质中传播的距离，其表达式为

$$M_{n+1}(z_{n+1}) = \left[D_n^p M_{n+1}(0) + C_n^p \right] \left[B_n^p M_{n+1}(0) + A_n^p \right]^{-1} \tag{5.71}$$

$$\begin{cases} A_n^p = \begin{bmatrix} 1 & 0 \\ 0 & 1 \end{bmatrix}, & B_n^p = \dfrac{c_n}{u_n} \begin{bmatrix} (c_n - 2C)z_n & -Dz_n \\ -Dz_n & (c_n - 2E)z_n \end{bmatrix} \\[2mm] C_n^p = \begin{bmatrix} 0 & 0 \\ 0 & 0 \end{bmatrix}, & D_n^p = \begin{bmatrix} 1 & 0 \\ 0 & 1 \end{bmatrix} \end{cases} \tag{5.72}$$

式中，(C, D, E) 表示沿折线方向慢度表面曲率的分量，在各向同性介质情况下，$C = D = E = 0$。

对于多层介质，经过多次透射和折射，计算高斯声束的相位 M_n 的过程变得相当复杂。为计算方便，引入全局矩阵 (A^G, B^G, C^G, D^G)

$$M_{N+1}(z_{N+1}) = \left[D^G M_1(0) + C^G \right] \left[B^G M_1(0) + A^G \right]^{-1} \tag{5.73}$$

式中，A^G、B^G、C^G、D^G 由全部各层的传播和透射矩阵构成，为

$$\begin{bmatrix} A^G & B^G \\ C^G & D^G \end{bmatrix} = \begin{bmatrix} A_{N+1}^p & B_{N+1}^p \\ C_{N+1}^p & D_{N+1}^p \end{bmatrix} \begin{bmatrix} A_N^t & B_N^t \\ C_N^t & D_N^t \end{bmatrix} \begin{bmatrix} A_N^p & B_N^p \\ C_N^p & D_N^p \end{bmatrix} \cdots \begin{bmatrix} A_1^p & B_1^p \\ C_1^p & D_1^p \end{bmatrix} \tag{5.74}$$

$M_1(0)$ 是高斯声束在换能器表面处的初相位值，

$$M_1(0) = \left[D_1^p M_1(0) + C_1^p \right] \left[B_1^p M_1(0) + A_1^p \right]^{-1} \tag{5.75}$$

四个 2×2 矩阵 $(A_1^p, B_1^p, C_1^p, D_1^p)$ 分别为

$$
\begin{cases}
A_1^p = \begin{bmatrix} 1 & 0 \\ 0 & 1 \end{bmatrix}, & B_1^p = \begin{bmatrix} c_1 z_1 & 0 \\ 0 & c_1 z_1 \end{bmatrix} \\
C_1^p = \begin{bmatrix} 0 & 0 \\ 0 & 0 \end{bmatrix}, & D_1^p = \begin{bmatrix} 1 & 0 \\ 0 & 1 \end{bmatrix}
\end{cases}
\tag{5.76}
$$

3. 多层介质的声线追踪方法

对于多层介质声线追踪的情况，不能通过直接求解方程求出静态相位点。与前面两种介质中的声线追踪方法类似，此处使用二分逐次逼近的方法进行多层介质的声线追踪声波传播的实际路径和到达时间，以便进行声场计算。如图 5.41 所示，超声波在三种介质中传播，各种介质中的声波传播速度分别为 c_1、c_2、c_3。已知介质 1 中的点 $X_1(x_1, y_1, z_1)$ 及介质 3 中的点 $X_2(x_2, y_2, z_2)$，要求确定声线传播的实际路径，该路径与介质 1 和介质 2 界面的交点为点 $X_{01}(x_{01}, y_{01}, z_{01})$，与介质 2 和介质 3 界面的交点为 $X_{02}(x_{02}, y_{02}, z_{02})$，在各种介质中的传播距离分别为 D_1、D_2、D_3。图 5.41 中的点 $X(x, y, z)$ 与点 X_2 的距离为 d，由点 X 的 x 坐标与距离 d 来进行条件判断，进行声线逐次逼近[50]。在各个界面的入射和折射均需符合 Snell 定律。

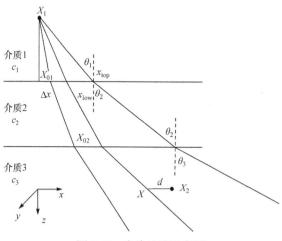

图 5.41　声线追踪示意图

通过迭代逼近的方法，可以较准确地求出声波传播路径和在各个介质中的传播距离，且追踪速度较快。三种介质中的声线追踪程序流程图如图 5.42 所示。

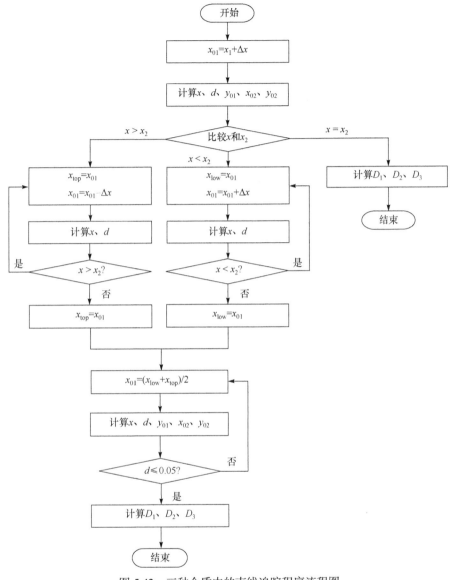

图 5.42 三种介质中的声线追踪程序流程图

4. 多层介质中的声场仿真

设高频聚焦换能器的频率为 20MHz，几何焦距为 32mm，孔径为 6mm，介质 1 为水，声速 $c_{p1} = 1.48$km/s，水层厚度为 $z_{01} = 15$mm；介质 2 为塑料封装中常用的环氧树脂塑封材料，其声速为 $c_{p2} = 2.031$km/s，$c_{s2} = 1.09$km/s，厚度 $z_{02} = 3$mm；介质 3 为单晶硅，其声速为 $c_{p3} = 8.433$km/s。应用点源-高斯声束模型，使用

MATLAB 计算得出高频聚焦声束在多层介质结构中的传播声场分布，如图 5.43 所示。

图 5.43(b)中，白色线条为两种介质间的分界面，在第 1 个界面(15mm)处，由于折射作用，声束在第二层介质中快速聚焦；而通过第 2 个界面(18mm)处后，声压则快速减小。可见，要让声束在第三层介质上表面聚焦，则探头距试样上表面的距离应远远小于其焦距，因为一般固体介质的声阻抗都比水大，所以在试样内发生折射后焦点位置会有较大幅度的提前。

通过对多层介质中高频聚焦声束的声场进行模拟仿真，可以了解高频聚焦声束在层状结构试样中的折射传播规律，可用来辅助对回波信号进行分析，通过回波信号来对缺陷位置进行预测，并使声束在内部缺陷区域聚焦，以获得较好的检测结果。

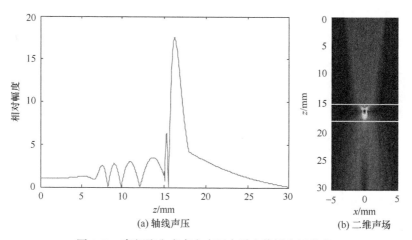

(a) 轴线声压   (b) 二维声场

图 5.43   高频聚焦声束在多层介质中传播声场分布

高频聚焦超声换能器是超声显微检测系统的关键组成部分，直接影响超声显微检测系统的检测分辨力。高频聚焦超声换能器的工作过程是能量的转化和传递的过程，是由电、力、声等多种物理场共同作用的结果。利用理论和数值分析方法研究高频聚焦超声换能器的频率、匹配层及背衬层对高频聚焦超声换能器水中声场特性的影响规律，可以为高频聚焦超声换能器的设计和制作提供理论指导。

5.5   换能器建模及分析

5.5.1   换能器建模

由换能器的压电方程和声学基础知识可知，超声换能器是在多物理场的耦合作用下进行工作的，涉及电学、力学及声学，其工作原理比较复杂，利用数值建模和模拟技术进行分析能够更加逼近真实的换能器工作特性。目前的数值模拟技术包含有限差分方法、有限元方法、半解析有限元方法及边界元方法等，其中有限元方法能够进行二维和复杂的三维结构建模，可以模拟各种材料或者有物理场损耗和物理场转换的情况，模拟机械振动与电声及流体力学复杂的耦合作用。由于在研究高频聚焦超声换能器的工作原理时既涉及结构设计又涉及压电耦合、流体-声及电-声和热分析等复杂工况，故采用有限元方法非常适合对高频聚焦超声换能器进行模拟分析。本书借用 COMSOL 软件对高频聚焦超声换能器进行仿真模拟。

由于频率越高，计算设计网格越小，计算量越大，而计算机的工作能力有限，本书只对频率在 20～50MHz 的高频聚焦超声换能器进行分析，在建立模型前必须先确定好换能器各个部分的材料参数和结构图。本次模拟压电振子的材料采用铌酸锂(LiNbO$_3$)，压电振子直径 D=3mm，压电振子厚度 l 为不同频率超声在压电振子中波长的 1/2，压电振子声速 c_1=7340m/s，声透镜采用蓝宝石，长为 40mm，直径为 8mm，水程为 50mm，水中聚焦 15mm，其中压电振子的参数和建模过程中需要用到的其他材料的特性参数如表 5.3 所示。

LiNbO$_3$ 的介电系数为

$$\begin{bmatrix} 3.89 & 0 & 0 \\ 0 & 3.89 & 0 \\ 0 & 0 & 2.57 \end{bmatrix} \times 10^{-10} (\text{F/m})$$

LiNbO$_3$ 的压电系数为

$$\begin{bmatrix} 0 & 0 & 0 & 0 & 3.7 & -2.5 \\ -2.5 & 2.5 & 0 & 3.7 & 0 & 0 \\ 0.2 & 0.2 & 1.3 & 0 & 0 & 0 \end{bmatrix} (\text{C/m}^2)$$

LiNbO$_3$ 的弹性系数矩阵为

$$\begin{bmatrix} 20.3 & 5.3 & 7.5 & 0.9 & 0 & 0 \\ 5.3 & 20.3 & 7.5 & -0.9 & 0 & 0 \\ 7.5 & 7.5 & 24.5 & 0 & 0 & 0 \\ 0.9 & -0.9 & 0 & 6.0 & 0 & 0 \\ 0 & 0 & 0 & 0 & 6.0 & 0.9 \\ 0 & 0 & 0 & 0 & 0.9 & 7.5 \end{bmatrix} \times 10^{10} (\text{N/m}^2)$$

表 5.3　材料属性

材料	密度/(kg/m³)	弹性模量/GPa	泊松比
压电振子	4628	—	—
声透镜	3990	500	0.3
匹配层	1180	3	0.3
背衬层	2930	12	0.2
水	1000	—	—

1) 几何模型建立

因为模拟的高频聚焦超声换能器模型具有旋转对称性，所以取换能器过轴线截面的 1/2 进行二维轴对称数值模拟，该方法可在保证模拟结果准确性的情况下，大大提高模拟速度。换能器的几何结构简图如图 5.44(a)所示，有限元模型如图 5.44(b)所示，主要分为五部分，从上到下分别为背衬层、压电振子、声透镜、匹配层和水。为了提高模拟精度，在声透镜和水的周围通过设置完美匹配层来模拟吸收边界，布置如图 5.44(a)所示。

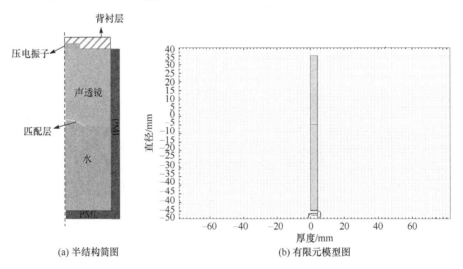

(a) 半结构简图　　　　　　　　　(b) 有限元模型图

图 5.44　高频聚焦超声换能器有限元模型

2) 物理场选择

在几何模型建立后，确立模型的控制方程和边界条件。压电振子用压电方程中的 e 型方程和边界条件描述，声波在固体和液体中的传播可用纳维-斯托克斯方程描述。该模型共需要使用静电场模块、固体力学模块和压力声学模块三个物理模块来相互耦合求解，静电场模块与固体力学模块耦合模拟压电振子与声透镜的振动情况，固体力学模块与压力声学模块耦合模拟声波从声透镜向水内传递及回波通过水传回声透镜的过程，压电振子与水之间无接触关系，所以静电场模块与压力声学模块之间不存在耦合关系。其中，静电场模块只包括压电振子部分；固体力学模块包括压电振子、声透镜和声透镜周围的完美匹配层三部分；压力声学模块则包括水及其周围完美匹配层两部分。

3) 初始条件与边界条件

(1) 压电振子：初始位移为 0，电势为 0，上表面为接地边界条件，即电压为 0，下表面为正弦交流电压，左右两侧为绝缘边界条件。

(2) 声透镜：初始位移和速度都为 0，声透镜上表面与压电振子相连，边界条件为耦合压电振子在振动情况下的位移，声透镜外侧设置为完美匹配层，模拟半无限大空间。

在无匹配层时声透镜下表面与水相连，下表面是固体力学模块与压力声学模块的耦合边界。

在有匹配层时声透镜下边界直接与匹配层相连，声波直接从声透镜传到匹配层内。

(3) 水：初始声压场为 0，外侧设置为完美匹配层，模拟半无限大空间。

在无匹配层时，水的上表面与声透镜相连，上表面是固体力学模块与压力声学模块的耦合边界，使声透镜和水中的波动保持一致。

在有匹配层时，水的上表面与匹配层相连，上表面是固体力学模块与压力声学模块的耦合边界，使匹配层和水中的波动保持一致。

(4) 匹配层：初始位移和速度都为 0，上表面和声透镜相连，声波直接从声透镜传到匹配层内，匹配层下表面与水相连，下表面是固体力学模块和压力声学模块的耦合边界。

(5) 背衬层：初始位移和速度为 0，背衬层的上表面为自由边界，下表面分别与压电振子和声透镜相连，界面上振动是连续的，两侧使用的是波动吸收边界条件，与无限元域的功能相似，模拟没有反射波的情况。

4) 网格划分

为了保证计算精度，在有限元建模时一般要求模型的网格不宜过大。本书举例说明，匹配层内的网格设置为四边形网格，其余部分网格的剖分选用自由剖分三角形单元，压电振子的网格尺寸为波长的 1/20，声透镜网格尺寸上半部分为波长的 1/6，与水界面相连部分为波长的 1/8，水中网格为波长的 1/6，在对匹配层和背衬层进行研究时，匹配层的网格尺寸为波长的 1/10，背衬层的网格尺寸为波长的 1/6。

5.5.2　频率对声场的影响

　　首先对无匹配层、无背衬层的模型进行模拟，分别输入频率为 20MHz、30MHz、40MHz、50MHz，模型中会自动计算相应的压电振子的厚度。图 5.45 为不同频率下声透镜中的总位移场。图 5.46 为不同频率下声透镜和水之间的固/液界面声压分布曲线。图 5.47 给出了不同频率下声波在水中的声场分布。

　　从图 5.45 可以看出，随着频率的增大，透镜中的位移均增大，能量增大。从图 5.46 可以看出，随着频率的增大，声透镜和水的固/液界面的声压有增大的趋势，最高声压虽然有增大趋势但没有规律，不能用来直观评价声场强度。由图 5.47 可以看出，频率为 20MHz 和 30MHz 时水中的声场紊乱，聚焦特性比较差，而40MHz 和 50MHz 时水中声场产生聚焦，且 50MHz 的聚焦效果较好，可以明显看出随着频率的增大，水中声场强度逐渐增大，声场在水中的聚焦效果也随着频率

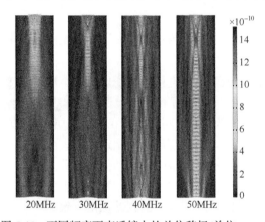

图 5.45　不同频率下声透镜中的总位移场(单位：mm)

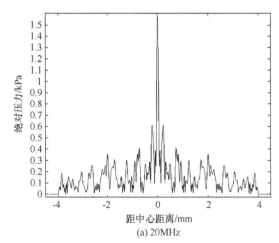

(a) 20MHz

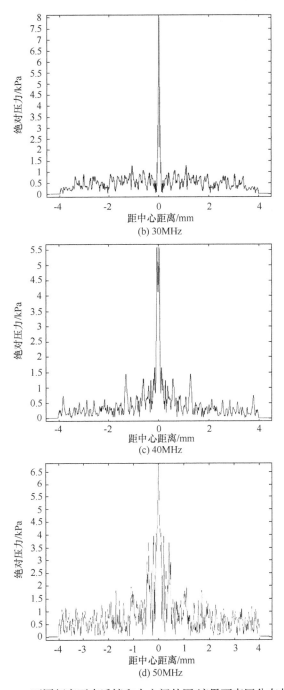

图 5.46　不同频率下声透镜和水之间的固/液界面声压分布曲线

的增大而更好。但整体而言，从水中声场强度可以看出，无匹配层、无背衬层使水中声场强度较弱，声透镜和水的固/液界面的声压较小。

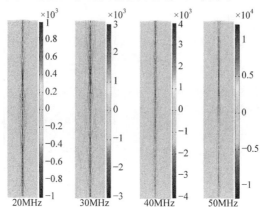

图 5.47　不同频率下声波在水中的声场分布(单位：Pa)

5.5.3　匹配层对声场的影响

对前面无匹配层、无背衬层的 50MHz 换能器模型中蓝宝石声透镜处增加匹配层来研究换能器在水中的声场特性。图 5.48 和图 5.49 分别为匹配层为 1/4 波长，匹配层声速不变，改变匹配层的密度(改变不同的声阻抗)后得到的匹配层和水的固/液界面的声压分布曲线及声波在水中的总声压分布曲线。

从图 5.48 和图 5.49 中可以看出，在蓝宝石声透镜末端增加厚度为 1/4 波长匹配层后，水中声场声压和匹配层与水的固/液界面声压分布明显增大，并且水中的声场强度也随着匹配层声阻抗的增加而增强，声阻抗为 9.8MRayl 时聚焦效果较

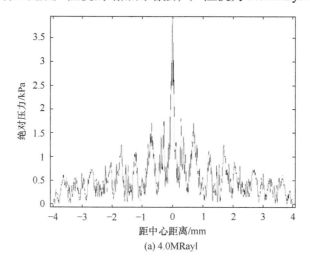

(a) 4.0MRayl

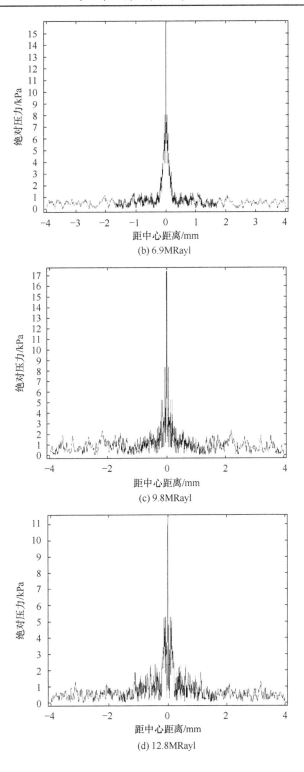

(b) 6.9MRayl

(c) 9.8MRayl

(d) 12.8MRayl

(e) 15.7MRayl

(f) 18.6MRayl

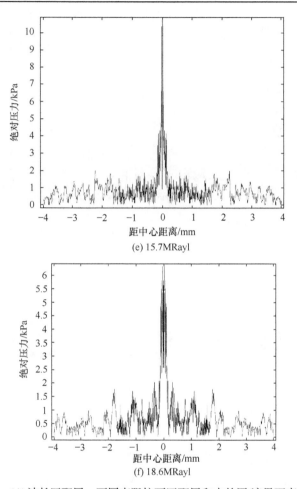

图 5.48 1/4 波长匹配层、不同声阻抗下匹配层和水的固/液界面声压分布

好且在水中声压较大，但从图中也可以看出，当声阻抗增加到 15.7MRayl 时，声场聚焦特性紊乱，当声阻抗继续增加时，界面声压也有变小趋势，声场聚焦特性减弱，声场比较紊乱。

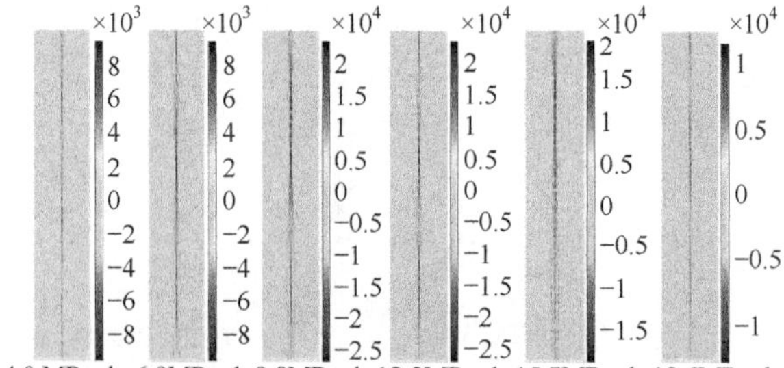

图 5.49 1/4 波长匹配层、不同声阻抗下水中总声压分布(单位：Pa)

　　图 5.50 和图 5.51 分别为 50MHz 的模型中，蓝宝石声透镜处匹配层声阻抗一定的情况下，添加厚度为 1/2、1/6 和 1/8 波长匹配层后得到的匹配层和水的固/液界面声压分布曲线和水中总声压分布曲线。

　　从图 5.50 和图 5.51 中可以看出，添加不同厚度的匹配层后的匹配层和水的固/液界面声压分布与无匹配层工况下声透镜和水的固/液界面声压分布进行对比，水中声压都有增大的趋势，聚焦效果和在水中声压强度 1/4 波长匹配层效果最好，随着匹配层厚度的减小，声场聚焦特性减弱。对匹配层进行模拟得出如下结论：模型增加 1/4 波长匹配层且匹配层声阻抗为 9.8MRayl 时聚焦效果最好，并且水中声场强度最大。

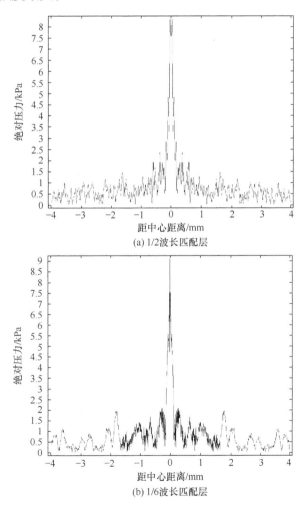

(a) 1/2 波长匹配层

(b) 1/6 波长匹配层

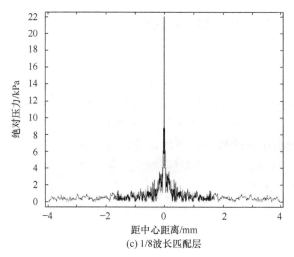

(c) 1/8波长匹配层

图 5.50　声阻抗为 9.8MRayl、不同匹配层厚度时匹配层和水的固/液界面声压分布

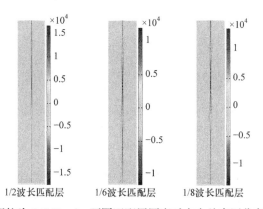

图 5.51　声阻抗为 9.8MRayl、不同匹配层厚度时水中总声压分布(单位：Pa)

5.5.4　背衬层对声场的影响

　　在上述带 1/4 波长厚度、声阻抗为 9.8MRayl 匹配层的 50MHz 换能器模型中增加背衬层，研究背衬层对高频聚焦超声换能器在水中声场的影响。图 5.52 和图 5.53 分别给出了增加声阻抗 19.8MRayl、厚度为 80μm、120μm、160μm、200μm 背衬层后匹配层与水的固/液界面的声压分布曲线和水中总声压分布曲线。

　　从图 5.52 和图 5.53 中可以看出，增加不同厚度背衬层后，匹配层与水的固/液界面声压分布和水中声压与仅有厚度 1/4 波长、声阻抗为 9.8MRayl 的匹配层时相比有微小的减小，对聚焦效果影响较小。

　　图 5.54 和图 5.55 分别给出了背衬层厚度为 120μm 时不同声阻抗下匹配层与水的固/液界面的声压分布曲线及水中总声压分布曲线。

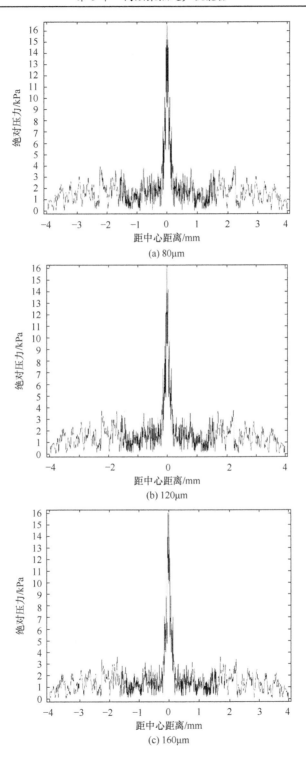

(a) 80μm

(b) 120μm

(c) 160μm

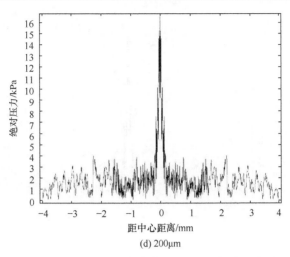

(d) 200μm

图 5.52　声阻抗 19.8MRayl、不同厚度背衬层下匹配层与水的固/液界面声压分布

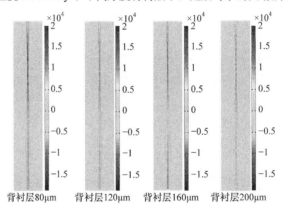

背衬层80μm　　背衬层120μm　　背衬层160μm　　背衬层200μm

图 5.53　声阻抗 19.8MRayl、不同背衬层厚度时水中总声压分布(单位：Pa)

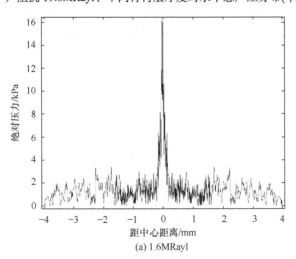

(a) 1.6MRayl

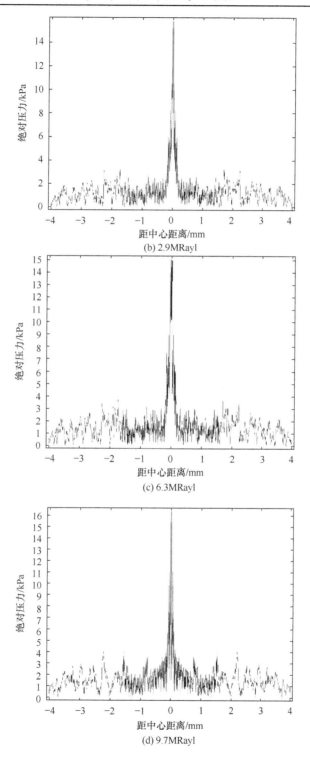

(b) 2.9MRayl

(c) 6.3MRayl

(d) 9.7MRayl

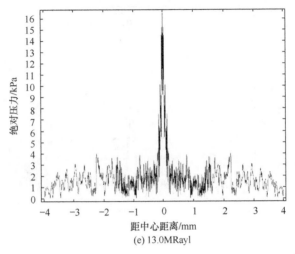

图 5.54　厚 120μm、不同声阻抗背衬层下匹配层和水的固/液界面声压分布

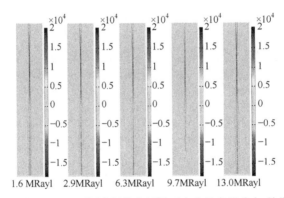

图 5.55　厚 120μm、不同声阻抗背衬层下水中总声压分布(单位：Pa)

　　从图 5.54 和图 5.55 中可以看出，当背衬层厚度一定时，在不同声阻抗背衬层的情况下，匹配层和水的固/液界面声压分布和水中总声压同样较只有匹配层时没有增大的趋势，对声波在水中的聚焦效果没有影响。

5.6　高频超声衰减分析

5.6.1　超声波衰减

　　当超声波在介质中传播时，能量随着距离的增加逐渐减弱的现象称为超声波衰减。按照引起声强减弱的不同原因，可把声波衰减分为三种主要类型：吸收衰减、散射衰减和扩散衰减。前两类衰减取决于介质的特性，而后一类衰减则由声源特性引起。通常，在讨论声波与介质特性的关系时，仅考虑前两类衰减；但在估计声波传播损失，如声波作用距离或回波强度时，必须全面考虑三类衰减因素[7,52]。

声学理论证明，吸收衰减和散射衰减都遵从指数衰减规律。沿 x 轴方向传播的平面波，其声压随传播距离 x 变化的关系为

$$p_x = p_0 e^{-\alpha x} \tag{5.77}$$

式中，p_0 是波源的起始声压；p_x 是传至距离波源 x 处的声压；x 是传播距离；α 是介质的衰减系数，单位 NP/cm，也可以用 dB/cm 表示，它们的换算关系为

$$1NP/cm = 8.686dB/cm$$

衰减系数 α 为吸收衰减系数 α_a 和散射衰减系数 α_s 之和，即

$$\alpha = \alpha_a + \alpha_s \tag{5.78}$$

当超声波在介质中传播时，由介质中质点间内摩擦(黏滞性)和热传导引起的衰减，称为吸收衰减或黏滞衰减。吸收衰减系数的表达式为

$$\alpha_a = \frac{\omega^2}{2\rho_0 c^3}\left[\frac{4}{3}\eta' + k_c\left(\frac{1}{c_V} - \frac{1}{c_p}\right) + \sum_{i=1}^{n}\frac{\eta_i''}{1 + \omega^2\tau_i^2}\right] \tag{5.79}$$

式中，η' 是介质的切变黏滞系数；k_c 是导热系数；c_V 是比定容热容；c_p 是比定压热容；η_i'' 是第 i 种弛豫过程引起的低频容变黏滞系数；τ_i 是第 i 种弛豫过程的弛豫时间。分析表明，当声波频率不太高时，即公式中的 $\omega\tau_i \ll 1$ 时，吸收衰减系数 α_a 大致与 ω^2 成正比，即 α/f^2 近似为常数。这种情况适用于大多数液体。但当声波频率很高时，即在 $\omega\tau_i \approx 1$ 或者 $\omega\tau_i \gg 1$ 情况下，α/f^2 不再保持为常数。某些固体介质或者结构复杂的液体分子属于这种情况。

当声波在一种介质中传播时，因碰到由另外一种介质组成的障碍物而向不同方向产生散射，从而导致声波衰减的现象，称为散射衰减。它既与介质的性质、状况有关，又与障碍物的性质、形状、尺寸及数目有关。当材质晶粒粗大时，散射衰减严重，被散射的超声波沿着复杂的路径传播到探头，在示波器屏幕上引起草状回波，使得信噪比(signal noise ratio, SNR)下降，严重时噪声会淹没缺陷波。当这些微小散射体的尺寸远小于声波波长时，可近似地把它们当作半径为 a 的小球，且 $a \ll \lambda$，即 $ka \ll 1$。理论计算表明，当流体中存在这种刚性小球时，声强的散射系数为

$$\alpha_s = \frac{25}{36}k^4 a^6 n_0 \tag{5.80}$$

式中，n_0 是单位体积介质中含有小球的个数。式(5.80)表明，当 $ka \ll 1$ 时，刚性小

球的声强散射系数在半径 a 一定时，与频率的 4 次方成正比；而在频率一定时，与半径 a 的 6 次方成正比。这种类型的散射称为 Rayleigh 散射。

超声波在传播过程中，波束的扩散使超声波的能量随着距离的增加而逐渐减弱的现象称为扩散衰减。超声波的扩散衰减仅取决于波阵面的形状，与介质的性质无关。平面波的波阵面为平面，波束不扩散，不存在扩散衰减。柱面波的波阵面和球面波的波阵面为同轴圆柱面或同心球面，波束向四周扩散存在扩散衰减，球面波与柱面波的声压衰减方程分别为[53]

球面波：

$$p_x = \frac{p_1}{x} e^{-\alpha x} \tag{5.81}$$

柱面波：

$$p_x = \frac{p_1}{\sqrt{x}} e^{-\alpha x} \tag{5.82}$$

除了上述的三种类型外，还有位错引起的衰减、磁畴引起的衰减和残余应力引起的衰减等。通常说的介质衰减是指吸收衰减与散射衰减，并不包括扩散衰减。

5.6.2　频率衰减

超声波在液体介质中传播的衰减程度与传播距离和频率有关，典型的超声显微检测是水浸检测，超声换能器与被测件间的距离(超声传播的水程)是定值，因此衰减的频率特性对检测回波的影响更大。根据超声波的衰减机理，当超声波在水中传播时，高频超声波的衰减比低频的衰减大，因此对于激发脉冲波进行显微检测的高频聚焦超声换能器，由于脉冲回波在耦合液(水)中经历了往返传播，频谱中高频成分的衰减更大，反射回波脉冲的中心频率会比换能器的名义检测频率低。

下面结合超声波在水中传播时衰减的频率特性和脉冲波的频谱特点，介绍在反射法超声显微检测中用高频聚焦超声换能器检测脉冲回波频率下降的分析模型。

近几年的研究发现，材料的衰减规律接近指数规律。Dines 和 Kak[54]已经证实在利用高斯函数模拟超声功率谱时存在频率的衰减，同时推导出了频率改变与综合衰减之间的函数关系。Merkulova[55]计算出了高斯脉冲的频率衰减与频率之间偶数幂的关系。

在忽略因为声束扩散和衍射带来的衰减后，衰减可以表达成

$$A = A_0 e^{-\alpha(f)z} \tag{5.83}$$

式中，在幂规律模型时，$\alpha(f) = \alpha_0 f^n$；在指数规律模型时，$\alpha(f) = \alpha_0' e^{n'f}$；$z$ 是

传播距离，单位 cm；f 是频率，单位 Hz；n 是频率相关的指数（$1 \leqslant n \leqslant 2$）；$\alpha$ 是在介质中与频率相关的幅值衰减系数，单位 NP/cm；A_0 是衰减前的幅值；A 是衰减后的幅值。

针对方波脉冲和高斯脉冲这两种情况，分析频率与衰减的变化关系[56]。

1. 方波脉冲

假定方波脉冲为 $T(t)$，其幅值为 A，脉冲宽度为 T_0，中心频率为 f_0，则其频谱为

$$T(f) = \frac{A^2 T_0 \sin\left[\pi T_0(f-f_0)\right]}{\pi T_0(f-f_0)} = -\frac{jA^2 T_0}{2\pi T_0(f-f_0)}\left[e^{j\pi T_0(f-f_0)} - e^{-j\pi T_0(f-f_0)}\right] \quad (5.84)$$

由式(5.83)可以得出幂规律模型为

$$\frac{A(f)}{A_0(f)} = H(f) = e^{-2\alpha_0 f^n z} \quad (5.85)$$

指数规律模型为

$$\frac{A(f)}{A_0(f)} = H(f) = e^{-\alpha_0' e^{nf} z} \quad (5.86)$$

1) 幂规律模型

在损耗介质中，方波脉冲经介质传播后的频谱 $R(f)$ 为

$$R(f) = T(f)H(f) = -\frac{jA^2 T_0}{2\pi T_0(f-f_0)}\left[e^{j\pi T_0(f-f_0)} - e^{-j\pi T_0(f-f_0)}\right]e^{-2\alpha_0 f^n z} \quad (5.87)$$

在中心频率处，有

$$\begin{aligned}
\left.\frac{dR(f)}{df}\right|_{f=f_c} = &-\frac{2\alpha_0 f^n z A^2 T_0}{2ja}\left[\frac{1}{\theta}(ja - 2n\alpha_0 z f_c^{n-1})e^{ja\theta}\right.\\
&\left. -(-ja - 2n\alpha_0 z f_c^{n-1})e^{-ja\theta} - \frac{1}{\theta^2}(e^{ja\theta} - e^{-ja\theta})\right] = 0
\end{aligned} \quad (5.88)$$

式中，$\theta = f_c - f_0$；$a = \pi T_0$。

利用欧拉公式将式(5.88)化简，得

$$\frac{1}{\theta}\left[ja\cos(a\theta) - j2n\alpha_0 z f_c^{n-1}\sin(a\theta)\right] - \frac{j}{\theta^2}\sin(a\theta) = 0 \quad (5.89)$$

将 $\theta = f_c - f_0$，$a = \pi T_0$ 代入式(5.88)后得

$$\cos\left[\pi T_0(f_c - f_0)\right] - \left[2n\alpha_0 z f_c^{n-1}(f_c - f_0) + 1\right]\frac{\sin\left[\pi T_0(f_c - f_0)\right]}{\pi T_0(f_c - f_0)} = 0 \quad (5.90)$$

如果 $\pi T_0(f_c - f_0) \ll 1$，则有

$$\frac{\sin\left[\pi T_0(f_c - f_0)\right]}{\pi T_0(f_c - f_0)} \approx 1, \quad \cos\left[\pi T_0(f_c - f_0)\right] \approx 1 - \frac{1}{2}\left[\pi T_0(f_c - f_0)\right]^2 \tag{5.91}$$

而式(5.90)可以写成

$$\frac{4n\alpha_0 z f_c^{n-1}}{(\pi T_0)^2} + (f_c - f_0) = 0 \tag{5.92}$$

令 $\dfrac{\sqrt{2}}{\pi T_0} = \sigma$, 则式(5.92)可以简写成

$$2n\alpha_0 z \sigma^2 f_c^{n-1} + (f_c - f_0) = 0 \tag{5.93}$$

2) 指数规律模型

$$R(f) = T(f)H(f) = -\frac{\mathrm{j}A^2 T_0}{2\pi T_0(f - f_0)}\left[\mathrm{e}^{\mathrm{j}\pi T_0(f - f_0)} - \mathrm{e}^{-\mathrm{j}\pi T_0(f - f_0)}\right]\mathrm{e}^{-\alpha_0' z \mathrm{e}^{n'f}} \tag{5.94}$$

在中心频率处, 有

$$\begin{aligned}
\left.\frac{\mathrm{d}R(f)}{\mathrm{d}f}\right|_{f=f_c} &= -\frac{A^2 T_0}{2\mathrm{j}a}\mathrm{e}^{-\alpha_0' \mathrm{e}^{n'f_c}}\left[\frac{1}{\theta}(\mathrm{j}a - n'\alpha_0' z \mathrm{e}^{n'f})\mathrm{e}^{\mathrm{j}a\theta}\right. \\
&\quad \left. -(-\mathrm{j}a - n'\alpha_0' z \mathrm{e}^{n'f})\mathrm{e}^{-\mathrm{j}a\theta} - \frac{1}{\theta^2}(\mathrm{e}^{\mathrm{j}a\theta} - \mathrm{e}^{-\mathrm{j}a\theta})\right] = 0
\end{aligned} \tag{5.95}$$

最后得出频率变化的公式为

$$\cos\left[\pi T_0(f - f_0)\right] - \left[n'\alpha_0' z \mathrm{e}^{n'f_c}(f - f_0) + 1\right]\frac{\sin\left[\pi T_0(f - f_0)\right]}{\pi T_0(f - f_0)} = 0 \tag{5.96}$$

2. 高斯脉冲

对于高斯脉冲, 其频谱为

$$I(f) = \frac{1}{\sigma\sqrt{2\pi}}\mathrm{e}^{-\frac{f - f_0}{2\sigma^2}} \tag{5.97}$$

式中, σ^2 是频谱的方差; f_0 是频谱的中心频率。

1) 幂规律模型

高斯脉冲经过介质传播以后, 其频谱变为

$$R(f) = T(f)H(f) = \frac{1}{\sigma\sqrt{2\pi}}\exp\left[-\frac{(f - f_0)^2}{2\sigma^2} - 2\alpha_0 f^n z\right] \tag{5.98}$$

在中心频率处, 有

$$\left.\frac{\mathrm{d}R(f)}{\mathrm{d}f}\right|_{f=f_c} = \frac{1}{\sigma\sqrt{2\pi}}\mathrm{e}^{-\frac{(f - f_0)^2}{2\sigma^2} - 2\alpha_0 f^n z}\left.\left(-\frac{f - f_0}{\sigma^2} - 2n\alpha_0 z f^{n-1}\right)\right|_{f=f_c} = 0 \tag{5.99}$$

由于

$$\frac{1}{\sigma\sqrt{2\pi}}\exp\left[-\frac{(f-f_0)^2}{2\sigma^2}-2\alpha_0 f^n z\right]\neq 0 \tag{5.100}$$

式(5.99)可以化简为

$$2n\alpha_0 z\sigma^2 f_c^{n-1}+f_c-f_0=0 \tag{5.101}$$

式(5.101)和方波脉冲在 $\pi T_0(f-f_0)\ll 1$ 情况下，计算出来的公式与式(5.93)一样。因此，在这种近似的情况下，方波脉冲频谱的变化可以近似等于高斯脉冲的。

2) 指数规律模型

$$R(f)=T(f)H(f)=\frac{1}{\sigma\sqrt{2\pi}}\exp\left[-\frac{(f-f_0)^2}{2\sigma^2}-\alpha_0{}'ze^{n'f}\right] \tag{5.102}$$

在中心频率处，有

$$\left.\frac{\mathrm{d}R(f)}{\mathrm{d}f}\right|_{f=f_c}=\frac{1}{\sigma\sqrt{2\pi}}e^{-\frac{(f-f_0)^2}{2\sigma^2}-\alpha_0'ze^{n'f}}\left.\left(-\frac{f-f_0}{\sigma^2}-n'\alpha_0{}'ze^{n'f}\right)\right|_{f=f_c}=0 \tag{5.103}$$

由于

$$e^{\frac{(f-f_0)^2}{2\sigma^2}-\alpha_0'ze^{n'f}}\neq 0 \tag{5.104}$$

式(5.103)可以化简为

$$\sigma^2 n'\alpha_0{}'ze^{n'f_c}+f_c-f_0=0 \tag{5.105}$$

在通常情况下，将衰减考虑成幂规律模型，于是针对式(5.101)进行如下分析。

当 $n=1$ 时，由式(5.101)可以得出

$$2\alpha_0 z\sigma^2+f_c-f_0=0 \tag{5.106}$$

即

$$f_c=f_0-2\alpha_0 z\sigma^2 \tag{5.107}$$

当 $n=2$ 时，得

$$4\alpha_0 z\sigma^2 f_c+f_c-f_0=0 \tag{5.108}$$

即

$$f_c=\frac{f_0}{4\alpha_0 z\sigma^2+1} \tag{5.109}$$

而方差 σ 与带宽的关系[57]计算如下：

峰值频率处的幅值为

$$I(f_c)=\frac{1}{\sigma\sqrt{2\pi}}e^{-\frac{f_c-f_0}{2\sigma^2}} \tag{5.110}$$

峰值减低 1/2 频率处的幅值为

$$I(f_{h,l}) = \frac{1}{\sigma\sqrt{2\pi}} e^{\frac{f_{h,l}-f_0}{2\sigma^2}} \tag{5.111}$$

式中，f_h 是高频点，f_l 是低频点；

由于高斯脉冲的方差不会随着频率的变化而变化，所以假定 $I(f_c)=1$，$I(f_{h,l})=\dfrac{1}{2}$，则有

$$e^{\frac{f_{h,l}-f_0}{2\sigma^2}} = \frac{1}{2} \tag{5.112}$$

得出

$$f_{h,l} = f_0 \pm 1.177\sigma \tag{5.113}$$

带宽与方差 σ 之间的表达式为

$$BW = f_h - f_l = 2.354\sigma \tag{5.114}$$

最后，式(5.107)和式(5.109)分别整理为

$$f_c = f_0 - 0.361\alpha_0 z(BW)^2, \quad n=1 \tag{5.115}$$

$$f_c = \frac{f_0}{0.722\alpha_0 z(BW)^2 + 1}, \quad n=2 \tag{5.116}$$

选择水为传播介质，在 20℃时，α_0 可近似取为 $\alpha_0 = 45.0 \times 10^{-15} \left(\text{Np}\cdot\text{s}^2\right)/\text{m}$。图 5.56 显示具有不同标准差、不同中心频率的高斯脉冲传播同样的距离后，由衰减的频率效应引起的中心频率变化情况。图 5.56 中一共选取了 $0.05f_0$、$0.1f_0$、

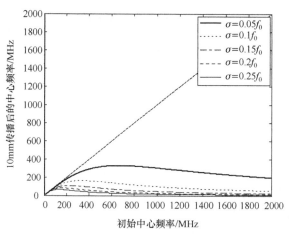

图 5.56　不同标准差下衰减后中心频率的变化

$0.15f_0$、$0.2f_0$ 和 $0.25f_0$ 五组标准差，传播距离为 10mm、斜率为 1 的虚线为无衰减时的参照曲线。对于五组标准差，随着初始中心频率 f_0 的增加，中心频率变化曲线与参照曲线之间的差距也在增加，这说明随着初始中心频率的增加，初始中心频率的偏移量也在增大，图 5.57 中该现象更加明显。图 5.56 中五组曲线的位置关系表明，对于同样的初始中心频率，标准差越大，传播同样距离后的中心频率越小，也就是说标准差越大，初始中心频率的偏移也越大。

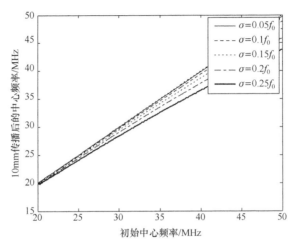

图 5.57　不同标准差下 20～50MHz 衰减后中心频率的变化

图 5.58～图 5.60 为同一标准差下不同初始中心频率高斯脉冲衰减传播后中心频率随传播距离变化的曲线。各高斯脉冲的标准差均为 $0.15f_0$，初始中心频率则分别为 20MHz、50MHz、75MHz、100MHz、175MHz、300MHz、500MHz、1GHz、2GHz。

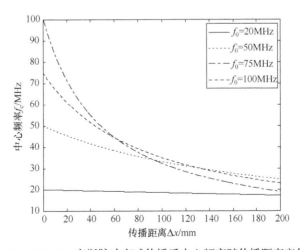

图 5.58　20～100MHz 高斯脉冲衰减传播后中心频率随传播距离变化的曲线

　　由图 5.58 可以看出，初始中心频率为 20MHz 的脉冲在传播 200mm 后，其中心频率略微下降，而初始中心频率为 50MHz、75MHz 和 100MHz 的脉冲在传播约 100mm 后，其中心频率均降至 35MHz 左右。

　　对于初始中心频率为 175MHz、300MHz 和 500MHz 的高斯脉冲，图 5.59 显示在传播约 8mm 后，其中心频率均降至 100MHz 附近，分别从 175MHz、300MHz 和 500MHz 下降到 117MHz、122MHz 和 99MHz。

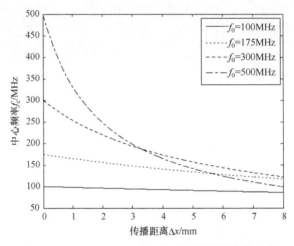

图 5.59　100～500MHz 中心频率随传播距离的变化

　　图 5.60 显示当脉冲的初始中心频率进一步提高到 1GHz 和 2GHz 时，在传播 2mm 后，其中心频率就会降至 200MHz 以下，分别从 1GHz 和 2GHz 降至 198MHz 和 116MHz。

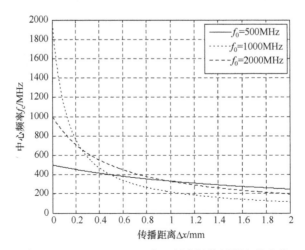

图 5.60　500MHz～2GHz 中心频率随传播距离的变化

对图 5.58～图 5.60 的分析表明,随着超声脉冲在耦合介质中传播距离的增加,传播后由于衰减的频率效应其中心频率会向下偏移;脉冲的初始中心频率越高,传播后其中心频率向下偏移的速度越快,在传播距离一定时,其中心频率的偏移量越大。

参 考 文 献

[1] 钟维烈. 铁电体物理学[M]. 北京: 科学出版社, 1996.

[2] 栾桂冬, 张金铎, 王仁乾. 压电换能器和换能器阵[M]. 北京: 北京大学出版社, 2005.

[3] 林书玉. 超声换能器的原理及设计[M]. 北京: 科学出版社, 2004.

[4] 蒋云, 王维东, 蔡红生, 等. 支柱瓷绝缘子及瓷套超声波检测[M]. 北京: 中国电力出版社, 2010.

[5] 赵雁, 滕永平. 水浸宽带聚焦超声探头的研制[J]. 北方交通大学学报, 2001, 25(6): 42-44.

[6] 许肖梅. 声学基础[M]. 北京: 科学出版社, 2003.

[7] 冯若. 超声手册[M]. 南京: 南京大学出版社, 2001.

[8] Grewe M G, Gururaja T R. Acoustic properties of particle/polymer composites for transducer backing applications[J]. IEEE Transactions on Ultrasonics Ferroelectrics and Frequency Control, 1990, 37(11): 506-513.

[9] Low G C, Jones R V. Design and construction of short pulse ultrasonic probes for non-destructive testing[J]. Ultrasonics, 1984, 18(1): 85-95.

[10] 滕永平. 超声检测用窄脉冲探头高阻抗背衬的研制[J]. 应用声学, 1995, 14(6): 37-39.

[11] 赵雁, 滕永平. 水浸宽带聚焦超声探头的研制[J]. 北方交通大学学报, 2001, 25(6): 42-44.

[12] 和世海. 窄脉冲超声波探伤技术研究[D]. 哈尔滨: 机械科学研究总院, 2010.

[13] 彭应秋, 李坚, 洪昕培. 用阻抗均匀过渡法研制高分辨力换能器[J]. 南昌航空工业学院学报, 2000, 14(2): 70-72.

[14] Wang H F, Ritter T, Cao W W. Passive materials for high frequency ultrasound transducers[J]. Proceedings of the SPIE Medical Imaging, Ultrasonic Transducer Engineering, 1999, 36(4): 35-42.

[15] Trzaskos C R. Ultrasonic transducer and process to obtain high acoustic attenuation in the Backing[P]. USA Patent, 1983: 4382201.

[16] 吴锦川, 蔡恒辉. 一种制作高阻抗背衬材料的新方法的声学技术[J]. 声学技术, 2008, 27(2): 214-216.

[17] 郝浩琦, 夏铁坚. 一种拓宽匹配层换能器带宽的方法[J]. 应用声学, 2009, 28(2): 111-115.

[18] Desilets C S, Fraser J D, Kino G S. The design of efficient broad-band piezoelectric transducers[J]. IEEE Transactions on Sonics & Ultrasonics, 1978, 10(25): 115-121.

[19] Thiagarajan S, Martin R W, Proctor A, et al. Dual layer matching (20MHz) piezoelectric transducers with glass and parylene[J]. IEEE Transactions on Ultrasonics Ferroelectrics & Frequency Control, 1997, 44(5): 1172-1174.

[20] Kim Y B, Roh Y. New design of matching layers for high power and wide band ultrasonic transducers [J]. Sens Actuators, 1998, 71(1-2): 116-122.

[21] Rhee S, Fitter T A, Shung K K, et al. Materials for acoustic matching in ultrasound transducers [C]. IEEE Ultrasonic Symposium, 2001: 1051-1055.

[22] Toda N. Narrowband impedance matching layer for high efficiency thickness mode ultrasonic transducers[J]. IEEE Transactions on Ultrasonics Ferroelectrics and Frequency Control, 2002, 49(3): 299-306.

[23] Callens D, Bruneel C, Assaad J. Matching ultrasonic transducer using two matching layers where one of them is glue[J]. NDT & E International, 2004, 37(8): 591-596.

[24] Tohmyoh H. Polymer acoustic matching layer for broadband ultrasonic applications[J]. Acoustical Society of America Journal, 2006, 120(1): 31-34.

[25] Wang H F, Cao W W, Zhou Q F, et al. Silicon oxide colloidal/polymer nanocomposite films[J]. Applied Physics Letters, 2004, 85(24): 5998-6000.

[26] Zhang R, Cao W W, Zhou Q F, et al. Acoustic properties of alumina colloidal/polymer nano-composite film on silicon[J]. IEEE Transactions on Ultrasonics Ferroelectrics and Frequency Control, 2007, 54(3): 467-469.

[27] Zhou Q F, Cha J H, Huang Y H, et al. Alumina/epoxy nanocomposite matching layers for high-frequency ultrasound transducer application[J]. IEEE Transactions on Ultrasonics Ferroelectrics and Frequency Control, 2009, 56(1): 213-219.

[28] 袁易全. 超声换能器[M]. 南京: 南京大学出版社, 1992.

[29] 陈航, 滕舵, 钱惠林. 宽频带换能器电匹配网络设计方法[J]. 声学技术, 2007, 26(5): 954-957

[30] 韩庆帮, 林书玉, 鲍善惠. 超声换能器电匹配特性研究[J]. 陕西师范大学学报(自然科学版), 1996, 24(4): 114-115.

[31] Schmerr L W. Fundamentals of Ultrasonic Nondestructive Evaluation – A Modeling Approach [M]. New York: Plenum Press, 1998.

[32] Q'Neil H T. Theory of Focusing Radiations[J]. The Journal of the Acoustical Society of America, 1949, 21(5): 516-526.

[33] Wen J J, Breazeale M A. A diffraction beam field expressed as the superposition of Gaussian beams[J]. Journal of the Acoustical Society of America, 1988, 83(5): 1752-1756.

[34] 赵新玉. 基于超声模型的奥氏体不锈钢焊缝无损评价研究[D]. 哈尔滨: 哈尔滨工业大学, 2008.

[35] Schmerr L W. A multi-Gaussian ultrasonic beam model for high performance simulations on a personal computer[J]. Materials Evaluation, 2000, 58(7): 882-888.

[36] Ding D, Zhang Y, Liu J. Some extensions of the gaussian beam expansion: Radiation fields of the rectangular and the elliptical transducer[J]. Journal of the Acoustical Society of America, 2003, 113(6): 3043-3048.

[37] Song S J, Park J S, Kim Y H, et al. Prediction of angle beam ultrasonic testing signals from a surface breaking crack in a plate using multi-gaussian beams and ray methods[C]. Review of Quantitative Nondestructive Evaluation, 2004: 110-117.

[38] Huang R, Schmerr J L W, Sedov A. Modeling ultrasonic fields of a transducer with a modular multi-gaussian beam model[C]. Review of Quantitative Nondestructive Evaluation, 2004: 745-752.

[39] Kim H J, Schmerr J L W, Sedov A. Generation of the basis sets for multi-Gaussian ultrasonic beam models[C]. AIP Conference Proceedings, 200: 978-985.

[40] Kim H J, Schmerr Jr L W, Sedov A. Generation of the basis sets for multi-Gaussian ultrasonic beam models – An overview[J]. Journal of the Acoustical Society of America, 2006, 119(4): 1971-1978.

[41] Huang R, Schmerr J L W, Sedov A. Multi-Gaussian ultrasonic beam modeling for multiple curved interfaces – An abcd matrix approach[J]. Research in Nondestructive Evaluation, 2005, 16(4): 143-174.

[42] Huang R, Schmerr J L W, Sedov A. Multi-Gaussian beam modeling for multilayered anisotropic media, i: Modeling foundations[J]. Research in Nondestructive Evaluation, 2007, 18(4): 193-220.

[43] Huang R, Schmerr J L W, Sedov A. Multi-gaussian beam modeling for multilayered anisotropic media, ii: Numerical examples of slowness surface and geometry effects[J]. Research in Nondestructive Evaluation, 2007, 18(4): 221-240.

[44] Huang R, Schmerr L, Sedov A. Modeling the radiation of ultrasonic phased-array transducers with Gaussian beams[J]. IEEE Transactions on Ultrasonics, Ferroelectrics and Frequency Control, 2008, 55(12): 2692-2702.

[45] Schmerr L W, Song S. Ultrasonic Nondestructive Evaluation Systems – Models and Measurements[M]. New York: Springer, 2007.

[46] Schmerr L W, Huang R, Sedov A. The simulation of ultrasonic beams with a Gaussian beam equivalent point source model[J]. Chinese Journal of Acoustics, 2010, 28(2): 97-106.

[47] Prange M D, Shenoy R G. A fast Gaussian beam description of ultrasonic fields based on prony's method[J]. Ultrasonics, 1996, 34: 117-119.

[48] 孔涛. 超声换能器声场理论与测量技术[D]. 北京: 北京理工大学, 2011.

[49] Kong T, Xu C, Xiao D. Experimental ESD method for restoration of blurry image in ultrasonic c-scan[C]. International Conference on Mechanic Automation and Control Engineering (MACE), 2008: 2632-2635.

[50] Ding D, Liu X. Approximate description for bessel, bessel-Gauss, and gaussian beams with finite aperture[J]. Journal of the Optical Society of America A, 1999, 16(6): 1286-1293.

[51] 张俊娜. 超声波在集成电路中的传播特性研究[D]. 北京: 北京理工大学, 2010.

[52] 任慧玲. 高频超声聚焦换能器技术研究[D]. 北京: 北京理工大学, 2014.

[53] 郑晖, 林树青. 超声检测[M]. 北京: 中国劳动社会保障出版社, 2008

[54] Dines K A, Kak A C. Ultrasonic attenuation tomography of soft tissues [J]. Ultrasonic Imaging, 1979, 1(1): 16-33.

[55] Merkulova V M. Accuracy of the pulse method for measuring the attenuation and velocity of ultrasound[J]. Soviet Physics – Acoustics, 1967, 12 : 411-413.

[56] Narayana P A, Ophir J. Spectral shifts of ultrasonic propagation a study of theoretical and experimental models [J]. Ultrasonic Imaging, 1983, 5: 22-29.

[57] Jonathan O, Paul J. Spectral shifts of ultrasonic propagation through media with nonlinear dispersive attenuation[J]. Ultrasonic Imaging, 1983, 4: 282-289.

第6章　超声显微扫查成像检测方法

6.1　超声显微镜系统构成

超声显微镜是利用声波对材料内部完整性和力学特性进行高分辨力成像检测的系统[1-5]。当超声显微镜在常温下用水作为耦合剂工作时,可以有与光学显微镜相当的亚微米的分辨力;当超声显微镜工作在低温时,分辨力可以达到 20nm 或更高。

超声显微镜主要有两种类型:一种是透射式的;另一种是反射式的。现在几乎所有的商品化超声显微镜都是反射式的,因此这里只对反射式超声显微镜进行介绍。

反射式超声显微镜主要由声透镜、脉冲收/发装置、超高速 A/D 卡、机械扫描平台等部分组成,各模块由计算机统一操纵控制,系统结构如图 6.1 所示。

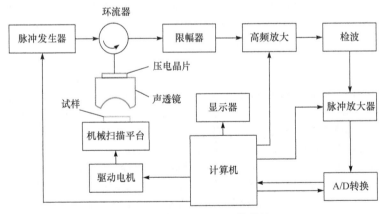

图 6.1　超声显微镜的系统结构

当超声显微镜工作时,计算机控制脉冲收/发装置的脉冲发生器产生激励信号,激励压电晶片产生高频超声波。高频超声波被声透镜聚焦到被检试样表面或内部,在试样界面或内部声特性不连续处产生反射。反射波被压电晶片接收并转换为电信号(常称为回波信号)。回波信号经脉冲收/发装置的限幅、放大电路放大后,由 A/D 转换卡转为数字信号,然后进行数字处理。同时,计算机控制机械扫描平台使声透镜和试样沿 x-y 水平面相对运动,进行 x-y 水平面的二维扫描,从而得到二维的超声检测结果信号 $u(x,y)$,该信号反映的是超声反射回波强度在扫查区域的分布,可在计算机上以图像(常称为超声扫查图像)的形式显示。

超声显微镜也可不进行 x-y 水平面的二维扫描,而进行 z 方向的一维扫描。计算机控制机械扫描平台使声波透镜和试样沿 z 方向相对运动,从而得到随 z 变化的超声检测结果信号 $V(z)$,该信号反映被检材料的密度、弹性等信息,可在计算机上以曲线(常称为 $V(z)$ 曲线)的形式显示。

软件系统是超声显微镜的重要组成部分,与硬件系统是密不可分的一个整体。软件系统包含多个不同的模块,各模块实现不同的功能,并提供相互间传输数据的接口。图 6.2 为本书作者开发的显微镜的软件系统主要功能框图,该系统包含四个基本模块,分别为数据采集模块、运动控制模块、显微扫查模块和数据处理模块。

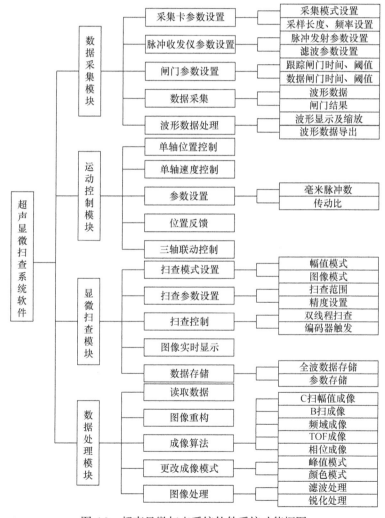

图 6.2　超声显微扫查系统软件系统功能框图

6.2　超声显微扫查检测方式

超声显微扫查检测方式主要有三种最基础的,分别为 A 扫查、B 扫查、C 扫查,此外,有 D 扫查、X 扫查、G 扫查、Z 扫查等扫查检测方式[1]。关于超声显微检测方式,已经形成国家标准 GB/T 34018—2017《无损检测 超声显微检测方法》。

6.2.1　A 扫查

A 扫查是定点扫查。A 扫查时,超声换能器与试件间没有相对运动,得到的是超声换能器在试样上特定位置的超声回波图,即一种脉冲波形图。在超声脉冲发射到试样中时,换能器成为灵敏的反射回波接收器,不同时刻的回波反映了试件不同深度处的材料特性信息,显微镜将回波-时间以数字波形的形式显示,如图 6.3(b)所示,称为 A 扫查波形或 A 扫查图。从 A 扫查图中一般可观察到样品表面、内部介质交界面上的反射回波。A 扫查是进行 B 扫查和 C 扫查等扫查的基础。

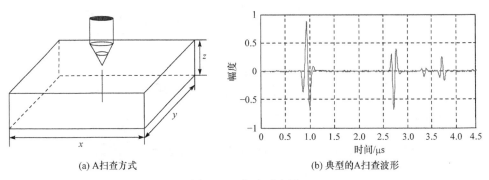

(a) A扫查方式　　　　　　　　　　(b) 典型的A扫查波形

图 6.3　A 扫查示意图

6.2.2　B 扫查

B 扫查是直线扫查。当超声换能器在横向或纵向进行单向移动时,将得到一条直线上各个点的 A 扫查波形数据,选取波形上闸门内的数据,根据一定的成像算法进行处理,从而可获得样品的横向或纵向剖面的声学成像图。图 6.4 为 B 扫查示意图。在实践中,经常利用时间增益补偿技术来改进图像的质量,使得由远距离反射的回波幅度得到增强[3]。

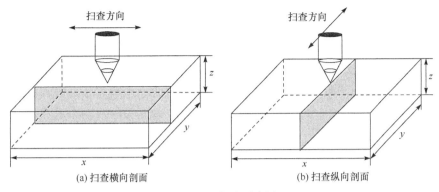

(a) 扫查横向剖面　　　　　　　　　　(b) 扫查纵向剖面

图 6.4　B 扫查示意图

6.2.3　C 扫查

C 扫查是面扫查。C 扫查时，超声换能器在水平面(x-y 平面)内运动，并逐行扫查，得到扫查平面各点处的 A 扫查波形数据，对样品某一深度处(样品表面、底面或中间层)反射信号的特征(回波幅度等)进行图像显示，图像的每一个像素对应于样品特定深度 z 上(x,y)坐标位置的回波信息。图 6.5 为 C 扫查示意图。

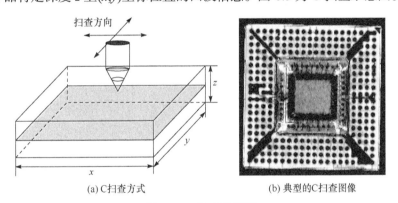

(a) C扫查方式　　　　　　　　　　(b) 典型的C扫查图像

图 6.5　C 扫查示意图

C 扫查是超声显微镜对物体内部结构无损检测的主要方式。生成的 C 扫查图像便于研究者直观地了解物体内部结构，因此采用这种扫查方式的超声显微镜也常称为 C 扫查超声显微镜(C-SAM)。

6.3　超声显微成像方法

超声显微镜的主要工作方式是 C 扫查方式。通过 C 扫查结果可以判定缺陷的位置、形状和尺寸，成像的质量直接影响试样内部结构缺陷的检测精度[1]。

6.3.1　成像基本原理

超声显微镜扫查成像的基本原理是,当材料内部的均匀性发生变化时(如在晶界边界、内含物、裂纹、空洞和分层等),其声阻抗发生改变,这种变化会进一步导致换能器接收的回波信号幅值及相位发生变化。将被检样品上各点对应的回波信号特征(如峰值、时间等)用不同颜色或灰度显示出来,便可观察到被检样品内部的结构。

实践中,C扫查成像是把试样内部特定深度范围(图 6.6 中检测区域)内的反射回波强度用颜色或灰度显示出来,从而绘制出试样内部缺陷的横截面图形。

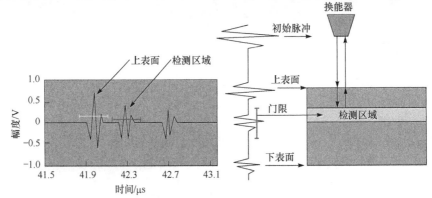

图 6.6　超声显微 C 扫查方式的时间闸门设置示意图

为了使设定的深度范围是相对于试样表面的,可采用表面跟踪技术。如图 6.6 所示,A 扫查波形图中有两个闸门,左边的闸门为表面跟踪闸门,放置在上表面回波上,以定位数据闸门的参照起始时间,它代表着上表面位置;右边的闸门相对于左边闸门放置在感兴趣的深度位置上,称为数据闸门,保持数据闸门相对于表面跟踪闸门内的表面回波的距离(时间)不变,即实现了表面跟踪。扫描区域的深度由数据闸门的位置决定,扫描区域的厚度由数据闸门的宽度决定。

超声显微 C 扫查成像一般是对数据闸门内(扫描区域厚度内)的反射信号特征(正向或负向峰值、峰峰值、TOF(time of flight)等)进行彩色或灰度显示。成像算法的优劣直接影响了成像的精度和可识别性。下面对峰值成像、TOF 成像、相位成像、相位反转成像和频域成像等常用成像技术的原理与实现方法分别予以介绍。

6.3.2　峰值成像技术

材料内部存在缺陷导致介质的声阻抗发生变化,在反射回波上最直接的体现就是其回波强度的变化。以超声波垂直入射到两种声阻抗介质的分界面为例,此时声波的反射系数 R 和透射系数 T 分别为

$$R = \frac{Z_2 - Z_1}{Z_2 + Z_1} \tag{6.1}$$

$$T = \frac{2Z_2}{Z_2 + Z_1} \tag{6.2}$$

式中，R 是超声波的反射系数；T 是超声波的透射系数；Z_1 和 Z_2 分别是界面两侧介质的声阻抗。缺陷的存在会导致材料内部的均匀性发生变化，即声阻抗的分布发生变化。由反射系数和透射系数的计算公式可以看出，声阻抗分布的变化会导致反射回波的能量(回波强度)发生变化，所以回波强度的分布体现了材料内部结构的分布情况。因此，可用回波峰值来对试样内部结构的横剖面信息进行超声成像。

峰值成像的实现方法可以简述如下：

(1) 调整超声换能器与试样的相对距离，观察 A 扫查波形的变化，使换能器聚焦在检测区域深度，然后把跟踪闸门设置在上表面回波上，数据闸门则设置在欲检测的区域。

(2) 在扫查过程中，控制扫查轴带动探头运动，当探头到达预先设定的位置时，自动触发脉冲收发仪和数据采集卡，发射超声波，并接收反射回波。

(3) 取出数据闸门范围内的峰值数据 P，并将其转换为相应灰度值或颜色值(伪彩色模式)。下面以 256 级(8 位二进制)灰度值为例，说明其计算方法，灰度值 G 可由式(6.3)得出

$$G = \frac{P}{V_{\max}} \times 255 \tag{6.3}$$

式中，P 是闸门内信号的峰值；$V_{\max}$ 是当前 A 扫查设置中的满量程正电压值。例如，如果某点对应数据闸门的峰值 P 为 0.32V，此时设置的满量程正电压值 $V_{\max}$ 是 0.5V，则这点对应的灰度值 $G = P / V_{\max} \times 255 = 0.32 / 0.5 \times 255 = 163.2$。

(4) 重复步骤(2)和(3)，依次取出每个扫查点的数据闸门内的峰值，并转换为相应灰度值或颜色值，填充到定义好的位图中去，从而构建出二维平面的峰值图像。

此外，从图 6.6 中可以看出，当超声在声阻抗不同的界面产生反射回波时，既有正峰值，也有负峰值，因此在成像时可以选取不同的峰值来成像。一般来说，峰值的选取有以下几种方式。

(1) 正向峰值：仅选取正向峰值来计算。

(2) 负向峰值：仅选取负向峰值来计算。

(3) 峰峰值：同时考虑正向峰值和负向峰值，并取正负向峰值的绝对值的平均值来计算。这种方式可以兼顾正向峰值和负向峰值。

(4) 最大绝对值峰值: 同时考虑正向峰值和负向峰值, 但仅选取闸门内绝对值最大的那个峰值来计算。

某电子芯片内部结构利用峰值成像方式得到的显微扫查图像如图 6.7 所示, 图中可见各种峰值形式都可以表示试样的内部结构, 在图像上略有差别, 可根据实际需求进行选取, 习惯上常用峰峰值或最大绝对值峰值方式。

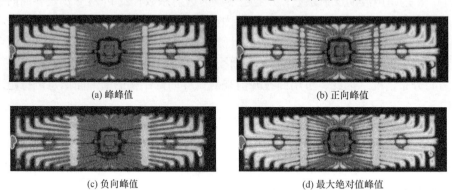

(a) 峰峰值　　　　　　　　　　　　　　　　　(b) 正向峰值

(c) 负向峰值　　　　　　　　　　　　　　(d) 最大绝对值峰值

图 6.7　各种峰值成像结果

峰值成像方式是传统时域成像中的主要成像方式, 实现起来较简单, 能够实时成像, 成像质量较高, 一般作为超声显微镜的默认成像方式。

6.3.3　TOF 成像技术

超声声束从耦合剂中入射到试样内部, 遇到声阻抗不同的分界面便会产生一个脉冲回波, 每个脉冲回波都有其对应的特征参量, 如峰值、脉冲宽度、到达时间 TOF、相位等。如图 6.8 所示, 声波入射到试样内部, 产生了 3 个脉冲回波 R_1、R_2、R_3, 其对应的 TOF 表示该回波到达时间的先后。试样中距离换能器近的界面, 其对应的 TOF 在时间轴上小; 试样中距离换能器远的界面, 其对应的 TOF 在时间轴上大, 因此 TOF 反映了试样内部分界面的深度信息, 可以用闸门中回波的 TOF 信息来对试样内部结构的深度信息进行成像。回波的 TOF 值, 一般取为数据闸门内绝对值最大的峰值对应的到达时间。

TOF 成像的实现方法可简述如下:

(1) 与峰值成像类似, 首先调节换能器的位置, 在 A 扫查波形上设置跟踪闸门和数据闸门, 定义检测区域和信号阈值。

(2) 在扫查过程中, 当换能器到预先设定的位置时, 自动触发脉冲收发仪和数据采集卡, 发射超声波, 并接收反射回波。

(3) 找出该点 A 扫查波形中数据闸门范围内的峰值到达时间 TOF (相对于数据闸门的起始位置), 并记录到内存中, 在完成整个扫查过程后, 找出所有点的峰值到达时间中的最大值 TOF_{max} 和最小值 TOF_{min}。

(4) 取出各点闸门内的峰值到达时间 TOF，将其与所有点 TOF 的范围的比值，转换为相应灰度值或颜色值，进而构建出二维平面的 TOF 图像。仍以 256 级 (8 位二进制)灰度图为例，灰度值可由式(6.4)得到

$$G = \frac{TOF}{TOF_{max} - TOF_{min}} \times 255 \tag{6.4}$$

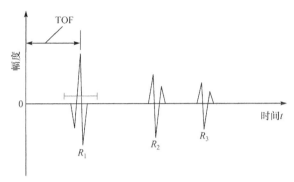

图 6.8　回波的 TOF 示意图

图 6.9(a)为对某电子芯片封装的内部结构采用峰值成像(最大绝对值峰值方式)得到的图像，该芯片封装结构对应的 TOF 成像如图 6.9(b)所示。TOF 成像主要可以通过颜色值或灰度值变化来了解内部界面的深度分布情况，相同颜色值或灰度值表明回波到达时间相同。TOF 成像主要用于判断结构的深度信息，使用相对较少。

(a) 峰值成像　　　　　　　　　　　　　　(b) TOF成像

图 6.9　峰值成像与 TOF 成像的对照图

6.3.4　相位成像技术

超声反射信号包含幅度和相位信息，但目前常用的超声检测仪器(包括超声显微镜)都是利用回波的幅度信息来检测样品缺陷的。实际上除了幅度信息，回波信号的相位信息也反映了物体内部的介质分布情况，甚至更为灵敏。因此，可以用相位来成像，这有助于提高试样细微结构检测的灵敏度。

相位提取方法是相位成像的关键，国外有学者研究过超声显微镜相位成像问

题,他们增加了一台仪器实现相位提取[6]。此方法的优点是测量精度高,缺点是必须增加锁相放大器及相关的检测电路,这不仅增加了系统的复杂性,而且用这种鉴相方法,速度很慢、实时性差、难以实际应用。也有人用双透镜通过干涉方法获得相位信息,但这种方法增大了透镜设计与制造的难度,检测精度也不高。清华大学的陈戈林等[7]曾提出用软件来实现相位的提取,得到了较好的结果。本书参考此方法,采用软件算法来提取相位,具体原理及方法如下。

把回波信号近似看成正弦波,直接选取样品某一位置的回波信号存储起来作为参考波,然后对样品其他各点回波进行采集,对比两波,即可提取相位参数。

如图 6.10 所示,A 波是参考回波信号,B 波是某测点的回波信号。选取某一固定位置,如 O 点作为参考点(将此点的相位定义为 0°)。然后提取回波在该点所对应的电压值,对应于 A 波的是 V_{OD},B 波是 V_{OC}。因为所得到的是电压量,所以为获得相位值需经过一些数学运算。假设回波为正弦波,则幅度与相位的关系可以表示成

$$\phi = \arcsin \frac{y}{V_{PP}} \tag{6.5}$$

式中,y 是参考点回波信号电压值;V_{PP} 是回波信号的峰峰值电压。

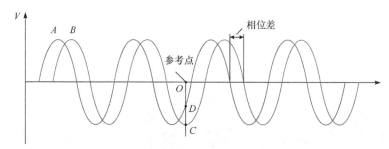

图 6.10　计算相位差示意图

这样,A 波与 B 波的相对相位差为

$$\Delta\phi = \arcsin \frac{V_{OC}}{V_{PP}} - \arcsin \frac{V_{OD}}{V_{PP}} \tag{6.6}$$

可以把相位差转换为对应的灰度值或颜色值来成像,为处理方便,可选择 A 波的零电压点作为参考点。这样通过直接计算检测到的相位差在 $-\pi \sim +\pi$。

某电子芯片封装内部结构使用相位成像方式得到的声学图像如图 6.11 所示,其对应的最大峰值成像图像如图 6.9(a)所示。相位成像可以作为峰值成像方式的一个补充,以观察一些峰值成像不易发现的细节。

图 6.11   相位成像声学图

6.3.5   相位反转成像技术

如前所述,当超声波入射到两种声阻抗介质的分界面时,会产生反射和透射。对于超声波垂直入射到分界面的情况,反射率的计算公式为 $R = (Z_2 - Z_1)/(Z_2 + Z_1)$,由此公式可得出如下结论:

(1) 当 $Z_2 > Z_1$ 时,$R > 0$。因为 $Z_2 > Z_1$,介质 2 比介质 1 在声学性质上更"硬",所以常称这种边界为硬边界。在硬边界分界面上,反射波声压与入射波声压的相位符号相同。若入射波为正向波,则反射波也为正向波,如图 6.12 所示。

(2) 当 $Z_2 < Z_1$ 时,$R < 0$。因为 $Z_2 < Z_1$,介质 2 比介质 1 在声学性质上更"软",所以常称这种边界为软边界。在软边界分界面上,反射波声压与入射波声压相比,相位改变了 180°。若入射波为正向波,则反射波反转为负向波,如图 6.12 所示,这种现象称为相位的反转(翻转)。

(3) 当 $Z_2 = Z_1$ 时,$R = 0$。此时,声波没有反射,会全部透射,也就是说即使存在两种介质的分界面,但只要二者的特征声阻抗相等,对声的传播来说,分界面就好像不存在一样,此时的 A 扫查波形为平行波,如图 6.12 所示[8]。

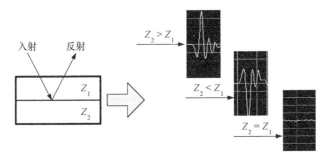

图 6.12   相位反转示意图

以电子封装的内部缺陷检测为例,在封装材料(一般为模塑化合物)和芯片之间的黏结层的质量对芯片的可靠性有很大的影响,如果在封装过程中进入了水汽,在工作时受热膨胀或受循环热应力的影响,可能会导致黏结层出现分层或空洞缺陷,这将大大影响该电子封装的散热性能,致使芯片过热而降低可靠性和缩短寿命,因此对分层或空洞缺陷的检测对电子封装来说具有比较重要的地位。当用超声显微镜进行检测时，超声波首先入射到耦合剂(水)和模塑化合物的上表面，由于模塑化合物的声阻抗比水的声阻抗要大，所以反射回波的相位不发生反转；当模塑化合物和芯片之间出现分层缺陷时，透射进封装内部的声波会在模塑化合物和分层或空洞缺陷的分界面发生反射，由于模塑化合物的声阻抗比空气的声阻抗要大，所以反射回波会发生相位反转；当模塑化合物和芯片之间黏结完好时，在模塑化合物和芯片之间分界面的反射则不会产生相位反转。如果用不同的颜色表示相位反转区域，则可直观地显示出缺陷位置。

当然，发生相位反转的位置不完全是分层缺陷的交界面，在有些没有分层的交界面，超声波信号也会有相似的相位反转现象，例如，超声波从芯片入射到底下的衬垫或基底时，也会发生相位反转。这是因为超声波从声学性质"硬"的材料传播到声学性质"软"的材料。因此，对于相位反转图像的解释，需要根据试样内部的结构和材料特性进行，但不管怎样，可以认为相位反转区域的介质与相邻区域的介质不在同一个(种)分界面上。

对某型号电子芯片封装内部结构采用相位反转成像方式得到的声学图像如图 6.13 所示，图中白亮部分表明发生了相位反转，这部分的介质与周围的介质不同。由于用相位反转成像方式可以很直观地检测出电子封装等试样的分层、气孔等缺陷，所以 C 扫查相位反转成像已成为超声扫描显微镜判断分层缺陷的一种主要检测方式。

图 6.13　相位反转成像图

6.3.6　频域成像技术

超声显微 C 扫查模式主要使用的是传统时域的峰值成像方法，通过设置 A 扫查信号的数据闸门起止时间来指定特定的扫描深度，用闸门中信号峰值对应的颜色进行成像，选取的峰值可以是正向峰值、负向峰值、最大绝对值峰值或峰峰值。传统的时域峰值成像方法的原理简单、速度快，可以实时显示出扫查结果，不需要进行额外的数据存储和处理，因而在超声检测中得到了广泛的应用。但是，对于试样中的一些特征，如果其反射的回波信号的强度过小、过大或变化不明显，则在图像上可能显示不出来。而在频域上，则可能以较清晰的形式显示出来。

当超声脉冲遇到不同声阻抗材料的分界面时，会产生反射回波，反射回波频率成分也许会与原始发射的频率成分不同,反射回波频率是与分界面情况相关的。

因此，可用信号的频域信息来反映不同介质的分布情况，从而构建出物体内部结构的图像。

　　在反射式超声显微扫查系统中，激发超声换能器的是一个短脉冲，这使得产生的超声波具有一个较宽的频率范围，其分布类似于高斯函数，它的峰值对应的频率通常与换能器的中心频率接近。按照傅里叶变换理论，一个脉冲波可以分解为多个不同频率谐振波的叠加。图 6.14 为超声显微检测中得到的一个典型的时域回波信号，换能器的中心频率为 20MHz。图 6.15 为该时域信号经过傅里叶变换后得到的频谱图。

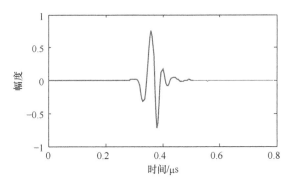

图 6.14　超声显微检测中得到的典型时域回波信号

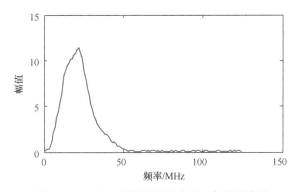

图 6.15　超声显微检测中得到的回波的频谱图

　　可见，在时域上的一个超声反射回波其实包含一系列不同频率的正弦波(或余弦波)，这些频率成分的幅值可以在频域中给出清晰的描述。传统时域成像方法成像时所用的峰值数据是各种频率成分叠加后的峰值，可以认为是平均了各种频率成分强度的结果。因此，传统时域成像方法得到的图像分辨力会受到一定的影响，无法得到比换能器中心频率对应的分辨力更高的图像。如果能转换到频域上，用换能器带宽中相对较高的频率部分来成像，则能得到较高范围频率的图像，从而提高成像分辨力，这便是频域成像的意义。例如，用一个 50MHz 的换能器扫描采集到的数据,创建30~70MHz的图像(假设无衰减或衰减很小),这样便能提高所用换能器扫查的分辨力。

从物理意义上说,反射回波的频率会随着分界面两侧介质的不同而发生变化,这个变化也许相比强度的变化更敏感,所以使用频率成分来成像或许能够更灵敏地反映介质的分布变化情况。

图6.16为采用相同的时间闸门范围,用传统峰值成像方式和频域成像方式分别对 Winbond W27E257-12 芯片封装内部结构进行超声显微扫描的结果图。图6.16(a)为采用传统峰值成像方式的扫查结果,所谓峰值方式就是峰峰值方式,从图中可以看到内部的芯片、引脚及引线等结构,但图像中的元素(如引脚)边缘不是很锐利,有些模糊。图6.16(b)为采用频域成像方式的扫查结果,对比峰峰值成像扫查结果可以看出,采用频域成像方式的图像元素边缘更锐利,比采用传统峰值方式更清晰。

(a) 峰峰值成像　　　　　　　　　　　　　(b) 频域成像

图 6.16　Winbond W27E257-12 芯片封装内部成像图

6.4　分　辨　力

超声显微镜的检测分辨能力标志着高频超声对微小缺陷的检测识别能力,具体检测方法可参考国家计量检定规范《超声显微镜校准技术规范》。

6.4.1　横向分辨力

横向分辨力是超声显微系统能够分辨出的两个反射体边界的最小距离,主要取决于高频聚焦换能器的中心频率。超声波的频率越高,其波长越短,系统能达到的分辨力就越高,能检测的尺寸就越小。球面聚焦换能器的横向分辨力可通过 Rayleigh 准则和 Sparrow 准则进行计算。

1. Rayleigh 准则

超声显微镜所用声透镜的球面像差对成像的影响很小,一般可以忽略,因此其分辨力主要由衍射极限决定,在理论上可用 Rayleigh 准则来估算,主要由声波波长决定。

波长为 λ_0 的平面波孔径为 a_0、焦距为 q 的声透镜聚焦，焦平面上的振幅分布 $U(r)$ 为[9]

$$U(r) = \frac{\exp(-i2\pi q / \lambda_0)}{i(2\pi q / \lambda_0)} \exp\left(\frac{i\pi r^2}{q\lambda_0}\right) \pi a_0^2 \left[\frac{2J_1(2\pi ra_0 / (q\lambda_0))}{2\pi ra_0 / (q\lambda_0)}\right] \tag{6.7}$$

式中，r 是焦平面上的径向坐标。

显然，$U(r)$ 是 $J_1(x)/x$ 的函数，在 $x=0$ 处为极大值，而在 $x=3.832$ 处为第一个零点。因此，Rayleigh 准则把这个中心到衍射图形的第一个零点之间的距离 $r = (3.832/\pi)[q/(2a_0)]\lambda_0$ 定义为超声显微镜的分辨力 ω。

$$\omega = 0.61\lambda_0/\text{N.A.} \tag{6.8}$$

式中，N.A. 是声透镜的数值孔径，且 $\text{N.A.} = a_0/q$。

由于反射式超声显微镜是声波两次通过同一透镜成像的，所以它的分辨力将比上述的 Rayleigh 准则估算结果要好一些，一般认为是

$$\omega = 0.51\lambda_0/\text{N.A.} \tag{6.9}$$

而 λ_0 是耦合液中的声波波长。因此，λ_0 越小，N.A. 越大，则超声显微镜的分辨力就越高。对于较小的声透镜(高频)，N.A. 可以接近 1，这时分辨力为 $0.51\lambda_0$。因此，一个设计良好的声透镜可以聚焦到直径接近一个声波波长的点上，如果声波频率为 2GHz，则其在水中的理论分辨力大约为 $0.4\mu m$。在这种情况下，超声显微镜已可以得到与光学显微镜相当的分辨力。

以某超声换能器 V3394 为例，其中心频率为 $f = 100\text{MHz}$，孔径为 $a_0 = 6\text{mm}$，焦距为 $q = 25\text{mm}$，取水中声速为 $c_0 = 1480\text{m/s}$，则水中的波长为 $\lambda_0 = c_0/f = 14.8\mu m$，使用式(6.9)可算得超声换能器 V3394 的 Rayleigh 准则分辨力为 $31.45\mu m$。

2. Sparrow 准则

当判断成像系统的实际分辨力时，一个更通用的准则是 Sparrow 准则，即用两个最接近的、明晰可区分的像点之间的真实距离来评价成像系统的分辨力。其定义是对于两个相邻的点源产生的衍射斑，当两个中央极大值之间存在一个极小值时，认为是可以分辨的。如果两个点源进一步靠近，中央极小值趋于邻近的极大值，此刻认为两个点源恰好可以被 Sparrow 准则分辨[10]。

在脉冲回波检测系统中，同一个超声换能器被用来发射和接收超声脉冲，这个定义对应的间隔(分辨力)是[11]

$$d_{\text{Sparrow}} \approx \frac{1}{\sqrt{2}}1.02\lambda_0 F^{\#} \tag{6.10}$$

式中，$F^{\#} = z_0 / d$，d 是换能器单元的直径，z_0 是焦距长度；λ_0 是换能器中心频率对应的声波波长。

当预测单频超声声束的横向分辨力时，式(6.10)已经足够精确，但是由于实际应用中多采用宽带脉冲，其准确度会有所降低。

同样地，以 100MHz 超声换能器 V3394 为例，利用式(6.10)可以计算出其对应的 Sparrow 准则分辨力为 44.48μm。

3. 横向分辨力准则的实验验证

利用 Rayleigh 准则和 Sparrow 准则计算得到的几种换能器在水中的横向分辨力如表 6.1 所示。

表 6.1　几种超声换能器的参数与理论分辨力

型号	中心频率/MHz	孔径/ mm	焦距/mm	理论分辨力/μm	
				Rayleigh 准则	Sparrow 准则
V3394	100	6	25	31.45	44.48
PI50-2	50	6	51	128.32	181.49
V373	20	6	32	201.28	284.70

在实验室对横向分辨力的上述准则的计算结果进行实验验证。为了验证超声显微系统横向分辨力准则，在光学玻璃片表面用激光加工了一系列小孔。为避免随机性，加工了 3 组平行的小孔，深度分别为 50μm、80μm 和 110μm，各组小孔的直径为 120μm、100μm、80μm、60μm 和 40μm。小孔周围刻了一个方框，以便识别小孔区域。图 6.17(a)中显示了用光学显微镜标定的小孔直径大小。实验中分别采用中心频率为 20MHz、50MHz 和 100MHz 的超声换能器对小孔进行扫查成像，扫查结果如图 6.17 所示。

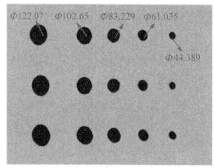

(a) 小孔光学成像(单位：μm)

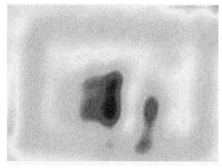

(b) 20MHz换能器扫查图

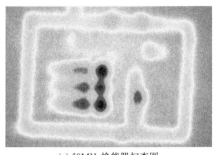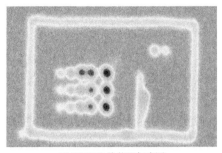

(c) 50MHz换能器扫查图　　　　　　　　　(d) 100MHz换能器扫查图

图 6.17　玻璃片小孔扫查成像结果

从图 6.17 所示超声显微扫查结果可以看出，当使用 100MHz 换能器测量时，可以分辨出小孔的最小直径约为 40μm；当使用 50MHz 换能器测量时，可以清晰分辨出小孔的最小直径为 120μm；而使用 20MHz 换能器测量时，得到的图像非常模糊，分辨不出 120μm 以下的小孔。实验结果与 Rayleigh 准则和 Sparrow 准则计算结果基本吻合，其中 50MHz 换能器测得的横向分辨力高于 Sparrow 准则，与Rayleigh 准则一致。

4. 提高横向分辨力的方法

Rayleigh 准则和 Sparrow 准则都是用来判断超声显微镜的分辨力(横向)的方法，从这两种方法可以看出，分辨力主要与超声的波长和透镜有关。因此，提高超声显微镜的分辨力的途径主要有以下几种。

1) 提高超声波的频率

分辨力与液体中的波长 λ_0 呈一定的正比例关系，提高分辨力的途径就是使波长变小，而波长与液体中的声速 c_0 和频率 f 相关，即 $\lambda_0 = c_0 / f$，因此，当声速一定时，提高超声波的频率，可使波长更短，从而提高分辨力。

从理论上来说，如果频率能够无限提高，则分辨力也可以无限提高，但事实上，高频应用会受到耦合液的衰减和声透镜可用曲率半径的限制。在声透镜和试样之间充满着耦合液，以传递超声能量。大多数液体在室温下都表现出线性黏度，致使声波在耦合介质中传播时的衰减与频率的平方成正比。要提高频率，就必须减小透镜和试样之间的液体路径长度，这意味着声透镜的焦距要小，也即声透镜的曲率半径必须变小，而研磨出具有很小曲率半径的声透镜是一项非常难的工艺。所以，除了工艺和成本的限制外，从信号衰减的角度考虑，就一般的应用而言，频率不宜过高，否则严重的衰减会导致穿透能力迅速下降。一般地，在使用 60℃水作为耦合液的情况下，超声显微镜能使用的最高频率约为 2GHz。

对于高频聚焦换能器，其横向分辨力与超声声束在焦点处的直径(beam diameter, BD)大小有关。BD 一般指脉冲回波信号功率下降 6dB 时的声束宽度，BD

越小，分辨力就越高，也称为–6dB 横向分辨力。图 6.18 是使用点源-高斯声束模型对频率与焦点声束直径关系进行仿真计算的结果。仿真的换能器参数为：孔径 6mm，几何焦距 25mm，频率计算范围 10～500MHz，传播介质为水。从图 6.18 中可以看出，对于同一个几何结构，当换能器的频率从 10MHz 提高到 50MHz 附近时，焦点声束直径显著减小，即横向分辨力的提高很明显，但当频率继续提高时，分辨力的提高幅度明显降低。可见对于此换能器的几何结构，频率提高到 100MHz 后对分辨力的提升并不太明显，这从另一方面指出了在选用高频超声换能器时，不能一味地追求过高的频率来提升分辨力，而应优先选择透镜结构优化的高频超声换能器。这里要指出的是，仿真计算针对的是单频，而常用的换能器是宽带换能器，其频率范围比中心频率要宽；另外，–6dB 焦点直径的大小比使用 Rayleigh 准则和 Sparrow 准则得到的分辨力数值要大。

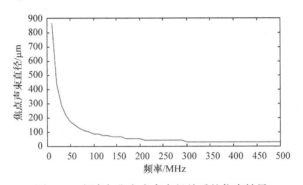

图 6.18　频率与焦点声束直径关系的仿真结果

2) 提高水的温度

由于频率的提高会受到介质中衰减的限制，所以可以通过减小耦合液(水)中的衰减以应用很高的超声频率。声波在水中的衰减会随着温度的升高而减小，因此可以通过提高水的温度来减小衰减。使用这种方法，Hadimioglu 和 Quate[12]把试件置于沸水中，工作频率提高到了 4.4GHz，得到了 0.2μm 的分辨力。

3) 使用低声速耦合液

降低声速也可以减小波长，一般采用低声速耦合液，例如，使用液态氦(He)等一些低温装置和材料，即采用低温超声显微镜。在 0.1K 温度下的液态氦的声速为 238m/s，而且衰减很小。有研究表明，对于超高频的超声显微镜，衰减几乎可忽略的唯一液体是超流体液态氦[9, 13]。

在极低温度下，气态氦会转变为液态氦。液态氦包括性质不同的两个相，分别称为 He Ⅰ 和 He Ⅱ，在两个相之间的转变温度处，液态氦的密度、电容率和比热容均呈现反常的增大趋势。两个 He Ⅰ 和 He Ⅱ 间的转变温度称为 λ 点，饱和蒸气压下的 λ 点为 2.172K。

普通液体的黏滞度随温度的下降而增大，而与此不同的是，He I 的黏滞度在温度下降到 2.6K 左右时几乎与温度无关，其数值约为 3×10^{-6}Pa·s，比普通液体的黏滞度小得多。在 2.6K 以下，He I 的黏滞度随温度的降低而迅速下降。He II 的黏滞度在 λ 点以下的温度时降至非常小的值($<10^{-12}$Pa·s)，这种几乎没有黏滞性的特性称为超流动性。

当温度在 2.17K 的 λ 点以下时，声波的衰减受黏滞性和热传导的影响越来越小，直到低于 0.7K，这些过程变得无足轻重，衰减只是由更微弱的声子散射运动引起的。Hadimioglu 和 Foster[14]在 1984 年的研究中指出，采用 200μm 孔径透镜、8GHz 频率，在 0.1K 温度下，声波在液态氦中的衰减小于 3dB，并且得到了 20nm 的分辨力。

在低温超声显微镜中，由于氦和蓝宝石的声阻抗相差很大，声透镜表面的匹配层就显得尤为关键。当采用 1/4 波长厚的非晶碳作为匹配层时，可以得到 8%的透射声能。当频率(超高频)增大时，换能器顶部的金电极的厚度和半径都必须仔细选择，此外液态氦中的非线性谐波会使基波频率声束的强度损耗，这些因素在低温超声显微镜中都必须加以考虑。

4) 使用大孔径、短焦距的声透镜

从 Rayleigh 准则和 Sparrow 准则可以看出，使用大孔径、短焦距的声透镜可以减小聚焦点的大小，从而提高分辨力。但大孔径、短焦距的声透镜会导致穿透深度的减小，因此需要根据实际需要来进行折中选取。

除了上述方法以外，还可以利用高频聚焦换能器产生的超声波在传播时的非线性效应来提高分辨力。

在超声显微检测时，聚焦超声波能在狭小的空间区域集中大的声能量，当声压振幅很大时，就会在传播介质中产生明显的非线性效应。非线性效应将声波能量转向更高的频率成分表现为波形畸变[15]。此外，超声显微镜的检测对象(如电子封装内部结构、材料的微裂纹等)的尺度极其微小，而用来检测的超声频率常常很高，致使声波波长可能与细微结构的尺度接近甚至更小，这就会导致非常明显的非线性效应。超声波在传播中，除了基波外还会产生高阶谐波和其他频率的波(如分频波、和频波与差频波等)，导致波形发生畸变，基波能量会逐渐减小，部分能量会转移到谐波和其他波上。

研究表明，二次谐波对应的分辨力比基波的高，其衍射点大小约为基波的 $1/\sqrt{2}$。因此，可以利用超声的非线性效应来提高成像的分辨力，作为非线性效应的应用，可以通过增大施加在换能器上的能量级别来提高分辨力。

研究人员曾对硅基体上的金线光栅条纹检测做过实验，光栅间距为 290nm，金线约为 40nm 宽、50nm 厚，超声频率为 2GHz，使用液态氦作为耦合液，透镜的数值孔径 N.A.为 0.35。在这个基波频率下，能检测出的最小间隔为 0.7λ，或者约为 300nm，这对分辨光栅条纹来说太大了。实验结果表明，当输入能量为 10mW 时，超声图像不能分辨出光栅条纹的间隔，但当能量依次增大到 32mW、100mW、320mW 时，图像的分辨力逐渐提高，且在 320mW 时已能完全分辨出条纹的间隔[9]。

6.4.2　纵向分辨力

纵向分辨力也是超声显微系统的一个重要指标，它是在换能器轴线方向上能够分辨出的两个反射点之间的最小距离。两个反射点的反射回波叠加导致不可能测量轴向间隔的最小反射点间距离是纵向分辨力。纵向分辨力主要取决于超声换能器的中心频率，且受回波脉冲持续时间的影响，脉冲持续时间越长，纵向分辨力越小，而脉冲持续时间越短，纵向分辨力越大。图 6.19 说明，高频、高阻尼的超声换能器能达到最好的纵向分辨力[16]。

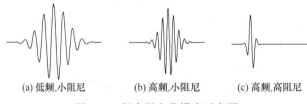

$$\text{(a) 低频,小阻尼}\qquad\text{(b) 高频,小阻尼}\qquad\text{(c) 高频,高阻尼}$$

图 6.19　提高纵向分辨力示意图

因纵向分辨力取决于回波脉冲宽度，故其理论值 D_{axial} 可用公式表示为

$$D_{\text{axial}} = \frac{ct}{2} \tag{6.11}$$

式中，c 是超声波声速；t 是脉冲持续时间。

6.5　声透镜参数对成像的影响

如前所述，超声显微镜的工作模式主要有两种：一种是内部成像；另一种是表面、亚表面成像。这两种工作模式的特点是不同的，因此需根据工作模式来进行声透镜的设计或选择。

6.5.1　内部成像

当用于内部成像时，声波可以穿透一些对其他类型辐射(如光)不透明的材料。然而极大的材料声速失配，使得声波聚焦在耦合液界面时得到很小的声透镜像差，在聚焦到固体内部时则变得较大，像差受折射角的正弦值和正切值的差值影响。当声速快的介质中的平面波经过凹球面折射进入声速慢介质时，像差很小，因为折射是沿法线方向，所以折射波都朝着曲面的中心。折射率(液体声速与固体声速的比值)越小，折射角越小，导致其正弦值和正切值的差值越小，所以像差越小。然而，如果这个聚焦声束在固体的平面表面发生折射，以聚焦在表面下方，则折射是偏离法向的，像差会相应变大[9]。

　　对单个表面，像差可用一个简单的几何图形来分析，用三阶畸变理论来描述。如图 6.20 所示，指向距固体表面距离为 s 的虚焦点传播的声线会发生折射，以致与表面相交时距轴线距离为 h 的声线在深度 s_a 处与轴线相交，同时近轴声束的焦点在 s_b 处。折射率 n 是液体声速与固体声速的比值，在声学上通常是一个小于 1 的值。这些参量的关系是

$$\frac{1}{s}+\frac{n}{s_a}=\frac{h^2(1-n)^2}{2}\frac{1}{s^3} \tag{6.12}$$

但是，

$$\frac{1}{s}+\frac{1}{s_b}=0 \tag{6.13}$$

因此，可得

$$n\left(\frac{1}{s_a}-\frac{1}{s_b}\right)=\frac{h^2(1-n)^2}{2}\frac{1}{s^3} \tag{6.14}$$

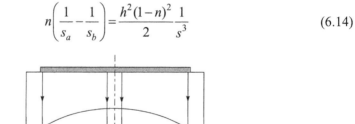

图 6.20　像差的几何分析示意图

横向的像差为

$$a_G \equiv \frac{h}{s_a}(s_b - s_a) = -\frac{h^3}{s_b^2}\frac{(1/n-1)^2}{2} \tag{6.15}$$

这个是在近轴声束焦点的横向像差。用简单的几何项来表示，最小像差发生在最外侧声线与轴线的交点和近轴焦点之间距离的 1/4 处。但是，当衍射效应与几何像差的尺度相当时，相关的焦平面在近轴焦点和最外侧声线与轴线的交点之间的中点位置上。因此，最小的几何像差为

$$a_C = -\frac{h^3(1/n-1)^2}{4s_b^2} \tag{6.16}$$

如果固体中的声波波长为 λ_1 ，则由衍射而产生的艾里斑(Airy disk，在光学上的定义是：由于光的波动性，光通过小孔会发生衍射，产生明暗相间的条纹衍射图样，条纹间距随小孔尺寸的减少而变大；大约有 84% 的光能量集中在中央亮斑，其余 16% 的光能量分布在各级明环上，以第一暗环为界限的中央亮斑称为艾里斑，它的大小决定了透镜的分辨能力)最近轴线距离是

$$a_D = \frac{1.22\lambda_1}{2h}s_b \tag{6.17}$$

由于上述几何像差和衍射这两个因素的影响，总体聚焦点的大小可以写为

$$a_{\text{tot}} = \sqrt{a_C^2 + a_D^2} = \sqrt{\left[\frac{(1/n-1)^2}{4s_b^2}h^3\right]^2 + (0.61\lambda_1 s_b h^{-1})^2} \tag{6.18}$$

a_{tot} 的最小值发生在

$$\frac{h_{\text{opt}}}{s_b} = \frac{1.089}{(1-n)^{1/2}}\left(\frac{\lambda_1}{s_b}\right)^{1/4} \tag{6.19}$$

最优化的透镜角(在耦合液中)是

$$\theta_{\text{opt}} = \arcsin\left\{n\sin\left[\arctan(h_{\text{opt}}/s_b)\right]\right\} \tag{6.20}$$

例如，应用上述分析结果，当声波波长为 25μm，距材料表面的深度为 0.5mm，折射率为 0.25 时，要得到声学图像的最小像差，必须使 $h/s_b = 0.7$ ，因此最优化的透镜角 $\theta_{\text{opt}} = 0.83°$ 。这个结果与 s_b 的联系很弱，所以可取深度的 1/2，这可以增大优化角近 1°。

几何分析方法并不适应所有情况。在计算横向像差时，假设波长很小，可以忽略不计，但是这个假设不符合像差和衍射效应产生的整体聚焦点大小为最小值的要求；实际上，使用的准则是其几何像差为 1/3 的艾里斑大小。一个完整的衍

射模型能够用来计算固体中任意一点的声场，它把相位和振幅同时考虑在内，而且可以实现声场的可视化。例如，透镜的半角为 10°，液体和固体的声速比为 0.25，固体中的近轴焦点位于 20 个波长的深度，固体中的波长与聚焦深度的比值为 $\lambda_1 / s_b = 0.05$，声场计算的结果如图 6.21 所示。从图 6.21(a)可以看出，声压沿轴线上有波动，聚焦强度集中在近轴焦点附近 2 个波长位置，而且最大值与近轴焦点很接近。焦平面上的横向声压分布如图 6.21(b)所示，产生第一个极小值的位置距轴线的距离约比无像差的艾里斑半径大 35%，这可以作为对像差导致分辨力降低进行分析的一个方法。

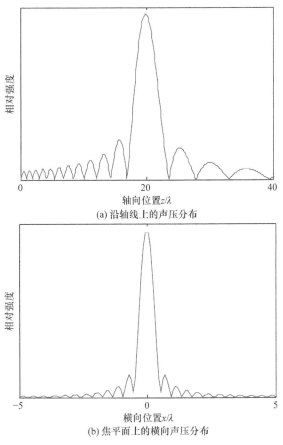

(a) 沿轴线上的声压分布

(b) 焦平面上的横向声压分布

图 6.21　聚焦声波入射到固体中的声场仿真

不过，通过一系列的计算结果，从分辨力的角度出发，似乎并不存在前面几何分析中的最优化孔径。当孔径增大时，聚焦点的大小看上去会继续减小直到透镜的半角到达纵波临界角。这个结论与前面几何分析的结果并不相同，但目前还不清楚产生分歧的原因。也许是当孔径增大时，外侧的声线所起的作用越来越小，导致不仅是分辨力的降低，系统的整体功效也会降低。利用几何分析方法中解析公式简单的优点，可以用几何分析方法来给出一个最优分辨力和最优功效的折中。

Pino[9]曾做过一个实验，设计一个透镜在黄铜中的聚焦深度为 10 个波长，在试样中的半角为 30°，发现焦平面的声场与上述分析类似的衍射计算相吻合；而且聚焦特性在 2～20 个波长的聚焦深度区间都没有明显的降低，在这个范围内由衍射产生的第一个极小值的半径仍在 $1.4\lambda_1$ 以内(30°角时的无像差艾里斑半径为 $1.22\lambda_1$)。当黄铜中的聚焦半角为 41.5°时，由式(6.19)和式(6.20)可得出耦合液中的最优角为 $\theta_{opt}=12°$，聚焦半径的像差为 $1.23\lambda_1$，比 30°的固体会聚角要好一点。

6.5.2　表面成像

用于表面成像的透镜，设计时的首要点是工作频率的选择，频率决定了超声波在耦合液中每单位距离的衰减。考虑其他噪声和衰减源，确定耦合液可接受的最大衰减 A_{max}。因为特定温度下的单位距离衰减数值为 $\alpha_0 f^2$，所以焦距长度可以写成

$$q = \frac{A_{max}}{2\alpha_0 f^2} \tag{6.21}$$

透镜表面的曲率半径可由式(6.22)得到

$$r_0 = (1-n)q \tag{6.22}$$

式中，n 是液体声速和透镜声速的比值。

透镜的孔径也必须予以指定。对于高分辨力的场合，孔径应该尽可能得大，像差几乎可以忽略，所以这些一般都不是限制。对孔径大小的限制实际上是：如果孔径做得太大，透镜的工作距离(透镜末端到焦平面的距离)就会变得非常小。当半张角变得很大时，孔径也会随之增大，因为数值孔径随 $\sin\theta$ 而改变，增长速率逐渐减小，而且通过透镜表面的透射强度在大张角时也会变小。因此，通常半张角不大于 60°。不过，对于固体表面成像，有一个非常重要的最小角度。对很多应用而言，关注的点来自 Rayleigh 波的激发。Rayleigh 角由 Snell 定律决定：

$$\sin\theta_R = c_0 / c_R \tag{6.23}$$

式中，c_0 是耦合液中的声速；c_R 是 Rayleigh 波速。式(6.23)中之所以没出现折射角的正弦值，是因为此时的折射角为 90°，其正弦值为 1。Rayleigh 角 θ_R 在计算时可参考介质中的声速，一些常见介质的声学参数见表 6.2，对很多金属来说，Rayleigh 角大约为 30°，而对陶瓷和半导体材料则通常要小一些。对于所有需要Rayleigh 波反差的应用场合，透镜的张角需要足够大，以包含 Rayleigh 角。

表 6.2　一些各向同性材料的声学参数[9]

材料	密度 $\rho/(kg/m^3)$	声速/(m/s)			泊松比 σ
		纵波	剪切波	Rayleigh 波	
铝	2698	6374	3111	2906	0.345
铜	8993	4759	2325	2171	0.343
低碳钢	7900	5960	3235	2996	0.291
不锈钢	7800	5980	3297	3048	0.282
钛	4508	6130	3182	2958	0.321
银	10500	3704	1698	1592	0.367
金	19281	3240	1200	1134	0.421
氧化铝	3970	10822	6163	5676	0.26
碳化硅	3210	12099	7485	6806	0.19
氮化硅	3185	10607	6204	5694	0.24
尼龙	1140	2620	1100	1035	0.39
有机玻璃	1185	2700	1330	1242	0.34
石英玻璃	2150	5968	3764	3409	0.17

在指定了工作频率和透镜表面的孔径直径后，可以来考虑换能器振子的位置和大小。换能器振子是一个圆片，理想情况下是一个活塞声源。这个声源远场的振幅可以用 Fraunhoffer 近似来计算。Fraunhoffer 近似的适用范围由距离 s_F 决定：

$$s_F \equiv \lambda L / a_T^2 \tag{6.24}$$

式中，λ 是波长；a_T 是换能器振子半径；L 是距换能器振子的距离。当 $s_F \gg 1$，即远大于菲涅耳(Fresnel)长度 $F \equiv a_T^2 / \lambda$ 时，Fraunhoffer 近似可以适用。如果 $a_T / \lambda > 1$，振幅和相位会在换能器表面和平面 $s_F = 1$ 之间不断波动；尤其是在 $0 \leqslant s_F \leqslant 0.5$ 区间，轴上会出现零值。轴上的极大幅值出现在 $s_F = 1$ 上，即 $F = a_T^2 / \lambda$ 处，这个便是菲涅耳长度。

考虑换能器振子近场区的特性，透镜常被设计在换能器振子的菲涅耳长度上。如果比值 a_T / λ 很大，则在该平面上，辐射距离为 $0.36 a_T$ 的声强会下降 6dB(相比轴上的数值)，因此换能器振子必须比透镜孔径要大一些。选好了 a_T 后，已知透镜材料的波长 λ，就可以算出换能器振子距离透镜表面的菲涅耳长度。例如，一个 $a = 60\mu m$ 的 2GHz 的蓝宝石透镜，$F = 0.65mm$，这就要求透镜的厚度小于 1mm。对于较低的频率，由于透镜的半径可以随着波长的平方增大，所以菲涅耳长度可以变得很大。

透镜设计的要求有时很难同时被满足,需要做些折中。对于很高的分辨力要求,就得把曲面半径设计得很小,以便应用超高频超声;但是,又不能太小,以至于不能把试样回波从杂波中区分出来。对于工作在热水中的 2GHz 超声,适合使用的最小半径为 40μm。

6.6　信号处理方法

在超声显微检测中,要使用高频探头,而高频探头的信噪比往往不是太高,尤其在对试样内部进行检测时,为提高内部信号的强度,常要使用较大的增益,使得信号中的噪声更加明显,影响回波信号特征的提取,因此需要研究超声显微检测中的噪声抑制技术。此外,在超声显微检测中,常会遇到一些薄层结构的检测,如电子封装中的黏结层、合金的表面涂层、内部分层缺陷等结构。尽管超声显微检测技术有较高的纵向分辨力,但对于厚度很小的薄层结构,上、下表面回波仍不可避免地会发生重叠,因此如何通过有效的信号处理手段,对薄层结构的回波信号特征量进行提取,并以此作为定量评价结构或缺陷的依据,也是超声显微检测中的关键技术之一。本节针对超声显微检测中的去噪问题和薄层结构量化检测时的回波重叠问题,对使用平稳自适应小波滤波技术、S 变换奇异值消噪方法、时频分析技术和超声信号盲解卷积方法等抑制噪声、增强信号特征、提高超声显微检测系统检测能力的信号处理方法进行介绍。

6.6.1　信号消噪

超声显微检测中比较重要的是对信号的处理技术,信号中带有被检测对象的特性信息,准确地从接收信号中获取这些被检测对象的特征信息显得尤为重要。超声显微检测系统主要利用超声脉冲反射法对材料进行检测,随着检测频率的提高,信号衰减较严重,提高增益后噪声也会被放大,当超声波在介质中传播时,随着传播距离和材料性质的变化,得到的回波信号中噪声强度也会发生变化,最终导致接收到的回波信号信噪比较低,噪声在时域上容易形成多个峰值,给界面回波信号峰值位置及幅度的识别和提取造成极大的困难,所以对超声显微信号的消噪势在必行。

1. 超声显微信号的平稳小波自适应滤波技术

当采用高频探头检测试样内部结构时,信号衰减较严重,需要较大的增益设置,同时探头自身的信噪比也往往不是太好,导致最终接收的回波信号的信噪比较低,对有用信息的识别和提取会造成干扰。当超声波在介质中传播时,随着传播距离和材料性质的变化,接收信号包含的噪声强度也会发生变化,即待处理信号的噪声方差不是固定值而是随时间变化的。采用基于平稳小波变换(stationary wavelet transform，SWT)的自适应阈值降噪方法，可降低超声显微检测信号的噪声。该方法通过对检测信号的自适应阈值进行估计，更好地抑制了噪声信号，突出了超声显微信号中所含分层、裂纹等微小缺陷的特征信息，有利于应用时频分析方法提取表征缺陷或内部结构大小的特征参数。

基于平稳小波变换的超声显微检测信号自适应滤波的原理是[17,18]：选取一个合适的阈值函数，并用此阈值函数对小波分解得到的各层高频系数进行截断，而保持低频系数不变，然后进行逆变换，重构去噪后的信号。

常用的阈值函数主要是硬阈值函数和软阈值函数。硬阈值函数是把信号小波变换系数的绝对值与阈值进行比较，小于阈值的小波变换系数变为零，大于阈值的小波变换系数不变，再根据小波变换系数进行信号重建。软阈值函数是把大于阈值的小波变换系数变为该点与阈值的差值。一般来说，软阈值函数处理相对平滑，可以消除硬阈值函数引起的去噪后信号中出现突变振荡点的现象。

当对信号做平稳小波变换时，改变离散小波变换的做法，对低通和高通滤波器的输出系数不再进行下采样处理，而是在各级滤波器的值之间进行插值操作，这样每次变换得到的近似信号和细节信号长度就和原信号长度相同，保证 SWT 具备时不变性，使得 SWT 具有更好的信号边缘检测性能。

对长度为 N 的含噪信号 $f(n)$，不妨取 $N = 2^J$，设正交小波低通滤波器和高通滤波器分别为 H_i 和 G_i，则对时间序列信号 $f(n)$ 的平稳小波分解可表示为[19]

$$\mathrm{swa}_{i+1} = H_i \otimes \mathrm{swa}_i, \quad i = 0,1,\cdots,J-1 \tag{6.25}$$

$$\mathrm{swb}_{i+1} = G_i \otimes \mathrm{swa}_i, \quad i = 0,1,\cdots,J-1 \tag{6.26}$$

式中，$\otimes$ 表示卷积运算；$\mathrm{swa}_0 = f(n)$；swa_i 和 swb_i 分别是低频系数和高频系数。

SWT 方法根据信号在不同时间段的不同信噪比，动态估计对应的小波变换系数阈值，进行降噪处理。基本方法如下：

(1) 由于噪声主要集中于最高分辨级 $J-1$，所以可利用中值法对每段系数噪声的标准差做出估计[20]：

$$\mathrm{SD} = \mathrm{median}(W_{J-1,m}) / 0.6745 \tag{6.27}$$

式中，$W_{J-1,m}$ 为最高分辨级小波变换系数，$m = 1,2,\cdots,2^{J-1}$。

(2) 采用变化的阈值对各小波变换系数进行软阈值函数处理，自适应阈值可表示为

$$T_h = \mathrm{SD}\sqrt{2\ln n / n} \tag{6.28}$$

含有非均匀白噪声(均值不变，方差变化)信号的 bumps 信号如图 6.22 所示。对 bumps 原始信号采用 4 级 Harr 平稳小波分解，并使用式(6.23)和式(6.24)中自适

应阈值方法降噪后，重构得到低噪声的信号如图 6.23 所示。

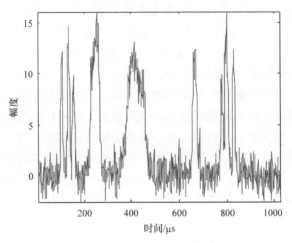

图 6.22　原始含噪的 bumps 信号

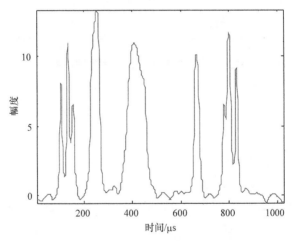

图 6.23　SWT 滤波后的 bumps 信号

对比原始含噪的 bumps 信号和基于 SWT 的自适应降噪方法得到的低噪声信号可以看出，基于 SWT 的自适应降噪方法可以有效抑制信号中的非均匀噪声，突出有效信号。

图 6.24(a)给出了一个标称频率为 100MHz 的高频聚焦探头检测—薄片时的回波信号，可以看出该信号的信噪比不太好，噪声较大。对该信号采用 5 级 Harr 平稳小波分解，使用自适应阈值方法降噪后得到的信号如图 6.24(b)所示，此时信号中的杂波已基本被滤掉，信号可识别度得到了很大的提高，可见基于 SWT 的自适应降噪方法可以有效抑制噪声，突出有效信号。

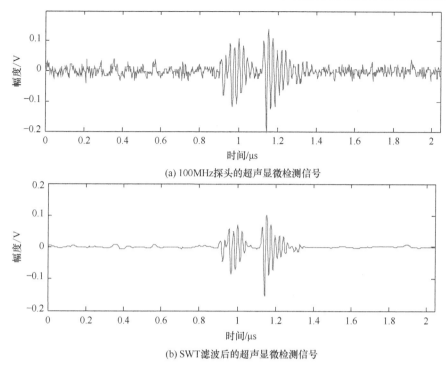

(a) 100MHz探头的超声显微检测信号

(b) SWT滤波后的超声显微检测信号

图 6.24　超声显微中高频探头的回波信号及滤波结果

2. S 变换奇异值消噪方法

1) 奇异值分解理论

矩阵的奇异值是矩阵的固有特征，满足模式识别中特征的稳定性及旋转、比例不变性，奇异值分解(singular value decomposition SVD)消噪方法是一种非线性滤波方法，可以高效消除噪声。本书利用 SVD 对回波信号进行消噪。在对回波信号进行 SVD 分析时，最重要的是构造合适的 Hankel 矩阵，Hankel 矩阵可以由原信号的时域信号、原信号进行小波分解或经验模态分解后的信号构造[21-23]，但针对低信噪比的回波信号，这些方法构造的 Hankel 矩阵不能有效表征有用信号的时频特征，在降噪过程中无法区分回波信号的有用特征奇异值和噪声奇异值，达不到消噪目的。S 变换结合短时傅里叶变换和小波变换的特点，在信号低频段具有高的频域分辨力，在信号高频段具有高的时间分辨力，利用广义 S 变换能够调节回波信号在时间及频率上的分辨力，能够让有用信号的能量和噪声信号的能量分布在不同的时频域内，并且 S 变换可以进行完全没有损失的逆变换[24-26]。所以，对回波信号进行 S 变换后得到的二维时频矩阵所构造的 Hankel 矩阵能够有效地反映信号的时频特征。

奇异值分解实质是对正交矩阵的一种正交变换，是对任意的 $M×N$ 矩阵找到一组正交基，经过变换后仍是一组正交基，原矩阵经过分解后得到一个对角矩阵，对角矩阵的值为该矩阵的奇异值。对于一个 A 为 $m×n$ 的实矩阵的奇异值分解如下[27-29]。

设双线性函数

$$f(x,y) = x^{\mathrm{T}} A y, \quad A \in \mathbb{R}^{n \times n} \tag{6.29}$$

利用线性变换 $x = U\gamma$、$y = V\zeta$、$x = U\xi$、$y = V\eta$，代入式(6.29)为

$$f(x,y) = \gamma^{\mathrm{T}} \Sigma \zeta \tag{6.30}$$

矩阵 Σ 表示为

$$\Sigma = U^{\mathrm{T}} A V \tag{6.31}$$

当矩阵 U 和 V 为正交矩阵时，U 和 V 都有 $n^2 - n$ 个自由度，利用自由度把矩阵 Σ 转换为对角矩阵[30]：

$$\Sigma = \mathrm{diag}(v_1, v_2, \cdots, v_n) \tag{6.32}$$

用矩阵 U 左乘 $\Sigma = U^{\mathrm{T}} A V$，矩阵 V^{T} 右乘 $\Sigma = U^{\mathrm{T}} A V$ 后得出

$$A = U \Sigma V^{\mathrm{T}} \tag{6.33}$$

式(6.33)就是矩阵 A 的奇异值分解，矩阵 Σ 为奇异值矩阵，可以表示为

$$\Sigma = \begin{bmatrix} \Sigma_1 & 0 \\ 0 & 0 \end{bmatrix}, \quad \Sigma_1 = \mathrm{diag}(v_1, v_2, \cdots, v_r) \tag{6.34}$$

式中，满足 $v_1 \geqslant v_2 \geqslant \cdots \geqslant v_r > 0$，$r = \mathrm{rank}(A)$，$v_i(i = 1, 2, \cdots, p)$，$p = \min(m, n)$ 就是矩阵 A 唯一确定的奇异值，并且满足[31]

$$v_i = \min \left\{ \|E\|_{\mathrm{F}} : \mathrm{rank}(A + E) \leqslant i - 1 \right\}, \quad i = 1, 2, \cdots, p \tag{6.35}$$

其中，E 称为误差矩阵。从式(6.35)可以得出，$v_i(i = 1, 2, \cdots, p)$ 和秩减 1 的矩阵 E 有完全相等的 Frobenious 范数。

在对回波信号进行 SVD 分析时，最重要的是构造合适的 Hankel 矩阵，其具体过程如下：

(1) 明确 Hankel 矩阵维数 n。

(2) 从回波信号中提取出一个新的序列 $\{x(1), x(2), \cdots, x(n)\}$ 依次放入到矩阵 A 中第一行。

(3) 在步骤(2)的基础上，矩阵 A 中的第二行中依次放入推迟一个采样点后提取出来的新的序列 $\{x(2), x(3), \cdots, x(n+1)\}$。

(4) 按照(2)和(3)的原理依次类推，当在矩阵 A 中第 m 行的最后的元素为 $x(N)$ 时结束，这样就获得了 $m×n$ 的 Hankel 矩阵，具体表达式为

$$A = \begin{bmatrix} x(1) & x(2) & \cdots & x(n) \\ x(2) & x(3) & \cdots & x(n+1) \\ \vdots & \vdots & & \vdots \\ x(m) & x(m+1) & \cdots & x(N) \end{bmatrix}, \quad N = m+n-1 \tag{6.36}$$

2) 回波信号 S 变换奇异值消噪

设原始回波信号经采样后得到离散时间序列为 $f(t_j)$，噪声离散时间序列为 $\sigma(t_j)$，则检测得到的回波信号可用如下数学模型表示：

$$x(t_j) = f(t_j) + \sigma(t_j), \quad j = 0,1,2,\cdots,N-1 \tag{6.37}$$

对该信号进行广义 S 变换：

$$\begin{aligned} S[p,q] &= \sum_{j=0}^{N-1} x(t_j) \frac{a|q|^b}{\sqrt{2\pi N}} \mathrm{e}^{-\frac{a^2 q^{2b}(p-j)^2}{2N^2}} \mathrm{e}^{\frac{\mathrm{i}2\pi j a q^b}{N}} \\ &= \sum_{j=0}^{N-1} f(t_j) \frac{a|q|^b}{\sqrt{2\pi N}} \mathrm{e}^{-\frac{a^2 q^{2b}(p-j)^2}{2N^2}} \mathrm{e}^{\frac{\mathrm{i}2\pi j a q^b}{N}} \\ &\quad + \sum_{j=0}^{N-1} \sigma(t_j) \frac{a|q|^b}{\sqrt{2\pi N}} \mathrm{e}^{-\frac{a^2 q^{2b}(p-j)^2}{2N^2}} \mathrm{e}^{\frac{\mathrm{i}2\pi j a q^b}{N}} \end{aligned} \tag{6.38}$$

$$A_{(pq)j} = \sum_{j=0}^{N-1} \frac{a|q|^b}{\sqrt{2\pi N}} \mathrm{e}^{-\frac{a^2 q^{2b}(p-j)^2}{2N^2}} \mathrm{e}^{\frac{\mathrm{i}2\pi j a q^b}{N}} \tag{6.39}$$

式中，$p,q = 0,1,2,\cdots,N-1$；广义 S 变换后变换系数为 $A_{(pq)j}$，可用矩阵表示为

$$A_{(pq)j} = \begin{bmatrix} A_{11} & A_{12} & \cdots & A_{1N} \\ A_{21} & A_{22} & \cdots & A_{2N} \\ \vdots & \vdots & & \vdots \\ A_{N1} & A_{N2} & \cdots & A_{NN} \\ A_{(N+1)1} & A_{(N+1)2} & \cdots & A_{(N+1)N} \\ \vdots & \vdots & & \vdots \\ A_{(pq)1} & A_{(pq)2} & \cdots & A_{(pq)N} \end{bmatrix} \tag{6.40}$$

$A_{(pq)j}$ 为信号的时频矩阵，其中列表示信号的采样时间点，行表示信号的频率。将 $A_{(pq)j}$ 作为 SVD 的 Hankel 矩阵进行奇异值分解，根据奇异值的存在定理，矩阵 $A \in \mathbb{R}^{N \times N}$，必有矩阵 $U_{N \times l}$（表示信号的时域特征）、对角矩阵 $\Lambda_{l \times l}$、矩阵 $V_{l \times N}$（表示信号的频域特征），满足

$$S_{N \times N} = U_{N \times l} \Lambda_{l \times l} V_{l \times N}^{\mathrm{T}} \tag{6.41}$$

其中，对角矩阵 $\Lambda_{l\times l}$ 为

$$\Lambda_{l\times l}=\begin{vmatrix} \beta_1 & 0 & \cdots & 0 \\ 0 & \beta_2 & 0 & \vdots \\ \vdots & 0 & & 0 \\ 0 & \cdots & 0 & \beta_l \end{vmatrix} \tag{6.42}$$

式中，$\beta_1,\beta_2,\cdots,\beta_l$ 是 S 矩阵的奇异值且满足 $\beta_1 \geqslant \beta_2 \geqslant \cdots \geqslant \beta_l \geqslant 0$。奇异值的大小表示回波信号主要成分的大小，较大的奇异值表示有用信号，较小的奇异值表示噪声信号。在求解出奇异值后将代表噪声信号的较小的奇异值设置为零，并重构信号就可以对信号进行消噪。对界面回波信号进行奇异值分解消噪的关键是确定去除较小奇异值的个数，如果奇异值去除的个数过多，易导致重构信号的有用特性丢失，如果去除的个数过少，达不到消噪的效果。下面提出利用信息熵增量比值作为奇异值个数取舍的阈值。

将回波信号进行广义 S 变换再进行奇异值分解后得到的奇异值看作信号时频信息的概率分布序列，信息熵可以表示序列复杂性，它的大小可以表示序列概率分布的均匀性，定义的表达式为[32]

$$E_m = \sum_{i=1}^{m}\Delta E_j, \quad m \leqslant l \tag{6.43}$$

$$\Delta E_m = \sum_{i=1}^{m}-\left(\frac{\beta_i}{\sum\limits_{j=1}^{l}\beta_j}\right)\lg\left(\frac{\beta_i}{\sum\limits_{j=1}^{l}\beta_j}\right), \quad m \leqslant l \tag{6.44}$$

式中，E_m 是阶数为 m 时的奇异熵；ΔE_j 是第 j 阶的奇异熵增量。

由式(6.44)计算出 $\Delta E_{m+1}/\Delta E_m$ 的比值 γ，将 γ 作为 Λ 矩阵中 $\beta_1,\beta_2,\cdots,\beta_l$ 保留和去除的阈值，对某 100MHz 回波信号分别添加 20dB、10dB 和 5dB 高斯白噪声后，不同信噪比回波信号的奇异熵增量(ΔE)与阶数的关系如图 6.25 所示。从图 6.25 中可知，信号的信噪比越低，在阶数较小处的 ΔE 越小，在阶数较大处 ΔE 越大，但是随着阶数的变大，不同信噪比的 ΔE 逐渐下降并趋于稳定，$\Delta E_{m+1}/\Delta E_m$ 的比值 γ 随着 ΔE 的稳定而稳定，当 $\gamma=0.9$ 时，对应的有用信号被保留，噪声信号被去除，所以将 $\gamma=0.9$ 作为奇异值取舍的阈值，当 $\Delta E_{m+1}/\Delta E_m$ 大于 0.9 时，保留奇异值 $\beta_1,\cdots,\beta_m$，令奇异值 $\beta_{m+1},\cdots,\beta_l$ 都为零，这样得到新的对角矩阵，将对角矩阵代入式(6.41)得到去除噪声的二维时频矩阵，再通过 S 变换的逆变换得到消噪后的回波信号。一般取 γ 的阈值 $T=0.8\sim0.9$，既可以消除噪声又可以保留有用信息。

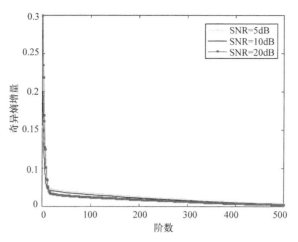

图 6.25　奇异熵增量和阶数的关系

消噪的具体步骤如下：

(1) 输入回波信号；

(2) 对回波信号进行奇异值分解；

(3) 计算回波信号的奇异熵增量 ΔE_m；

(4) 判断 $\Delta E_{m+1}/\Delta E_m$ 的比值 γ 是否大于给定阈值 T，如果小于 T，则保留 β_{m+1}，如果大于阈值 T，则令 $\beta_{m+1}=0$，并重构对角矩阵 Λ'；

(5) 利用式 $S_{N\times N}=U_{N\times l}\Lambda'_{l\times l}V^{\mathrm{T}}_{l\times N}$ 获得新的时频矩阵；

(6) 对获得的时频矩阵进行 S 逆变换；

(7) 获得消噪后信号。

3) 仿真与实验分析

为了验证该消噪算法的有效性和优越性，利用仿真信号和实测的单晶硅材料界面回波信号进行处理，与传统的小波变换软阈值法进行比较，说明本方法的可行性。

(1) 仿真分析。

为评估本方法的有效性，利用式(6.45)进行模拟高频回波信号，首先得到的是无噪声的回波信号，并在该信号上分别施加信噪比为 20dB、10dB、5dB 的高斯白噪声(图 6.26)的信号进行验证。实验分别采用小波软阈值法和本方法对信号消噪，对比两种方法的消噪效果。

$$x(t)=A_i\mathrm{e}^{-\alpha(t-\tau_i)^2}\times\cos\left[2\pi f_i(t-\tau_i)\right]+n(t)，\quad i=1,2,3,\cdots \tag{6.45}$$

式中，A_i 是回波信号的幅值；α 是宽带因子；f_i 是回波信号的中心频率；τ_i 是界面信号的到达时间，取 $i=1,2$。仿真的界面回波信号参数为：$A_1=10$，$f_1=f_2=100\mathrm{MHz}$，$\tau_1=0.4\mu\mathrm{s}$，$A_2=8$，$\tau_2=0.6\mu\mathrm{s}$。

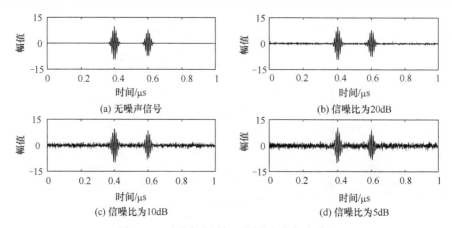

图 6.26　无噪声及添加不同噪声的仿真信号

为了更好地衡量方法对仿真信号消噪后的效果，用信噪比及信噪比增益两个参数进行评估。信噪比计算公式为

$$\text{SNR} = 10\lg \frac{\sum_{i=1}^{N} S^2(t)}{\sum_{i=1}^{N} \left[X(t) - S(t) \right]^2} \tag{6.46}$$

式中，$X(t)$ 和 $S(t)$ 分别是原始含噪信号和消噪后信号；N 是信号的长度，信噪比增益为消噪前后信噪比之差。

信噪比为 20dB、10dB、5dB 时信号的消噪结果分别如图 6.27～图 6.29 所示，从图中可以看出，小波软阈值法在原始信号信噪比较低时消噪后仍然有大量噪声存在，不能很好地去除噪声，而 S 变换奇异值法能够很好地消除噪声且消噪后信号比较平滑。表 6.3 给出了不同信噪比情况下小波软阈值法和 S 变换奇异值法消噪后的信噪比及信噪比增益。由表 6.3 可知，当信噪比为 20dB、10dB、5dB 时，在信噪比较高的情况下，小波软阈值法也可以很好地去除噪声，然而随着信噪比降低，消噪效果下降，信噪比增益变化较小且呈下降趋势；而运用 S 变换奇异值法消噪后信号的 SNR 有很大提升，并且 SNR 越小，消噪后的 SNRG 增长越大，实验结果证明了 S 变换奇异值法消噪的有效性，适合含有大量噪声信号的消噪。

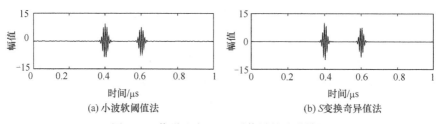

图 6.27　信噪比为 20dB 时信号的消噪结果

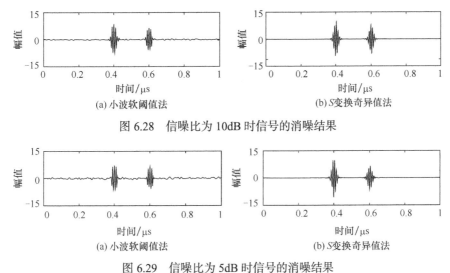

(a) 小波软阈值法　　　　　　　　　　　　(b) S变换奇异值法

图 6.28　信噪比为 10dB 时信号的消噪结果

(a) 小波软阈值法　　　　　　　　　　　　(b) S变换奇异值法

图 6.29　信噪比为 5dB 时信号的消噪结果

表 6.3　消噪后信噪比及信噪比增益　　　　　　　　（单位:dB）

方法	评价指标	20	10	5
本方法消噪	SNR	22.46	13.48	11.90
	SNRG	2.46	3.48	6.90
小波软阈值法消噪	SNR	21.26	12.76	7.64
	SNRG	1.26	2.76	2.64

(2) 实验分析。

图 6.30 所示的信号为超声显微检测得到的界面回波信号。该界面回波信号的获得过程如下：采用超声显微检测系统，试样为两层厚度不同的层状不锈钢结构，超声换能器频率为 100MHz，信号的采样频率为 5GHz。从图 6.30 可以看出，该信号噪声较大，检测频率较高，增益设置较大，使接收到的界面回波信号中的噪声信号也被放大，噪声形成了多个波包,导致难以识别与试样界面对应的回波信号，

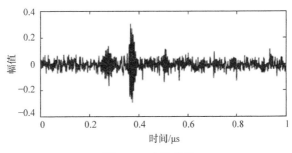

图 6.30　实验信号

应用 S 变换奇异值法消噪后的结果如图 6.31 所示, 应用小波软阈值法消噪后的结果如图 6.32 所示, 结果显示经过 S 变换奇异值法消噪后界面回波信号峰值清晰可见, 可以准确提取界面回波信号的时间及幅值。而小波软阈值法消噪后回波信号失真严重, 实验证明了 S 变换奇异值法的有效性。

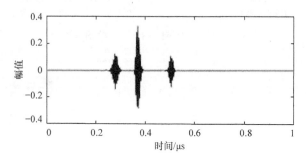

图 6.31　用 S 变换奇异值法消噪后的结果

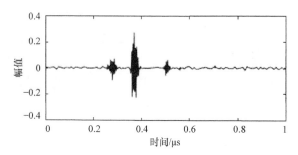

图 6.32　用小波软阈值法消噪后的结果

6.6.2　时频分析方法

实际中遇到的信号往往是时变的, 即信号频率在随时间变化, 而传统的傅里叶变换缺少时域定位的功能, 因此传统的傅里叶变换无法表达信号的时频局域性质。为此, 人们提出了一系列新的时频分析理论及方法, 如短时傅里叶变换(short time fourier transform, STFT)、Wigner-Ville 分布和小波变换等, 这些方法各有特点, 可以在实际应用时灵活选用。本书主要介绍短时傅里叶变换时频分析方法、Wigner-Ville 分布时频分析方法和 S 变换时频分析。

1. 短时傅里叶变换时频分析方法

时频分析方法中最常用的一种方法是短时傅里叶变换方法。短时傅里叶变换的基本思想是：给定一个时间宽度很短的窗函数 $g(t)$ 来截取信号, 假定信号在窗内是平稳的, 采用傅里叶变换来分析窗内信号, 以便确定其在局部时间窗内的频率, 然后沿着信号移动窗函数, 得到信号频率随时间的变化关系。

对于时域信号 $x(t)$，它的 STFT 运算定义如下[19,33]：

$$\text{STFT}_x(t,\omega) = \int_{-\infty}^{+\infty} x(\tau)g^*(\tau-t)\mathrm{e}^{-\mathrm{j}\omega\tau}\mathrm{d}\tau \tag{6.47}$$

式中，$g^*(\tau-t)$ 是 $g(\tau-t)$ 的复共轭；ω 是角频率。

当对信号进行时频分析时，希望它有好的时间分辨力和频率分辨力，但由 Heisenberg 测不准原理可知，时间分辨力和频率分辨力不能同时达到任意小值，它们的乘积受到一定值的限制，即对于有限能量的任意信号，其时频域中时间分辨力与频率分辨力的乘积问题要满足下面的不等式：

$$\Delta t \times \Delta f \geqslant 1/(4\pi) \tag{6.48}$$

式中，Δt 是时间分辨力；Δf 是频率分辨力。

所以，要提高时间分辨力，就不可避免地要降低频率分辨力，反之亦然。短时傅里叶变换以固定的时间窗对信号进行傅里叶变换，从而在每一个时间段表达信号的局部频率特性。实际应用中，一旦选定了窗函数，则时间分辨力和频率分辨力就确定了，但 STFT 对变化着的信号只加相同的窗，所以它不适应信号频率高低变化的不同要求。因此，具有不变窗的短时傅里叶变换只适用于准稳态信号分析的场合，这就使得 STFT 对突变信号和非平稳信号的分析存在一定的局限性。

图 6.33 为使用 20MHz 聚焦探头得到的一个试样的上、下表面回波信号，对该信号使用 STFT 时频分析方法处理，得到的结果如图 6.34 所示。从图 6.34 中可以看出，两个较明显的能量聚集，即两个回波对应的位置，但它在时域上的分辨力不够高。

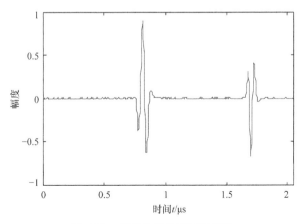

图 6.33　超声显微检测回波信号

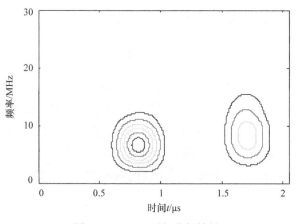

图 6.34　STFT 时频分析结果

2. Wigner-Ville 分布时频分析方法

从本质上说，STFT 是线性时频表示，它不能描述信号的瞬时功率谱密度，此时二次型时频表示就是一种更加直观和合理的信号表示方法，也称为时频分布，其中，Wigner-Ville 分布是常用的一种分布。

Wigner-Ville 分布是分析非平稳时变信号的重要工具之一，在一定程度上解决了 STFT 存在的问题，其定义为信号中心协方差函数的傅里叶变换。Wigner-Ville 分布的重要特点之一是有明确的物理意义，它可被看作信号能量在时域和频域中的分布。

为了提高时刻聚集性，可以对信号的 Wigner-Ville 分布进行加核函数处理，得到新的分布，如伪 Wigner-Ville 分布(pseudo Wigner-Ville distribution，PWVD)、平滑 Wigner-Ville 分布、平滑伪 Wigner-Ville 分布等。现仅介绍伪 Wigner-Ville 分布。与 STFT 对信号的线性表示不同，PWVD 是信号的二次型时频表示，对非平稳信号的适应性更强，可以得到更准确的结果。

对时域信号 $x(t)$ 的 PWVD 变换运算可表示为

$$PWVD_x = \int_{-\infty}^{+\infty} x\left(t+\frac{\tau}{2}\right)x^*\left(t+\frac{\tau}{2}\right)h(\tau)\ e^{-j\omega\tau}d\tau \tag{6.49}$$

式中，$h(\tau)$ 是窗函数，典型的有矩形窗函数、指数函数等。

图 6.35 为使用 PWVD 时频分析方法对图 6.22 中的回波信号进行时频分析后的结果。由图可以看出两个较明显的能量聚集，即两个回波信号对应的位置，而且在时域上的分辨力明显比 STFT 要高。

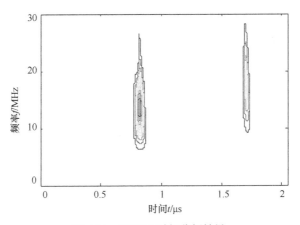

图 6.35　PWVD 时频分析结果

3. S 变换时频分析

对于一维连续信号 $x(t)$，它的 S 变换定义为[34,35]

$$S(\tau,f) = \frac{|f|}{\sqrt{2\pi}} \int_{-\infty}^{+\infty} x(t) e^{\frac{f^2(\tau-t)^2}{2}} e^{-j2\pi ft} dt \tag{6.50}$$

高斯窗函数 $w(t,f)$ 为

$$w(t,f) = \frac{|f|}{\sqrt{2\pi}} e^{\frac{f^2 t^2}{2}} \tag{6.51}$$

且满足

$$\int_{-\infty}^{\infty} w(t,f) dt = 1 \tag{6.52}$$

在式(6.51)中引入参数 a、b，分别调节时间与频率的分辨力，则 $w(t,f)$ 变换为

$$w(t,f,a,b) = \frac{a|f|^b}{\sqrt{2\pi}} e^{\frac{a^2 f^{2b} t^2}{2}} \tag{6.53}$$

将式(6.53)代入式(6.50)中，就得到信号的广义 S 变换：

$$S(\tau,f,a,b) = \frac{a|f|^b}{\sqrt{2\pi}} \int_{-\infty}^{+\infty} x(t) e^{\frac{a^2 f^{2b}(t-\tau)^2}{2}} e^{-j2\pi ft} dt \tag{6.54}$$

已知一维连续信号 $x(t)$ 的傅里叶变换为

$$X(f) = \int_{-\infty}^{+\infty} x(t) e^{-j2\pi ft} dt \tag{6.55}$$

对 S 变换公式(6.50)在时间上积分，有

$$\int_{-\infty}^{+\infty} S(\tau,f)\mathrm{d}\tau = \int_{-\infty}^{+\infty}\left[\int_{-\infty}^{+\infty} x(t)\frac{|f|}{\sqrt{2\pi}}\mathrm{e}^{-\frac{f^2(t-\tau)^2}{2}}\mathrm{e}^{-\mathrm{j}2\pi ft}\mathrm{d}t\right]\mathrm{d}\tau \tag{6.56}$$

$$= \int_{-\infty}^{+\infty} x(t)\,\mathrm{e}^{-\mathrm{j}2\pi ft}\mathrm{d}t = X(f)$$

$X(f)$ 为信号 $x(t)$ 的傅里叶变换，所以从本质上来讲，S 变换也是一种傅里叶变换，并且 S 变换的逆变换可以通过傅里叶变换而求得

$$\int_{-\infty}^{+\infty} X(f)\,\mathrm{e}^{\mathrm{j}2\pi ft}\mathrm{d}f = \int_{-\infty}^{+\infty}\left[\int_{-\infty}^{+\infty} S(\tau,f)\mathrm{d}t\right]\mathrm{e}^{\mathrm{j}2\pi ft}\mathrm{d}f = x(t) \tag{6.57}$$

信号 $x(t)$ 的傅里叶变换为

$$\mathrm{FT}(\tau,f) = \int_{-\infty}^{+\infty} x(t)w(\tau-t)\mathrm{e}^{-\mathrm{j}2\pi ft}\mathrm{d}t \tag{6.58}$$

式中，$w(t)$ 是与频率无关的高斯窗函数，其表达式可以表示为

$$w(t,\phi) = \frac{1}{\sqrt{2\pi}\phi}\mathrm{e}^{-\frac{t^2}{2\phi^2}} \tag{6.59}$$

ϕ 是频率尺度调节因子；τ 是时移因子，若将 $\phi = 1/f$ 代入式(6.59)，得出的结果与式(6.51)相同。

S 变换同小波变换也存在一定关系，一维连续信号 $x(t)$ 的小波变换为

$$W(\tau,a) = \frac{1}{\sqrt{a}}\int_{-\infty}^{+\infty} x(t)\omega_{a,\tau}\left(\frac{t-\tau}{a}\right)\mathrm{d}t \tag{6.60}$$

式中，$\omega_{a,\tau}\left(\dfrac{t-\tau}{a}\right)$ 是小波母函数；τ 和 a 分别是时移因子和尺度因子。当 $\omega_{a,\tau}\left(\dfrac{t-\tau}{a}\right)$ 选用高斯窗函数 $\omega_{a,\tau}(t) = \dfrac{1}{\sqrt{2\pi}}\mathrm{e}^{-\frac{t^2}{2}}$ 时，信号的小波变换为

$$W(\tau,a) = \frac{1}{\sqrt{a}}\int_{-\infty}^{+\infty} x(t)\frac{1}{\sqrt{2\pi}}\mathrm{e}^{-\frac{(t-\tau)^2}{2a^2}}\mathrm{d}t \tag{6.61}$$

在式(6.61)等号左右两侧乘上相位修正因子 $\mathrm{e}^{-2\pi at}$，并令 $a = \dfrac{1}{f}$，其中同时对幅值 $\sqrt{f}$ 修正后得到与式(6.51)相同的表达式。

经过 S 变换或者广义 S 变换后得到的是信号的时频矩阵，其中列代表信号的时间，行代表信号的频率，这将有利于对检测信号进行时频分析，调节 a、b 的大小可以得到信号在时间及频率上的不同分辨力。

由超声显微检测技术能够检测微结构及薄层构件的特点可知，检测界面回波

信号很容易形成叠加，信号的峰值时间及幅值大小等信号特征不容易获得。为了解决这个问题，利用 S 变换及广义 S 变换对超声显微检测得到的回波信号进行分析。

图 6.36 是通过超声显微检测系统得到的一个回波信号，采样频率为 1GHz，换能器中心频率为 100MHz，利用 S 变换对其进行分析。对该信号进行 S 变换、广义 S 变换、STFT 及 PWVD 变换的时频图结果如图 6.37～图 6.42 所示。

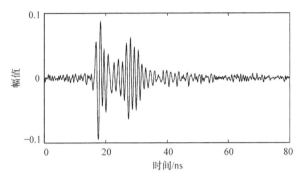

图 6.36　检测回波信号时域波形图

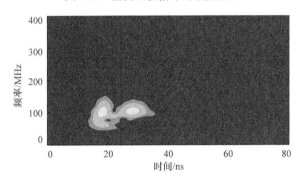

图 6.37　S 变换时频图($a=1,b=1$)

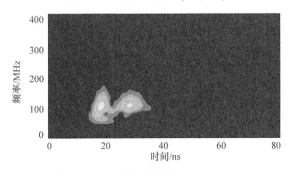

图 6.38　S 变换时频图($a=1.2,b=0.9$)

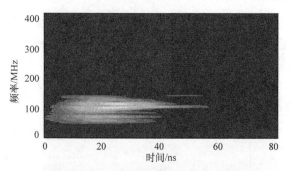

图 6.39 广义 S 变换时频图(a=0.9,b=0.6)

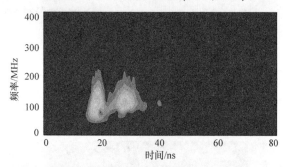

图 6.40 广义 S 变换时频图(a=0.9,b=1.1)

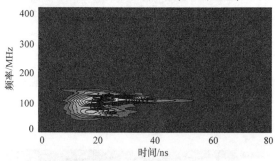

图 6.41 STFT 时频图

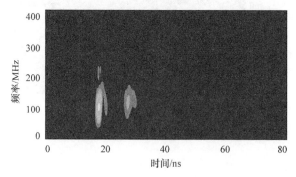

图 6.42 PWVD 变换时频图

图 6.37 是 $a=1$、$b=1$ 时信号的 S 变换时频图。S 变换实质是广义 S 变换中的一种特殊情况，从图 6.37 中可以看出，S 变换有很好的时间分辨力。图 6.38 为 $a=1.2$、$b=0.9$ 时信号的 S 变换时频图，相比图 6.37 的时间分辨力高。图 6.39 为 $a=0.9$、$b=0.6$ 时信号的 S 变换时频图，从图中可以看出，频率有两个条状的能量带，说明频率的分辨力高。图 6.40 为 $a=0.9$、$b=1.1$ 时信号的 S 变换时频图，从图中可以看出，在频率上有高频噪声的存在，并且时间也有两个条状的能量带，说明时间分辨力和频率分辨力较好。通过设置不同的 a、b 值就可以全面地分析检测回波信号在时频域上的能量分布，证明 S 变换能够对信号的特定区域进行时频聚焦。图 6.41 和图 6.42 分别为 STFT 时频图和 PWVD 时频图，从图中可以看出 STFT 窗口一定，整体性相对较好，但是不能对信号的局部时频特性进行分析，而 PWVD 时频变换时间分辨力较高，但频率分辨力较低，不能对信号的频域局部特性进行分析。

6.6.3　盲解卷积方法

超声显微检测时接收到的回波信号除了与被测件的特性(缺陷、厚度、界面结合强度等)有关，还与高频聚焦换能器的特性(尤其是超声显微检测时换能器频率较高，衰减严重)、检测时高频聚焦换能器与被测件的相对位置及耦合液(一般为水)的状态等一系列因素相关。为了应对高频信号的衰减，提高增益后噪声也会被放大，随着传播距离和材料性质的变化，得到的回波信号中噪声强度也会发生变化，这就导致接收到的回波信号的有用信息微弱，常用的信号处理方法不能很好地识别回波多次叠加的情况。

1. 超声信号卷积模型

超声显微利用反射法进行检测时接收到回波信号的过程比较复杂，高频电脉冲经过激励高频超声换能器由逆压电效应产生超声波，超声波穿过耦合液到达被测件并在被测件的内部传播，当遇到反射界面反射时，反向传回高频超声换能器由压电效应转换为电信号。设最终高频超声换能器接收到的回波信号 $y(t)$ 为[36,37]

$$y(t) = J(t)K_a(t)R_a(t)x(t)R_b(t)K_b(t) + \sigma(t) \tag{6.62}$$

式中，$J(t)$ 是系统高频激励脉冲；$K_a(t)$ 和 $K_b(t)$ 分别是高频超声换能器的电-机响应及机-电响应；$R_a(t)$ 和 $R_b(t)$ 是超声显微检测系统的正反向传输特性；$x(t)$ 是高频超声在被测试样中的传输特性(接收到的反射系数分布序列)；$\sigma(t)$ 是噪声。

那么式(6.62)中的 $J(t)$、$K_a(t)$、$K_b(t)$、$R_a(t)$、$R_b(t)$ 就是超声显微检测系统在检测时各环节的响应特性，即超声显微检测系统时间响应 $h(t)$ 为

$$h(t) = J(t)K_a(t)R_a(t)R_b(t)K_b(t) \tag{6.63}$$

所以，式(6.62)的卷积模型变为

$$y(t) = h(t) \otimes x(t) + \sigma(t) \tag{6.64}$$

超声显微检测利用反射法对试样进行检测时获得的反射系数 $x(t)$ 是一组稀疏序列，其离散表达式为

$$x(n) = \sum_{i=1}^{M} A_i \xi(n - \tau_i), \quad n = 1, 2, \cdots, N \tag{6.65}$$

式中，ξ 是单位激励信号；M 是 $x(n)$ 不为 0 的个数；A_i 是对应第 i 个反射系数的幅值；τ 是相邻介质间的传播时间。

由反射系数的推导过程可知，分层结构的超声波反射和透射为不同次数叠加的结果，且叠加的情况主要由材料属性和分层结构几何属性确定，其传播机制相对复杂，受到多种因素的影响和干扰。实测信号 $y(t)$ 由多次叠加的上表面波、底面回波(对于无缺陷时的信号，为多次底面回波)、缺陷回波(或者分层回波)及各种噪声信号组成，如果能够从最终接收的检测回波信号 $y(t)$ 中降低噪声 $\sigma(t)$ 和系统响应 $h(t)$ 的影响，就可以得到反射序列，根据反射序列就可以得到回波信号的到达时间和个数，并且能够对回波叠加情况下的回波信号进行分离，从而提高超声显微检测系统的检测分辨力。

2. 最小熵解卷积

由回波信号的卷积模型可知，对超声显微检测到的信号解卷积计算后可将叠加的回波信号分离并得到反射系数序列，传统的解卷积方法要求系统响应是最小相位的，但是回波信号是非最小相位的，导致了系统时间响应不稳定，以致系统时间响应的逆也不稳定，这样就不能求出反射系数序列的最优解，而最小熵解卷积(minimum entropy deconvolution，MED)在输出序列满足稀疏性的情况下对系统响应没有要求。

超声显微检测利用反射法对试样进行检测时获得的反射系数 $x(t)$ 是一组稀疏序列，依据信息论对熵的定义，超声显微检测的回波信号反射序列的稀疏程度越好，其熵就越小。将式(6.64)离散后的表达式为

$$y(n) = h(n) \otimes x(n) + \sigma(n) \tag{6.66}$$

假设忽略噪声影响，$x(n)$ 在与 $h(n)$ 卷积后熵增大，存在一个逆滤波器 $f(n)$，能够在 $y(n)$ 中还原 $x(n)$。$f(n)$ 性能越好，还原的 $x(n)$ 越简单，它的熵就越小，而 MED 的原理就是找到最优 $f(n)$。Wiggins[38]利用 $x(n)$ 的范数来度量序列熵的大小，利用 $O_2^4(f(n))$ 作为目标函数来求得最优结果，即 MED 为 $f(n)$ 范数 $O_2^4(f(n))$ 最大，表示为

$$\frac{\partial O_2^4(f(n))}{\partial f(n)} = 0 \tag{6.67}$$

假如 $f(n)$ 的长度是 L，则 $x(n) = f(n)y(n)$ 为

$$x(n) = \sum_{m=1}^{L} f(m)y(n-m) \tag{6.68}$$

那么式(6.67)表示为

$$\frac{\sum\limits_{n=1}^{N} x^2(n)}{\sum\limits_{n=1}^{N} x^4(n)} \sum_{n=1}^{N} x^3(n)y(n-m) = \sum_{q=1}^{L} f(q) \sum_{n=1}^{N} y(n-l)y(n-p) \tag{6.69}$$

式(6.69)用矩阵形式表示后为

$$b = Af \tag{6.70}$$

式中，$b = \left[\dfrac{\sum\limits_{n=1}^{N} x^2(n)}{\sum\limits_{n=1}^{N} x^4(n)} \sum\limits_{n=1}^{N} x^3(n)y(n-m) \right]^{\mathrm{T}}$；$A = \sum\limits_{n=1}^{N} y(n-l)y(n-p)$ 是 $y(n)$ 的自相关矩阵。

对 $b = Af$ 进行迭代运算，就可以获得逆滤波器矩阵：

$$f = A^{-1}b \tag{6.71}$$

通过最小熵解卷积得到最优结果的目的是通过迭代找到逆滤波器使反射序列达到理想的稀疏性，超声显微检测中产生噪声的因素较多，而最小熵解卷积对于噪声比较敏感，在考虑噪声因素的情况下，最小熵解卷积迭代后获得的结果稀疏性并没有达到最优，特别是在反射回波较小的情况下，不能对微弱信号进行有效检出。

针对以上问题，对最小熵解卷积法进行改进，设计了一个非线性加权函数，同时设计了两个调节参数以对该函数进行灵活变换，这种变换得到的反射系数与原来的最小熵解卷积法得到的结果对比，其稀疏度是增大的，有效排除了噪声的干扰。带调节参数的非线性变换函数为

$$\hat{x}(n) = \frac{w(n)}{\sum\limits_{i=1,i\neq n}^{N} w(i)} - \frac{w(n)}{\sum\limits_{i=1}^{N} w(i)} \tag{6.72}$$

式中，$w(n) = a[x(n)]^b$，a 和 b 为调节参数，并且 $a>1$，$b>1$。

当 $x(n)$ 由噪声生成时，其值与较大的尖脉冲相比较小，则

$$\frac{w(n)}{\sum\limits_{i=1,i\neq n}^{N} w(i)} - \frac{w(n)}{\sum\limits_{i=1}^{N} w(i)} \approx 0 \tag{6.73}$$

当 $x(n)$ 由少数大的尖脉冲生成时，则

$$\frac{w(n)}{\sum\limits_{i=1,i\neq n}^{N}w(i)} - \frac{w(n)}{\sum\limits_{i=1}^{N}w(i)} > 0 \tag{6.74}$$

调节 a、b 的值能够使结果信号的反射序列变大、噪声信号变小，尖脉冲与噪声的对比更明显，能达到抑制噪声的目的。

改进后的最小熵解卷积法的实现过程如下：

(1) 给定信号的方差 ε；

(2) 计算 $y(n)$ 的自相关矩阵 A 及其逆矩阵，初始化滤波器 f^0 系数为 1；

(3) 计算输出信号 $x(n) = f^0 y(n)$；

(4) 计算 $w(n)$，并应用变换 $d(n) = \hat{d}(n)$；

(5) 计算矩阵 b；

(6) 更新滤波器系数 $f^{-1} = (A - \varepsilon^2 I)^{-1} b$；

(7) 判断阈值，将信号高阶统计量的峭度值作为判别参数，计算如下：

$$k(j) = \sum_{1}^{n} x_n^4 \bigg/ \left(\sum_{1}^{n} x_n^2 \right)^2 \tag{6.75}$$

式中，j 是迭代次数，比较 $k(j) - k(j-1)$ 与阈值的大小，当其小于阈值时，就停止迭代，否则，回到步骤(3)继续迭代。

最小熵解卷积法实际算例见 8.2.3 节。

参 考 文 献

[1] 刘中柱. 超声显微检测原理与技术[D]. 北京: 北京理工大学, 2012.

[2] 门伯龙. 用于电子封装检测的超声显微扫查技术研究[D]. 北京: 北京理工大学, 2011.

[3] 彭凯. 超声显微测量与校准技术研究[D]. 北京: 北京理工大学, 2014.

[4] EVa D K, Willis J R. Mapping stress with ultrasound[J]. Nature, 1996, 384: 52-55.

[5] Foster J. High resolution acoustic microscopy in superfluid helium[J]. Physica B+C, 1984, 126(1-3): 199-205.

[6] Meeks S W, Peter D, Horne D, et al. Microscopic imaging of residual stress using a scanning phase-measuring acoustic microscope[J]. Applied Physics Letters, 1989, 55(18): 1835-1837.

[7] 陈戈林, 董方源, 王国功. 相位成象声显微镜的研制及应用[J]. 无损检测, 2001, 33(9): 375-379.

[8] Ma L, Bao S, Lv D, et al. Application of c-mode scanning acoustic microscopy in packaging[C]. International Conference on Electronic Packaging Technology, 2007.

[9] Briggs A, Kolosov O. Acoustic Microscopy[M]. New York: Oxford University Press, 2009.

[10] 王治乐, 张伟, 龙夫年. 衍射受限光学合成孔径成像系统像质评价[J]. 光学学报, 2005,

25(1): 35-39.

[11] Canumalla S. Resolution of broadband transducers in acoustic microscopy of encapsulated ics: Transducer selection[J]. IEEE Transactions on Components and Packaging Technology, 1999, 22(4): 582-592.

[12] Hadimioglu B, Quate C F. Water acoustic microscopy at suboptical wavelengths[J]. Applied Physics Letters 1983, 43(11): 1006-1007.

[13] Heiserman J, Rugar D, Quate C F. Cryogenic acoustic microscopy[J]. The Journal of the Acoustical Society of America, 1980, 67: 1629-1637.

[14] Hadimioglu B, Foster J S. Advances in superfluid helium acoustic microscopy[J]. Journal of Applied Physics, 1984, 56(7): 1976-1980.

[15] Meo M, Zumpano G. Nonlinear elastic wave spectroscopy identification of impact damage on a sandwich plate[J]. Composite Structures, 2005, 71(3-4): 469-474.

[16] Rose J L. Ultrasonic Waves in Solid Media[M]. Cambridge: Cambridge University Press, 2004.

[17] 张吉先, 钟秋海, 戴亚平. 小波门限消噪法应用中分解层数及阈值的确定[J]. 中国电机工程学报, 2004, 24(2): 118-122.

[18] Donoho D L. De-noising by soft-thresholding[J]. IEEE Transactions on Information Theory, 1995, 41(3): 613-627.

[19] 许寒晖. 复合板超声导波检测理论与技术[D]. 北京: 北京理工大学, 2011.

[20] 孙延奎. 小波分析及其应用[M]. 北京: 机械工业出版社, 2004.

[21] 李亚安, 王洪超, 陈静. 基于奇异谱分解的水声信号降噪方法研究[J]. 系统工程与电子技术, 2007, 29(4): 524-527.

[22] 刘建国, 李志舜, 刘乐. 基于平稳小波变换及奇异值分解的湖底回波分类[J]. 声学学报, 2006, 31(2): 167-172.

[23] 曾祥, 周晓军, 杨辰龙, 等. 基于经验模态分解和 S 变换的缺陷超声回波检测方法[J]. 农业机械学报, 2016, 47(11): 414-420.

[24] Mansinha L, Stockwell R G, Lowe R P. Pattern analysis with two-dimensional spectral localisation: Applications of two-dimensional S transforms[J]. Physica A, 1997, 239(1-3): 286-295.

[25] McFadden P D, Cook J G, Forster L M. Decomposition of gear vibration signals by the generalised S transform[J]. Mechanical Systems and Signal Processing, 1999, 13(5): 691-707.

[26] Schimmel M, Gallart J. The inverse S-transform in filters with time-frequency localization[J]. Transactions on Signal Processing, 2005, 53(11): 4417-4422.

[27] Gan J Y, Zhang Y W. A study of singular value decomposition of face image matrix[C]. Neural Networks and Signal Processing, 2003:197-199.

[28] Cai H C, Xu C G, Zhou S Y. Study on the thick-walled pipe ultrasonic signal enhancement of modified S-transform and singular value decomposition[J]. Mathematical Problems in Engineering, 2012, 52(3): 351-363.

[29] Beltrami E. Sulle funzioni bilineari[J]. Giomale di Mathematiche and Uso Studenti Delle Uninersita, 1873, (11): 98-106.

[30] 张贤达. 矩阵分析与应用[M]. 北京: 清华大学出版社, 2004.

[31] 郑安总. 奇异值分解在微弱信号检测中的应用[D]. 天津: 天津大学, 2014.

[32] Shannon C E. A mathematical theory of communication[J]. The Bell System Technical Journal, 1948, 27(3):379-433.

[33] 葛哲学, 陈仲生. Matlab 时频分析技术及其应用[M]. 北京: 人民邮电出版社, 2006.

[34] Stockwell R G, Mansinha L, Lowe R P. Localization of the complex spectrum: The S transform [J]. Transactions on Signal Processing, 1996, 44(4): 998-1001.

[35] Pinnegar C R, Mansinha L. The S-transform with windows of arbitrary and varying shape[J]. Geophysics, 2003, 68(1): 381-385.

[36] 郭建中, 林书玉. 超声检测中维纳逆滤波解卷积方法的改进研究[J]. 应用声学, 2005, 24(2): 97-102.

[37] Olofsson T, Stepinski T. Minimum entropy deconvolution of at-tenuated pulse-echo signals[J]. Journal of the Acoustical Society of America, 2001, 109(6): 2831-2839.

[38] Wiggins R A. Minimum Entropy Deconvolution[J]. Geoexploration, 1978, 16(1-2): 21-35.

第 7 章 $V(z)$曲线检测方法

7.1 概　述

基于窄频超声显微镜的定量检测最先由 Weglein 提出，他在研究中发现信号幅值-离焦距离曲线，也称$V(z)$曲线，它与材料的固有弹性属性相关。因此，他将$V(z)$曲线称为声特性曲线，并提出利用该曲线确定 Rayleigh 波速，实现了金膜-硅基体样本 Rayleigh 波速的测量，还根据所测声速确定了金膜厚度，其实验结果与理论预测较为吻合。尽管 Weglein 只给出了非常基本的理论分析和简单的薄层厚度测量，但其研究首次将超声显微镜应用至表层评估，开创了超声显微镜应用的全新领域[1-3]。

在 Weglein 的开创性工作的基础上，Parmon 和 Bertoni 考虑镜面反射场和固/液界面处激发的泄漏表面波场的干涉(图 7.1)[4,5]，推导得到了更为精确的 $V(z)$曲线表达式，给出了利用 $V(z)$曲线得到的表面波速的公式：

$$V_{\mathrm{R}} = \frac{v_{\mathrm{W}}}{\left[1 - \left(1 - \frac{v_{\mathrm{W}}}{2f\Delta z} \right)^{\frac{1}{2}} \right]^{\frac{1}{2}}} \tag{7.1}$$

式中，Δz 是 $V(z)$曲线的振动周期；V_{R} 和 v_{W} 分别是表面波波速和耦合液波速；f是超声信号频率。

随后，Bertoni[6]充分考虑各种衰减的影响，利用 Ray-Optic 理论推导得到了更为严谨的计算结果，并解释了各种衰减因子对 $V(z)$曲线形状的影响，其实验结果与理论预测相吻合。该模型表明声透镜的结构参数和样本的声学特性都会影响$V(z)$曲线的形状，为声透镜的选择提供了一种依据。在 Weglein、Parmon 和 Bertoni 等的基础性工作之后，泄漏 Lamb 波和泄漏 Rayleigh 波被广泛应用于薄层材料定征，实现了包括薄层厚度、弹性属性的测量以及黏结强度等的检测和评估。Kushibiki 等[7-9]首次系统性描述了使用线聚焦超声探头实现材料定征的问题，开创了超声显微镜技术实现各向异性材料定征的先河，并完成了蓝宝石基体上 SiO₂薄层和单硼硅薄层等不同材料的 Rayleigh 波速和衰减的测量，他的实验结果表明，Rayleigh 波速的测量误差在 0.22%以内，但衰减测量误差较大，达 20%。此外，他们还指出通过拟合泄漏的波模态传播特性可实现基体相和薄层材料弹性属性的确定，但并未给出任何实验数据。Kundu 等[10,11]使用反演技术并定征了薄层材料厚度和弹性常数及多层薄层结构的厚度，通过数值仿真验证了该方法的有效性，但使用该反演技术时需要事先选择数据匹配参考点和参量初始值。Lee 等[12,13]使用线聚焦探头测量了试样的表面波波速和衰减，并根据所测结果确定了基体和薄层的弹性常数和密度，该方法同时适用于各向同性材料和各向异性材料。理论分析表明，密度准确定征依赖衰减系数的高精度测量，由于衰减的影响因素非常复杂，实现高精度衰减测量往往非常困难，所以限制了密度测量的实际应用。

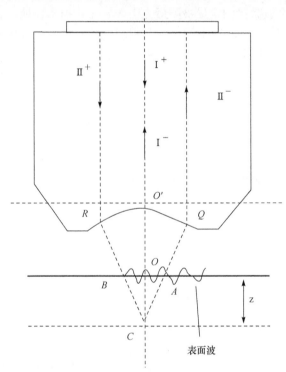

图 7.1　声透镜的几何截面及 $V(z)$ 曲线形成机理

另外，超声显微镜技术也广泛应用于薄层结构黏结强度的评估。Bray 等[14]发现，由于界面声波反射不均匀，玻璃基体上铬薄层的图像亮度也不均匀，并认为黏结质量是图像对比度的来源之一，首次提出超声显微镜具有薄层黏结强度定征的潜力，但理论模型过于简单，无法很好地解释实验结果。Addison 等[15,16]使用 200MHz 超声波测量了两个薄层结构 Rayleigh 波速，研究发现这两个样本所测 Rayleigh 波速不相同，并认为这种差异有可能是界面黏结质量所引起的。Mal 和 Weglein[17,18]研究了铍基体上钛薄层样本的 Rayleigh 波速在 22～45MHz 的频散特性，并通过实验验证了界面黏结质量对表面波波速的影响，提出了可以据此评估界面黏结的质量。Parthasarathi 等[19]使用 600MHz 声波研究了钛基体上类金刚石硬质碳薄层的黏结质量，实验结果和理论分析表明，表面波频散特性具有定征界面黏结质量的潜力，但其实验数据较为有限。Guo 等[20]使用 100~250MHz 声波研究各种黏结条件的薄层-基体结构，并证明界面黏结质量可以改变表面波的频散特性。总之，超声显微镜激发的泄漏表面波可以用于薄层材料属性的定征，研究工作也取得了较大进展，但由于激发的表面波类型繁多，还涉及复杂的波型模态转换。因此，其定征机理非常复杂，需要进一步理论解释而限制了其实际应用。

除表面波波速之外，超声显微镜技术还可以通过测量反射系数来实现薄层材料定征。Atalar 最先通过角谱法建立波场模型[21-23]，如图 7.2 所示，通过理论分析和推导，建立了 $V(z)$曲线与反射系数之间的关系式：

$$V(z) = \int_0^{+\infty} u^2(r) P^2(r) R\left(\frac{r}{f_d}\right) e^{-ikzr^2/(f_d^2 r)} dr \tag{7.2}$$

式中，P 是声透镜瞳函数；R 是样本的反射系数；k 是耦合液波数；z 和 f_d 分别是离焦距离和焦距长度。该模型建立了 $V(z)$曲线和样本反射系数之间的关系，广泛应用于 $V(z)$曲线的理论分析和仿真研究，也为超声显微镜的另一个重要定征手段——反射系数重构应用提供了理论依据[21-23]。

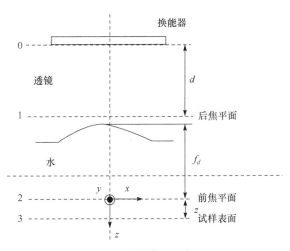

图 7.2 波场模型示意图

Liang 等[24]将干涉模型和波场模型相结合，得到了新的 $V(z)$曲线算法，并根据 $V(z)$曲线反演确定待测样本的反射系数，实现了金箔-石英基体的反射系数测量，其实验结果和理论分析吻合，验证了该算法的有效性。同时，他们指出，通过反射系数和数值分析可以实现薄层材料厚度定征，但并未给出具体实验验证。尽管该研究仅给出非常简单的理论分析，但首次将超声显微镜应用于反射系数测量，开创了超声显微镜定征的又一新领域。Xü 等[25]使用低频点聚焦换能器测量了各种基体材料和叠层结构的反射系数谱，在获取超声回波信号幅值和相位信息的基础上，得到了待测样本的复 $V(z)$ 曲线，并经过相应的信号处理重构样本的反射系数，实验测量结果与理论计算结果相符，验证了该方法的有效性和可行性。相比于常规有限声束反射系数的测量，该方法不仅提高了角分辨率，也消除了临界角非镜面反射的影响，并可通过分析反射系数的极小值确定各种薄层结构的表面波模态。此外，他们指出，通过数字信号处理手段可以提高测量精度，但未给出相应的实验验证。随后，Duquesne[26]将超声显微镜反射系数测量技术进一步扩展至高频段，并考虑了耦合液衰减和表面对焦偏差等因素的影响，使用 300MHz 超声显微镜测量了水/石英界面的反射系数，实验结果与理论计算得到的反射系数相一致。但回波相位的绝对值对外部环境的温度变化和表面对焦偏差非常敏感，使得该方法对实验条件要求较高，若要得到准确结果，需要精确测量对焦偏差及严格保证温度的稳定性。

7.2 材料弹性常数检测方法

材料的弹性常数分别为：泊松比(υ)、杨氏模量(E)、剪切模量(G)和体积模量(K)，它们反映了材料内部原子结合力的大小。测量材料的弹性常数，对于材料的制备工艺分析、性能研究或服役控制具有重要的意义。通过对纵波和表面波波速的同时测量，可实现材料的弹性常数无损检测。根据弹性动力学理论可知[9]，在材料中，超声波纵波(c_L)、横波(c_T)及表面波(c_R)的传播速度取决于材料的密度(ρ)和材料的弹性常数。对于无限大各向同性固体材料，有

$$c_L = \sqrt{\frac{E}{\rho}} \cdot \sqrt{\frac{1-\upsilon}{(1+\upsilon)(1-\upsilon)}} \tag{7.3}$$

$$c_T = \sqrt{\frac{G}{\rho}} = \sqrt{\frac{E}{\rho}} \cdot \sqrt{\frac{1}{2(1+\upsilon)}} \tag{7.4}$$

$$c_R \approx \frac{0.89 + 1.12\vartheta}{1+\vartheta} \sqrt{\frac{E}{\rho}} \cdot \sqrt{\frac{1}{2(1+\upsilon)}} \tag{7.5}$$

由式(7.3)和式(7.5)可得

$$\left(2.5088 \frac{c_L^{\,2}}{c_R^{\,2}} - 2\right)\upsilon^3 + \left(2.6432 \frac{c_L^{\,2}}{c_R^{\,2}} - 2\right)\upsilon^2 - \left(0.4350 \frac{c_L^{\,2}}{c_R^{\,2}} - 2\right)\upsilon$$
$$- \left(0.7569 \frac{c_L^{\,2}}{c_R^{\,2}} - 2\right) = 0 \tag{7.6}$$

由此可知，若同时测得材料的纵波速度和表面波速度，即可求得泊松比υ，进而在密度ρ已知的情况下，可由式(7.7)～式(7.9)求得各弹性常数。

$$E = \frac{c_L^2(1+\upsilon)(1-2\upsilon)\rho}{1-\upsilon} \tag{7.7}$$

$$K = \frac{E}{3(1-2\upsilon)} \tag{7.8}$$

$$G = \frac{E}{2(1+\upsilon)} \tag{7.9}$$

7.3　材料各向异性检测

材料的力学行为主要由反映材料在各种条件下的应力-应变响应特性所确定，而对材料力学行为的正确认识，对其安全、可靠使用十分重要。目前，各向异性材料的力学性能检测方法分为静态检测方法和动态检测方法。声学检测法作为各向异性材料力学性能的动态检测方法，基于声波在材料中的传播特性与材料力学性能之间的本构关系，通过测量声波波速反演材料力学性能[27]。

材料弹性常数超声测量系统(图 7.3)主要由线聚焦追声法探头、精密运动机构、超声脉冲产生／接收仪、数字化仪和控制计算机组成。

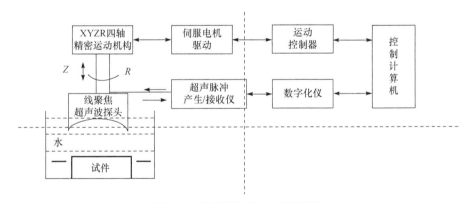

图 7.3　超声测量系统组成框图[28]

其测量原理是通过柱面线聚焦探头将发射的超声波聚焦在焦平面上，将试件置于探头下方，声波被试件表面反射，并经探头接收转换为回波电压信号 V。当探头移近试件表面时，试件表面偏离焦平面形成散焦，此时在回波电压信号中，不仅存在直接反射纵波 D 和底面反射纵波 B，而且存在临界角入射时经波形转换获得的沿试件表面传播、泄漏到耦合剂中的漏表面波 R，如图 7.4 所示。

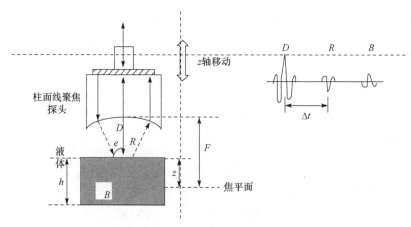

图 7.4　柱面线聚焦探头产生直接反射波 D、漏表面波 R 和底面反射波 B 的传播示意图[6]

　　通过连续改变散焦距离 z，可获得回波电压信号幅度随散焦距离 z 变化的 $V(z)$ 曲线。$V(z)$ 曲线随着散焦距离增大而单调衰减的同时呈现出以 Δz 为周期的周期振荡，这种周期性的变化是由材料表面产生的漏表面波和纵波之间的干涉而产生的。通过测量 $V(z)$ 曲线的周期性变化，进而可测得漏表面波波速：

$$c_{\mathrm{R}} = c_{\mathrm{W}} \left[1 - \left(\frac{c_{\mathrm{W}}}{2 f \Delta z} \right)^2 \right]^{\frac{1}{2}} \tag{7.10}$$

式中，f 是声波信号的频率；c_{W} 是耦合剂中纵波波速，通常采用水浸法，即为水中纵波速度。

　　但事实上，Δz 很难精确测定。Xiang[29]提出以测量漏表面波信号 R 与直接反射波 D 到达的时间差 Δt 随散焦距离 z 之间的线性关系(斜率 $m=z/\Delta t$)来确定漏表面波波速的方法。在 m 被确定之后，漏表面波波速可由式(7.11)确定：

$$c_{\mathrm{R}} = c_{\mathrm{W}} \left[1 - \left(\frac{c_{\mathrm{W}}}{2 m} \right)^2 \right]^{\frac{1}{2}} \tag{7.11}$$

　　纵波波速则根据直接反射波 D 和底面反射回波 B 之间的时间差及试件的厚度测定：

$$c_{\mathrm{L}} = \frac{2h}{t_B - t_D} \tag{7.12}$$

式中，h 是试件厚度；$(t_B - t_D)$ 是底面反射回波 B 与直接反射回波 D 的时间差。

　　对于微观组织和织构在各个方向呈现出相同物理特性的各向同性材料，只测出一个方向的性能，即可表征材料的特性。对于材料微观组织和织构在各个方向呈现出不同物理特性的各向异性材料(如横观各向同性材料)，则需通过多方向测量横波波速或表面波波速，求取不同方向的性能，来表征材料的各向异性。

　　基于以上原理，宋国荣等[30]开展了小试件材料弹性常数超声测量方法的研究，以钛合金材料为对象，采用超声测量方法与常规实验方法测量其弹性常数并对比研究发现，将弹性常数超声测量方法应用于工程领域，克服了常规拉伸试验的破坏性实验的不足，可实现材料力学性能的无损检测，满足高成本材料实际测量应用的需要。他们还对钛合金材料的杨氏模量进行了超声测试，并与拉伸试验测试结果进行了对比。

　　试件尺寸为121.5mm×16mm×1.98mm，材料密度为$\rho = 4.44\times10^3\,\mathrm{kg/m^3}$。在室温下采用超声测量，常温水中纵波波速取$c_W = 1.48\mathrm{km/s}$。表 7.1 为超声测量方法重复测量 5 次的结果和平均值。表 7.2 为采用 RSA250(德国)250kN 电子万能试验机采用拉伸试验重复测量 3 次的结果和平均值。

表 7.1　钛合金材料杨氏模量的超声测量结果

序号	纵波波速/(km/s)	表面波波速/(km/s)	泊松比	杨氏模量/GPa
1	6.146	3.003	0.309	121.434
2	6.122	2.980	0.311	119.709
3	6.028	2.985	0.301	119.567
4	6.202	3.026	0.308	123.397
5	6.167	3.007	0.310	121.842
平均值	6.133	3.000	0.308	121.190

表 7.2　钛合金材料杨氏模量的拉伸试验结果

序号	试件编号	拉伸试验温度	试样直径/mm	杨氏模量/GPa
1	1-7-1	常温	10	121.4
2	1-7-2	常温	10	116.1
3	1-7-3	常温	10	118.4
平均值				118.6

　　对比两种测量方法的实验结果可以看出，对于钛合金材料杨氏模量，超声测量结果 121.190GPa 与常规力学拉伸试验测量结果 118.6GPa 基本吻合，差值仅为2.59，表明小试件材料弹性常数超声测量方法可以实现工程材料弹性常数的实际测量。此外，超声测量方法与拉伸试验方法相比，测试过程方便快捷，且对试件无破坏性，可重复测量，实现了试件力学性能的无损检测。

参 考 文 献

[1] Weglein R D, Wilson R G. Characteristic material signatures by acoustic microscopy[J].

Electronics Letter, 1978, 14(12): 352-354.

[2] Weglein R D. A model for predicting acoustic material signature[J]. Applied Physics Letters, 1979, 34(3): 179-181.

[3] Weglein R D. Acoustic microscopy applied to SAW dispersion and film thickness measurement[J]. IEEE Transactions on Ultrasonics, Ferroelectrics, and Frequency Control,1980, 27(2): 82-96.

[4] Bertoni H L, Tamir T. Unified theory of Rayleigh-angle phenomena for acoustic beams at liquid-solid interfaces[J]. Journal of Applied Physics,1973,2: 157-172.

[5] Parmon W, Bertoni H L. Ray interpretation of the material signature in the acoustic microscope[J]. Electronics Letter, 1979, 15(12): 684-686.

[6] Bertoni H L. Ray-optical evaluation of $V(z)$ in the reflection acoustic microscope[J]. IEEE Transactions on Ultrasonics, Ferroelectrics, and Frequency Control, 1984, 31(1): 105-116.

[7] Kushibiki J, Maehara H, Chubachi N. Measurements of acoustic properties for thin films[J]. Journal of Applied Physics,1982,53(8)：5509-5513.

[8] Kushibiki I, Ohkubo A, Chubachi N. Theoretical analysis for $V(z)$ curves obtained by acoustic microscope with line·focus beam[J]. Electronics Letters, 1982, 18(15)：663-665.

[9] Kushibiki J, Chubachi N. Material characterization by line focus-beam acoustic microscope[J]. IEEE Transactions on Ultrasonics, Ferroelectrics, and Frequency Control, 1985, 32(2): 189-212.

[10] Kundu T. Inversion of acoustic material signature of layered solids[J]. Journal of Acoustic Society of America,1992, 91(2): 591-600.

[11] Kundu T. A complete acoustic microscopic analysis of multilayered specimens[J]. Journal of Applied Mechanics, 1992, 59(1): 54-60.

[12] Lee Y C , Kim J O, Achenbach J D. Acoustic microscopy measurement of elastic constants and mass density[J]. IEEE Transactions on Ultrasonics, Ferroelectrics, and Frequency Control, 1995, 42(2):253-264.

[13] Lee Y C, Achenbach J D, Nystrom M J, et al. Line-focus acoustic microscopy measurement of Nb_2O_5/MgO and $BaTiO_3$/$LaAlO_3$ thin-film/substrate configurations[J]. IEEE Transactions on Ultrasonics, Ferroelectrics, and Frequency Control, 1995, 42(3)：376-380.

[14] Bray R C, Quate C F, Calhoun J, et al. Film adhesion studies with the acoustic microscope[J]. Thin Solid Films, 1980, 74(2)：295-392.

[15] Addsion Jr R C, Somekh M G, Rowe J M, et al. Characterization of thin-film adhesion with the scanning acoustic microscope[C]. Proceedings of SPIE-The Internation Society for Optical Engineering, 1987：275-284.

[16] Addison R C, Marshall D B. Correlation of thin. film bond compliance and bond fracture resistance[J]. Review of Progress in Quantitative Nondestructive Evaluation, 1998, 7B: 1185-1194.

[17] Mal A K, Weglein A K. Characterization of film adhesion by acoustic microscopy[J].Review of Progress in Quantitative Nondestructive Evaluation, 1989, 7B:903-910.

[18] Weglein R D, Mal A K. A study of layer adhesion by acoustic microscopy[C]. IEEE Ultrasonic Symposium, Denver, 1987.

[19] Parthasarathi S, Tittmann B R, Ianno R J. Quantitative acoustic microscopy for characterization

of the interface strength of diamond-like carbon thin films[J]. Thin Solid Films, 1997, 300(1-2): 42-50.

[20] Guo Z, Achenbach J D, Madan A, et al. Modeling and acoustic microscopy measurements for evaluation of the adhesion between a film and a substrate[J]. Thin Solid Films, 2001, 394(1-2): 188-200.

[21] Atalar A. An angular-spectrum approach to contrast in reflection acoustic microscopy[J]. Journal of Applied Physics,1978, 49(11)：5130-5139.

[22] Atalar A. A physical model for acoustic signatures[J]. Journal of Applied Physics, 1979, 50(12)：8237-8239.

[23] Atalar A. A backscattering formula for acoustic transducers[J]. Journal of Applied Physics, 1980, 51(6): 3093-3098.

[24] Liang K K, Kino G S, Khuri-Yakub B T. Material characterization by the inversion of *V(z)*[J]. IEEE Transactions on Ultrasonics, Ferroelectrics,and Frequency Control, 1985, 32(2)：213-234.

[25] Xü W J, Ourak M. Angular measurement of acoustic reflection coefficient for substrate materials and layered structures by *V(z)* technique[J]. NDT&E International, 1997, 30(2): 75-83.

[26] Duquesne J Y. Invemion of complex *v(z)* at high-frequencies for acoustic microscopy[J]. Review of Scientific Instrument, 1996, 67: 2656-2657.

[27] 简念保. 金属和非金属材料力学性能的超声研究[J]. 中山大学学报(自然科学版), 1998, 37(2): 65-67

[28] Viktorov I A. Rayleigh and Lamb Wave：Physical Theory and Application[M]. New York: Plenum Press, 1967.

[29] Xiang D, Hsu N N, Blessing G V. A simplified ultrasonic immersior technique for materials evaluation[J]. Materials Evaluation, 1998, 56(7): 854-859.

[30] 宋国荣, 何存富, 黄壶, 等. 小试件材料弹性常数超声测量方法的研究[J]. 应用基础与工程科学学报, 2007, 15(2): 226-233.

第8章 微结构尺寸超声显微测量

超声显微测量包括横向尺寸和纵向尺寸的测量。横向尺寸指的是超声换能器轴线垂面方向上的尺寸。将被测构件置于超声显微镜下，进行 C 扫查并获得内部微结构的图像，通过对图像的分析处理即可得到微结构的横向尺寸信息。纵向尺寸指的是超声换能器轴线方向上的尺寸，即显微测量中超声波传播方向的尺寸。将被测构件置于超声显微镜下，进行 A 扫查并获得微结构两个界面反射的回波信号，通过对回波信号的时间差和速度的分析处理即可得到微结构的纵向尺寸信息。微结构尺寸的标准样品通常可以使用硅片材料制作，便于刻蚀制作。

8.1 基于 C 扫查图像的横向尺寸测量方法

图像测量技术是以现代光学、声学为基础，融计算机图像学、信息处理、计算机视觉等技术为一体的现代测量技术。以图像处理技术为核心的图像测量技术广泛应用于测量领域[1]，本节对基于超声显微图像测量横向尺寸的技术进行介绍。

8.1.1 测量原理

超声图像可用矩阵 $f(x,y)$ 表示，即

$$f(x,y) = \begin{bmatrix} f(1,1) & f(2,1) & \cdots & f(m,1) \\ f(1,2) & f(2,2) & \cdots & f(m,2) \\ \vdots & \vdots & & \vdots \\ f(1,n) & f(2,n) & \cdots & f(m,n) \end{bmatrix} \tag{8.1}$$

式中，m 是 x 方向的像素点数；n 是 Y 方向的像素点数；$f(x,y)$ 是图像在点(x,y)处的灰度值。

超声图像中的每个像素点是紧邻的，对应被检样品上的相应采样点，因而超声图像中的像素点近似代表了实际工件中以相应采样点为中心、以采样间隔为边长的正方形区域，即每个像素宽度等于扫查间距，而被测尺寸的长度数值等于图像测量得到的像素值乘以扫查间距。

横向尺寸是指与超声换能器轴线方向垂直平面上的尺寸，即扫查显微测量中扫查方向的尺寸。采用 C 扫查的方式，可实现闸门深度内微结构的横向尺寸测量。

如图 8.1 所示，在 C 扫查过程中，在结构形状突变处，扫查声信号的幅值也会发生突变，在扫查图像上表现为颜色或灰度的突变，通过对成像数据进行处理，找到对应结构形状特征界面的数据突变点，根据这些数据点对应的扫查位置，即可测出结构形状的尺寸。

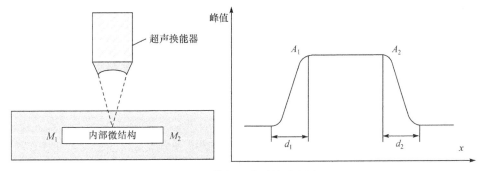

图 8.1　横向尺寸测量示意图

如图 8.1 所示，成像数据中的 A_1、A_2 突变对应结构界面 M_1、M_2，设 A_1、A_2 对应扫查位置为 x_1、x_2，则被测结构界面 M_1、M_2 间的距离 L 为

$$L = x_2 - x_1 \tag{8.2}$$

由于超声图像中的每个像素点与扫查中的每个采样点相对应，即超声图像的像素点与扫查数据点逐一对应，所以通过测量像素点之间的距离即可线性地得到对应的横向尺寸。通过测量超声图像所对应的像素点 x_1、x_2 对应的像素数，再乘以扫查间距 δ 得到横向尺寸数值 $L=(x_2-x_1)\delta$。

8.1.2　超声图像处理

横向尺寸测量的基础是超声图像，图像测量就是在测量被检测对象时，把图像当作检测和传递的手段加以利用的测量方法，目的是从图像中提取有用的信号，处理被测物体图像的边缘纹理而获得物体的几何参数，从而实现对被测物体的尺寸测量。因此，图像处理技术成为横向尺寸测量的基础和关键[2]。

1. 图像增强

在成像过程中，一些因素的影响会使图像产生失真，如图像对比度降低和图像模糊等，为提高超声图像质量，需要进行增强处理。从不同途径获取的图像，通过进行适当的增强处理，可以将原本模糊不清甚至根本无法分辨的原始图像处理成清晰的富含大量有用信息的可使用图像，有效地去除图像中的噪声、增强图像中的边缘或其他感兴趣的区域，从而更加容易地对图像中感兴趣的目标进行检测和测量[3]。图像增强的方法包括滤波、锐化处理及直方图均衡化等。

1) 中值滤波

中值滤波(median filter)在过滤噪声的同时能很好地保护边缘轮廓的信息，对干扰脉冲和点状噪声有着良好的抑制作用。中值滤波一般采用含有奇数个点的滑动窗口，用滑动窗口中各点灰度值的中值来替代指定点的灰度值。对于奇数个元素，中值是指按大小排序后的中间数值。对于偶数个元素，中值是指排序后中间两个元素灰度值的平均值。二维中值滤波输出为

$$g(x,y) = \text{median}\{f(x-k, y-l)\}, \quad k,l \in W \tag{8.3}$$

式中，$f(x,y)$、$g(x,y)$分别是原始图像和处理后图像；W是二维模板，通常为区域，也可以是不同的形状，如线状、圆形、十字形、圆环形等。在实际使用窗口时，窗口的尺寸一般先用 3×3 像素再取 5×5 像素逐渐增大，直到滤波效果满意为止，一般来说，窗口尺寸较大时，除噪声受到抑制外，平均化的效果强，但边缘信息会受到损失。图 8.2(a)是一幅对陶瓷电子封装内部结构的超声显微 C 扫查图像，原始图像上存在一些噪声点(如图中一些黑色小点)。图 8.2(b)为经过中值滤波后的图像，图像中已看不到噪声点，图像质量也未下降，可见经过中值滤波后原图像中的噪声点得到了有效抑制，而图像细节得到了较好的保留。

(a) 原始图像　　　　　　　　　　　　　　(b) 中值滤波图像

图 8.2　中值滤波

2) 基于 Q 学习的超声显微图像滤波

超声显微检测系统在检测过程中不可避免地受到噪声的影响，因此通过 C 扫查得到的超声图像的分辨力和对比度会受到影响。一般 C 扫查图像中含有加性噪声和乘性噪声。加性噪声一般指电子设备(如放大器)产生的高斯白噪声；乘性噪声主要由被检测对象的表面粗糙度和材料内部不均匀的大小大于超声波波长的散射体引起的回波信号互相干扰而产生的斑点噪声。为了对超声显微图像进行滤波，通常先利用 Q 学习将几种典型的图像滤波方法进行融合，然后对超声图像进行滤

波。Q 学习属于强化学习中比较重要的一种学习方法，其核心是将检测出的实时数据代入更新的公式中，并对提前定义的 Q 函数(性能函数)进行学习，最后获得最优解[4]。

强化学习的核心是通过 Agent 选择动作后作用于环境，环境对这个动作给予响应产生新的环境，并产生一个强化信号(奖励或惩罚)反馈给 Agent，Agent 根据强化信号和环境当前状态再选择下一个动作，选择的原则是使受到正强化(奖励)的概率增大。选择的动作不仅影响立即强化值，而且影响环境下一时刻的状态及最终的强化值，使 Agent 在与环境的交互学习过程中得到目标的最优动作[5-8]。

在 Q 学习中，设定 s 为状态，a 为动作，r 为立即回报，π 为策略，$Q(s_t,a_t)$ 为状态-动作函数(也称为累积回报函数)，表示在状态 s_t 下执行动作 a_t 并依据策略 π 来反映动作所得到的回报。Q 学习的学习过程如图 8.3[9]所示。

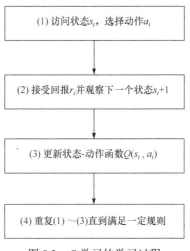

图 8.3　Q 学习的学习过程

Q 学习的更新公式为

$$Q(s_t,a_t) = Q(s_t,a_t) + \alpha\left[r_t + 1 + \lambda_{\max}Q(s_t+1,a_t) - Q(s_t,a_t)\right] \tag{8.4}$$

式中，α 是学习率；$\lambda_{\max}$ 是折扣率。

在对图像滤波的过程中，因噪声不同或者滤波目的不同将产生不同的滤波方法，但每种滤波方法都有优缺点。Q 学习能够融合这些滤波方法针对不同的图像选择相应的滤波器进行滤波。

假设 D_0 为原始图像，D_i 为第 i 种滤波方法得到的滤波后图像($i=1,2,\cdots,n$)，输出图像 D_{out} 可以表示为 D_0 与 $D_i(i=1,2,\cdots,n)$ 的线性加权和，表达式为

$$D_{\text{out}} = \beta_0 D_0 + \beta_1 D_1 + \cdots + \beta_n D_n = \sum_{i=0}^{n}\beta_i D_i \tag{8.5}$$

式中，β_i 是第 i 种滤波方法的权值，满足

$$0 \leqslant \beta_i \leqslant 1, \quad \sum_{i=0}^{n} \beta_i = 1 \tag{8.6}$$

利用 Q 学习修改 β_i，Agent 对每个图像进行学习，最终对每个输入图像选择最优的 β_i 能够使最终输出的图像达到滤波要求。Q 学习必须定义状态、行动和回报，定义 Q 矩阵的行为状态，列为动作。

状态用选择的 n 种图像滤波方法的滤波结果叠加表示，即

$$D_{\text{out}} = \beta_0 D_0 + \beta_1 D_1 + \cdots + \beta_n D_n = \sum_{i=0}^{n} \beta_i D_i \tag{8.7}$$

本书选用中值滤波、二维 S 变换滤波和深度卷积神经网络滤波三种滤波器进行测试。

中值滤波的原理是把图像中某点的灰度值用该点领域中每个点的灰度值进行从小到大排列后的数列中的中间灰度值数据来代替。中值滤波是一种非线性的平滑滤波过程，当模板中存在椒盐噪声(或脉冲噪声)时，取模板的中值能够将这些噪声点去掉，并且利用模板的中值代替过程中不会产生新的像素，能够保持图像的轮廓。中值滤波可以很好地滤除椒盐噪声(或脉冲噪声)，但对高斯白噪声滤波效果不理想。中值滤波流程图如图 8.4 所示。

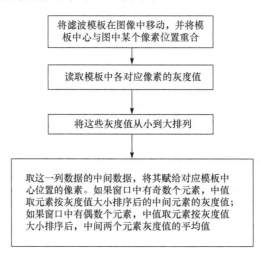

图 8.4　中值滤波流程图

二维 S 变换同一维 S 变换一样在时间和频率上具有较高的分辨力，并有相关学者将 S 变换应用到图像的滤波[10-13]。本书将第 6 章中一维信号的 S 变换奇异值

滤波方法的原理应用到二维图像的滤波中具有一样的效果，下面对原理进行简单介绍。

第 6 章中推导了一维 S 变换与傅里叶变换的关系，可知 S 变换本质上也是傅里叶变换，基于此将一维 S 变换推广到二维 S 变换。

对于二维图像信号 $h(x,y)$ ，它的傅里叶变换 $H(k_x,k_y)$ 可以表示为[14]

$$H(k_x,k_y)=\int_{-\infty}^{+\infty}\int_{-\infty}^{+\infty}h(x,y)\mathrm{e}^{-\mathrm{i}2\pi(k_xx+k_yy)}\mathrm{d}x\mathrm{d}y \qquad (8.8)$$

它的傅里叶逆变换表示为

$$h(x,y)=\int_{-\infty}^{+\infty}\int_{-\infty}^{+\infty}H(k_x,k_y)\mathrm{e}^{\mathrm{i}2\pi(k_xx+k_yy)}\mathrm{d}k_x\mathrm{d}k_y \qquad (8.9)$$

那么它的 S 变换可以表示为

$$S(x,y,k_x,k_y)=\int_{-\infty}^{+\infty}\int_{-\infty}^{+\infty}h(x,y)\frac{|k_x||k_y|}{2\pi}\mathrm{e}^{\frac{(y'-y)^2k_y^2+(x'-x)^2k_x^2}{2}}\mathrm{e}^{-\mathrm{i}2\pi(k_xx'+k_yy')}\mathrm{d}x'\mathrm{d}y' \qquad (8.10)$$

将式(8.8)和式(8.9)进行整合后得出

$$H(k_x,k_y)=\int_{-\infty}^{+\infty}\int_{-\infty}^{+\infty}S(x,y,k_x,k_y)\mathrm{d}x\mathrm{d}y \qquad (8.11)$$

将式(8.11)表示为傅里叶频谱运算表达式为

$$S(x,y,k_x,k_y)=\int_{-\infty}^{+\infty}\int_{-\infty}^{+\infty}H(\alpha+k_x,\beta+k_y)\mathrm{e}^{\frac{2\pi^2\alpha^2}{k_x^2}}\mathrm{e}^{\frac{2\pi^2\beta^2}{k_y^2}}\mathrm{e}^{\mathrm{i}2\pi(\alpha x+\beta y)}\mathrm{d}\alpha\mathrm{d}\beta \qquad (8.12)$$

对式(8.12)进行简化后，得

$$S(x,y,k_x,k_y)=F_y\left\{w(y-y,k_y)\cdot F_x\left[I(x,y)\cdot w(x-x,k_x)\right]\right\} \qquad (8.13)$$

式中，F_x 和 F_y 分别表示图像沿着 x 轴方向及 y 轴方向的傅里叶变换；k_x、k_y 表示二维 S 变换中的频域变量。

令 $h(xT_x,yT_y)$ 为离散二维图像，T_x、T_y 表示二维图像沿 x 轴和 y 轴的抽样间隔，将该信号表示为二维 S 变换的表达式为

$$S\left[xT_x,yT_y,\frac{n}{NT_x},\frac{m}{MT_y}\right]=\sum_{n'}^{N-1}\sum_{m'}^{M-1}H\left[\frac{n'+n}{NT_x},\frac{m'+m}{MT_y}\right]\mathrm{e}^{-\frac{2\pi^2n'^2}{n^2}}\mathrm{e}^{\frac{\mathrm{i}\pi^2n'x}{N}}\mathrm{e}^{-\frac{2\pi^2m'^2}{m^2}}\mathrm{e}^{\frac{\mathrm{i}\pi^2m'x}{M}} \qquad (8.14)$$

式中，$m\neq0$ ；$n\neq0$ 。$h(xT_x,yT_y)$ 的傅里叶变换表达式为

$$H\left[\frac{n}{NT_x},\frac{m}{MT_y}\right]=\frac{1}{M}\sum_{y=0}^{m-1}\frac{1}{N}\sum_{x=0}^{n-1}S\left[xT_x,yT_y,\frac{n}{NT_x},\frac{m}{MT_y}\right] \qquad (8.15)$$

其二维 S 变换的逆变换可以表示为

$$
\begin{aligned}
&h(xT_x, yT_y) \\
&= \frac{1}{M^2}\sum_{y'=0}^{M-1}\sum_{m=0}^{M-1}\frac{1}{N^2}\sum_{x'=0}^{N-1}\sum_{n=0}^{N-1}S\left[x'T_x, y'T_y, \frac{n}{NT_x}, \frac{m}{MT_y}\right]\exp\left(\frac{\mathrm{i}2\pi nx}{N}\right)\exp\left(\frac{\mathrm{i}2\pi my}{M}\right)
\end{aligned}
\tag{8.16}
$$

带有噪声的二维图像在经过 S 变换后,得到的二维数据矩阵中行矩阵 F 表示时间特性,列矩阵 G 表示频率特性,利用二维奇异值方法对 S 变换得到的二维数据矩阵 $\{A_i^{\Omega}\}_{i=0}^{m-1}$ 进行奇异值分解,计算出 F 和 G 的特征矩阵 U_{2d} 和 V_{2d} ,将 A_i^{Ω} 投影到对角系数矩阵 A_i^{Ω} 后得到 $A_i = U_{2d}^{\mathrm{T}} A_i^{\Omega} V_{2d}$,这时 A_i^{Ω} 的主要信息分布在对角系数矩阵 A_i^{Ω} 上,其中较大的奇异值代表图像的有用信息,较小的奇异值表示噪声,再利用第 6 章中的奇异值熵增量的方法对奇异值进行取舍后得到新的对角系数矩阵 A_i^{Ω} ,再将得到的新对角矩阵带回到 $A_i^{\Omega} = U_{2d}^{\mathrm{T}} A_i^{\Omega} V_{2d}$ 就可以求出滤波后的二维数据矩阵,再对图像进行二维 S 逆变换得到滤波后的图像。二维 S 变换图像滤波流程图如图 8.5 所示。

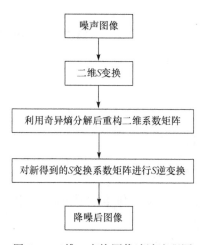

图 8.5　二维 S 变换图像滤波流程图

卷积神经网络(convolutional neural networks, CNN)属于深度学习的一种,它具有极强的稳定性和泛化性,能够实现权值共享,从而减少训练过程中映射的参数量,且网络结构相对简单,在图像处理方面得到了很好的应用[15-17]。但是,卷积神经网络只能对经过训练的噪声图像进行处理,而不能对未经过训练的噪声图像进行滤波。深度卷积神经网络(DnCNN)克服了这个问题,能够实现自适应滤波,主要是先用少量具有不同噪声强度的图像对网络模型进行训练,经过训练的网络模型能够对没有经过训练的噪声值进行滤波[18,19]。

DnCNN 模型包括卷积层(Conv)、激活函数(ReLU)、BN(bath normalization)层和残差层。DnCNN 滤波流程图如图 8.6 所示[20]。

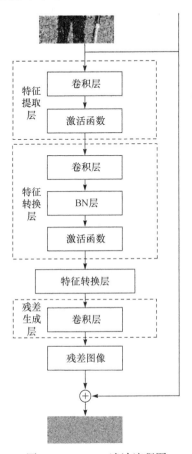

图 8.6   DnCNN 滤波流程图

对该模型进行简单描述，对于高斯滤波模型 $y = u + v$，通过残差学习训练残差映射 $R(y) \approx v$，这时 $u = y - R(y)$，利用均方误差 MSE 作为损失函数：

$$L(\Theta) = \frac{1}{2N} \sum_{i=1}^{N} \left\| R(y_i; \Theta) - (y_i - u_i) \right\|^2 \tag{8.17}$$

式中，Θ 是训练参数；$\left\| R(y_i; \Theta) - (y_i - u_i) \right\|^2$ 是噪声训练图像减去干净样本图像，N 为训练的样本数量。

设该模型的总层数为 D，该方法第一步利用特征提取层(Conv+ReLU)对图像进行特征值提取，该层主要由 64 个 3×3 滤波器进行特征提取，第二步通过特征转换层(Conv+BN+ReLU)对提取出的图像特征值进行映射，该层利用 64 个大小为 3×3×64 的滤波器生成64个特征图像，第三步通过残差生成层(Conv)计算残差图像。

Q 学习过程中利用中值滤波、二维 S 变换滤波及深度卷积神经网络滤波三种滤波器对输入的噪声图像滤波后与噪声图像进行线性加权和作为 Q 学习的状态。Agent 通过调节三种滤波器的 β_i 值来获得最优解。

奖励和惩罚利用动作前和动作后图像滤波后的评价值来定义，如果动作后图像的评价指标提升，则给予奖励，反之则给予惩罚。本书采用均方误差状态-行动进行评价。

均方误差用来评价滤波图像与原始图像在每个像素上的相似度。均方误差越小，表示滤波后图像与原始图像越相似。其表达式为

$$\text{MSE} = \frac{1}{M \times N} \sum_{i=1}^{M} \sum_{j=1}^{N} \left[h(i,j) - f(i,j) \right] \tag{8.18}$$

式中，M 和 N 是图像的行数和列数；$M×N$ 是图像的像素个数；$h(i,j)$ 是滤波后图像像素值；$f(i,j)$ 是原始图像像素值。

MSE 越小表示滤波效果越好，定义

$$\delta = \rho(\text{MSE}_{r+1} - \text{MSE}_r) \tag{8.19}$$

式中，ρ 是调节系数；MSE_{r+1} 是动作后均方误差；MSE_r 是动作前均方误差。若 δ 为负，则说明融合图像的权重在动作后得到优化，应给予奖励；若 δ 大于等于零，则说明融合图像的权重在动作后变差，应给予惩罚。

为了进一步对算法的效果进行评价，利用峰值信噪比和结构相似度两个参数对滤波后图像进行评价。

峰值信噪比(PSNR)用来衡量信号最大功率与噪声功率的比值，单位用 dB 表示。其表达式为

$$\text{PSNR} = 10\lg \frac{\text{MAX}^2 \times M \times N}{\sum_{i=1}^{M} \sum_{j=1}^{N} \left[h(i,j) - f(i,j) \right]^2} \tag{8.20}$$

式中，MAX 表示图像的最大像素值，其余参数定义同式(8.18)中。

用结构相似度(SSIM)来比较两幅图像的相似度，其中，$\text{SSIM} \in [0,1]$，SSIM 越接近 1 代表两幅图像的相似度越高。

结构相似度的表达式为

$$\mathrm{SSIM}(f,g)=\frac{(2\mu_f\mu_g+C_1)(2\sigma_{fg}+C_2)}{(\mu_f^2+\mu_g^2+C_1)(\mu_f^2+\mu_g^2+C_2)} \tag{8.21}$$

式中，μ_f 是图像的平均亮度：

$$\mu_f=\frac{1}{M}\sum_{i=1}^{M}f_i \tag{8.22}$$

其中，f_i 是像素值，M 是像素个数；σ_{fg} 为图像的协方差：

$$\sigma_{fg}=\frac{1}{M-1}\sum_{i=1}^{M}(f_i-\mu_f)(f_i-\mu_g) \tag{8.23}$$

C_1、C_2 是保持稳定的常数：

$$C_1=(K_1\times L)^2,\quad C_2=(K_2\times L)^2 \tag{8.24}$$

其中，L 是像素的动态范围，K_1=0.01，K_2=0.03。

σ_f 为图像的标准方差：

$$\sigma_f=\sqrt{\frac{1}{M}\sum_{i=1}^{M}(f_i-\mu_f)^2} \tag{8.25}$$

综上所述，Q 学习融合滤波的图像滤波流程如图 8.7 所示。

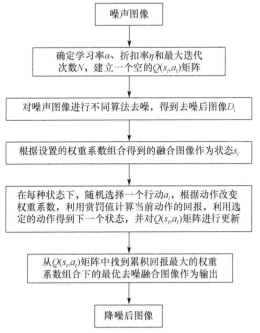

图 8.7　Q 学习融合滤波的图像滤波流程

为了验证滤波效果，在对图像单独添加不同程度的高斯白噪声、乘性噪声、椒盐噪声，以及同时添加三种噪声后，利用中值滤波、S 变换滤波、深度卷积神经网络滤波及 Q 学习融合滤波方法对图象进行滤波。

首先对 cameraman 图像添加不同程度的高斯白噪声。图 8.8 显示了原图、添加噪声方差为 0.02 的高斯白噪声后的噪声图及经各种方法滤波后的结果图。表 8.1 列出了添加不同程度高斯白噪声并滤波后的评价指标结果。从图 8.8 中可以看出，中值滤波后仍然有大量噪声存在，滤波效果最差；S 变换滤波能够消除大量噪声，但不够平滑；DnCNN 滤波效果较好，但其滤波效果与 Q 学习融合法不易区分。从评价指标可以看出，Q 学习融合法相比其他三种方法具有较小的均方误差、较大的峰值信噪比和结构相似度。综合得出，对于高斯白噪声，Q 学习融合法的滤波效果优于中值滤波、S 变换滤波和 DnCNN 滤波的效果。

(a) 原图	(b) 噪声图	(c) 中值滤波
(d) S变换滤波	(e) DnCNN滤波	(f) Q学习融合法

图 8.8　高斯白噪声的噪声方差为 0.02 时的实验结果

表 8.1　添加不同程度高斯白噪声且滤波后的结果

噪声方差	0.02	0.02	0.02	0.06	0.06	0.06
评价指标	PSNR	SSIM	MES	PSNR	SSIM	MES
中值滤波	22.46	0.53	49.72	19.10	0.27	63.26
S 变换滤波	25.12	0.65	44.19	22.42	0.54	44.29

续表

噪声方差	0.02	0.02	0.02	0.06	0.06	0.06
DnCNN 滤波	26.28	0.75	41.12	23.28	0.60	45.38
Q 学习融合法	26.79	0.76	35.69	24.12	0.64	43.86

　　对 cameraman 图像分别添加不同程度的乘性噪声。图 8.9 显示了原图、添加噪声方差为 0.02 的乘性噪声后的噪声图及经各种方法滤波后的结果图。表 8.2 列出了添加噪声方差为 0.02 和 0.06 的乘性噪声且滤波后得到的评价指标。从图 8.9 中可以看出，中值滤波后仍然有大量噪声存在，滤波效果最差；S 变换滤波能够消除大量噪声，但不够平滑；DnCNN 滤波效果较好，但其滤波效果与 Q 学习融合法不易区分。从评价指标可以看出，Q 学习融合法相比其他三种方法具有较小的均方误差、较大的峰值信噪比和结构相似度。综合得出，对于乘性噪声，Q 学习融合法滤波的效果优于中值滤波、S 变换滤波和 DnCNN 滤波。

(a) 原图　　　　　　　　　　(b) 噪声图　　　　　　　　　　(c) 中值滤波

(d) S变换滤波　　　　　　　(e) DnCNN滤波　　　　　　　(f) Q学习融合法

图 8.9　乘性噪声的噪声方差为 0.02 时的实验结果

表 8.2　添加不同程度乘性噪声且滤波后的结果

噪声方差	0.02	0.02	0.02	0.06	0.06	0.06
评价指标	PSNR	SSIM	MES	PSNR	SSIM	MES
中值滤波	24.52	0.59	40.01	27.65	0.47	53.35

续表

噪声方差	0.02	0.02	0.02	0.06	0.06	0.06
S 变换滤波	28.68	0.76	34.73	24.79	0.59	45.77
DnCNN 滤波	30.31	0.85	29.38	27.65	0.78	34.71
Q 学习融合法	30.31	0.85	29.38	27.67	0.78	34.47

对 cameraman 图像分别添加不同程度的椒盐噪声。图 8.10 显示了原图、添加噪声方差为 0.02 的椒盐噪声后的噪声图及经各种方法滤波后的结果图。表 8.3 列出了添加不同程度椒盐噪声且滤波后的结果。从图 8.10 中可以看出,中值滤波对椒盐噪声比较敏感,能够消除大部分椒盐噪声；S 变换滤波对椒盐噪声滤波时能够保留小的目标信息；DcCNN 滤波对椒盐噪声的滤波效果很差；Q 学习融合法滤波效果很好,能够消噪大部分椒盐噪声。从评价指标可以看出,Q 学习融合法与中值滤波非常接近,具有较小的均方误差、较大的峰值信噪比和结构相似度。综合得出,Q 学习融合法能够对椒盐噪声进行有效滤波。

(a) 原图　　　　　　　　　(b) 噪声图　　　　　　　　　(c) 中值滤波

(d) S 变换滤波　　　　　　(e) DnCNN 滤波　　　　　　(f) Q 学习融合法

图 8.10　椒盐噪声的噪声方差为 0.02 时的实验结果

表 8.3　添加不同程度椒盐噪声且滤波后的结果

噪声方差	0.02	0.02	0.02	0.06	0.06	0.06
评价指标	PSNR	SSIM	MES	PSNR	SSIM	MES
中值滤波	27.03	0.87	21.11	26.62	0.86	21.59
S 变换滤波	23.17	0.51	38.88	22.25	0.51	40.94
DnCNN 滤波	24.71	0.67	24.95	23.30	0.58	34.12
Q 学习融合法	26.85	0.87	29.41	26.45	0.86	29.74

由上面的滤波效果得出，Q 学习融合法能够对不同的滤波方法进行融合滤波，并且对不同噪声类型的滤波都非常有效。从结果可以看出，中值滤波只对椒盐噪声比较敏感，S 变换滤波和 DnCNN 滤波对高斯白噪声和乘性噪声的滤波效果相对较好，S 变换滤波能够保留小的目标信息，而 DnCNN 滤波比较平滑。

一般超声显微得到的 C 扫查图像都会包含一些高斯白噪声、乘性噪声及椒盐噪声，那么 Q 学习融合法能否对同时含有多种噪声的图像进行有效滤波？下面进行验证，首先对 cameraman 图像同时加载三种噪声，图 8.11 显示了原图、同时加载噪声方差为 0.02 的高斯白噪声、噪声方差为 0.02 的乘性噪声和噪声方差为 0.02 的椒盐噪声后得到的噪声图及经各种方法滤波后的结果图。从图中可以看出，图中含有大量噪声，图像细节被噪声淹没，噪声类别不好区分，严重影响图像质量。从滤波结果可以看出，中值滤波滤波效果最差；S 变换滤波在大量噪声的前提下能够对噪声进行有效滤波，虽然不够平滑但仍然能够保留细节部分，稳定性较强；DnCNN 滤波能够消除大量噪声，而 Q 学习融合法消噪效果优于其他算法，比其他算法具有较小的均方误差、较大的峰值信噪比和结构相似度。

(a) 原图　　　　　　　　　　(b) 噪声图　　　　　　　　　(c) 中值滤波

(d) S变换滤波　　　　　(e) DnCNN滤波　　　　　(f) Q学习融合法

图 8.11　同时添加三种噪声方差均为 0.02 时的实验结果

表 8.4　添加不同程度高斯白噪声、乘性噪声及椒盐噪声且滤波后的结果

噪声方差	0.02	0.02	0.02	0.06	0.06	0.06
评价指标	PSNR	SSIM	MES	PSNR	SSIM	MES
中值滤波	21.60	0.38	53.47	17.71	0.24	68.79
S 变换滤波	22.51	0.53	43.86	22.34	0.53	46.24
DnCNN 滤波	25.26	0.68	38.73	21.01	0.47	54.48
Q 学习融合法	25.86	0.70	38.88	22.72	0.57	46.90

　　由上可知，Q 学习融合法能够融合不同算法的滤波器对图像进行融合滤波，滤波效果优于三种滤波方法独立使用，适合超声显微 C 扫查图像这种具有多种噪声的图像滤波处理。图 8.12 和图 8.13 为超声显微 C 扫查图像及经 Q 学习融合法滤波后的图像，从图中可以看出，图中有大量噪声，经 Q 学习融合法滤波后，大量噪声被消除，从去噪后的图像可以得到更多内部细节结构，由此证明 Q 学习融合法能够提高 C 扫查图像质量。

(a) C扫查图像　　　　　　　(b) Q学习融合法滤波后图像

图 8.12　集成电路 C 扫查图像滤波处理后图像

(a) C扫查图像

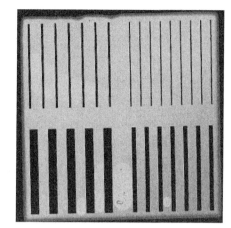
(b) Q学习融合法滤波后图像

图 8.13 内槽试样 C 扫查图像及滤波处理后图像

3) 图像锐化

图像锐化处理的目的是使模糊图像变得清晰。超声图像中也存在模糊的情况，因此有必要进行锐化处理。根据超声图像灰度渐变的特性，突出缺陷轮廓，为图像识别中进行轮廓跟踪提供便于处理的图像。图像锐化使得缺陷灰度区域变化更加明显，突出边缘轮廓以易于识别，其实质是对图像进行微分运算，增强图像的高频分量，从而使图像轮廓清晰。微分运算是求信号的变化率，有加强高频分量的作用。常用的微分滤波器算子有 Roberts 梯度算子、Sobel 梯度算子和 Prewitt 梯度算子等。图 8.14(a)是超声显微扫查原始图像，该图像比较模糊；图 8.14(b)是采用 Roberts 梯度算子进行锐化处理后的超声图像，其中的轮廓线比原始图像清晰，图像锐化操作有时会在图像中增加一些噪声点。

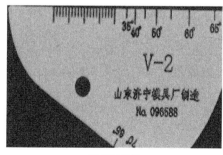
(a) 原始图像

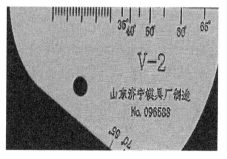
(b) 锐化图像

图 8.14 锐化处理

4) 直方图均衡化

当亮度范围或非线性使图像的对比度不是很理想时，可用像素灰度重新分配的方法来改善图像的对比度。直方图均衡化可以使图像灰度分布接近均匀，灰度图像经过直方图均衡化后，扩大了图像的动态范围、增强了图像质量、提高了图像对比度。

直方图均衡化处理算法描述如下：令变量 r 和 s 分别代表图像增强前后的像素灰度级，相应的灰度级分布概率密度分别为 $P_r(r)$ 和 $P_s(s)$。为讨论方便，将像素灰度级 r 和 s 归一化在[0,1]，即 $0 \leqslant r \leqslant 1, 0 \leqslant s \leqslant 1$。$r=0$ 表示黑，$r=1$ 表示白。直方图均衡化处理实际上就是寻找一个灰度变换函数 $T(*)$，使变换后的灰度值 $s = T(r)$，即建立 r 与 s 之间的映射关系。通过这一映射关系，使得图像中对比度较弱、细节不清，且灰度分布集中的狭窄区域的灰度分布趋向均匀，像素灰度间距拉大，从而达到改善视觉效果的目的。图 8.15(a)为获得的原始图像，其背景较暗，对比度较低；图 8.15(b)为通过直方图均衡化处理后的图像，其背景和目标图像区分更明显，更易于进行边缘检测和轮廓跟踪。

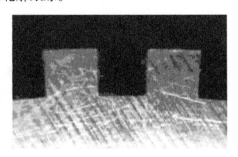

(a) 原始图像　　　　　　　　　(b) 直方图均衡化图像

图 8.15　直方图均衡化

2. 阈值分割

为了检出被测特征区域，应先把特征区域和背景区域分开，将图像进行阈值分割。阈值分割是指先根据图像的灰度直方图确定特征区域与背景区域的分割阈值，然后利用此阈值对图像进行相应的灰度变换，将图像的背景去除。把一幅灰度图像变换成二值图像是阈值分割的最简单形式，图像的阈值分割是为特征提取服务的，阈值设定后通常将图像分割为二值图像。二值图像的特点是整幅图像只有两个灰度值，只包含目标特征的几何信息，便于提取被测目标的几何特征。

对图像进行二值化处理的关键是阈值的选择与确定，但是不同的阈值选取方法对一幅图像进行处理将会产生不同的效果。目前，有很多阈值选取方法，其中包括直方图法、迭代法、类间最大方差阈值法等，此处只介绍直方图法二值化处理[20]。设原始图像为 $f(x, y)$，首先以一定准则找出一个灰度值 T 作为阈值。将图像分割为两部分，即把大于等于该阈值的像素点的值设置成 255(代表目标特征)，

小于该阈值的像素点的值设置成 0(代表背景)。阈值运算后的图像为二值图像 $g(x,y)$ ，可表示为

$$g(x,y) = \begin{cases} 255, & f(x,y) \geqslant T \\ 0, & f(x,y) < T \end{cases} \tag{8.26}$$

　　阈值 T 的选择影响图像分割的效果。图 8.16(a)为超声显微 C 扫查图像；图 8.16(b)为根据灰度直方图法选择适当阈值后得到的二值图像，图中圆圈区域为阈值分割后的目标特征；图 8.16(c)为直方图分布图。

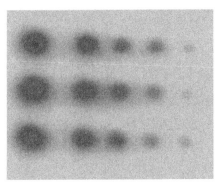
(a) 原始图

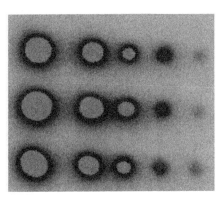
(b) 阈值分割图片

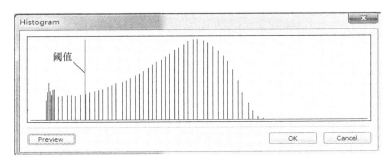
(c) 直方图分布图

图 8.16　阈值分割

3. 数学形态处理

　　数学形态处理就是用结构元素对二值化图像进行移位、交、并等集合运算。根据不同的目的，选择不同类型、大小和形状的结构元素与目标图像相互作用，形成图像的数学形态变换，从而达到图像分析和特征提取的目的。数学形态处理有四种基本变换: 腐蚀、膨胀、开运算和闭运算[21]。

　　腐蚀是一种最基本的数学形态学运算。它的作用是消除物体的边界点，使边

界向内部收缩的过程，可以把小于结构元素的物体去除。设 X 为一幅二值目标图像，B 为结构元素，则目标图像 X 被结构元素 B 腐蚀的数学表达式为

$$X \Theta B = \left\{ x \big| (B)_x \subseteq X \right\} \tag{8.27}$$

式中，x 是几何平移的位移量；Θ 是腐蚀运算的运算符。

膨胀的作用与腐蚀恰好相反，它是将二值化物体的边界点进行扩充，将与物体接触的所有的背景点合并到该物体中，使边界向外部扩张的过程。膨胀对于填补图像分割后物体的空洞有很好的效果。设 X 为一幅二值目标图像，B 为结构元素，则目标图像 X 被结构元素 B 膨胀的数学表达式为

$$X \oplus B = \left\{ x \big| (B^V)_x \bigcap X \neq \Phi \right\} \tag{8.28}$$

式中，x 是几何平移的位移量；$\oplus$ 是膨胀运算的运算符。

开运算是使用同一个结构元素对目标图像先腐蚀、再膨胀的过程，原图经过开运算后，能够去除孤立的小点、毛刺和较小的连通区域，去除小物体、平滑且较大的物体的边界，同时不明显改变面积。设 X 为一幅二值目标图像，B 为结构元素，则结构元素 B 对目标图像 X 的开运算数学表达式为

$$X \circ B = (A \Theta B) \oplus B \tag{8.29}$$

式中，$\circ$ 是开运算的运算符。

闭运算是使用一个结构元素对目标图像进行先膨胀再腐蚀的过程，其功能是用来填充物体的细小空洞、连接邻近物体、平滑其边界，同时不明显改变目标图像的面积。设 X 为一幅二值目标图像，B 为结构元素，则结构元素 B 对目标图像 X 的闭运算数学表达式为

$$X \bullet B = (A \oplus B) \Theta B \tag{8.30}$$

式中，$\bullet$ 是闭运算的运算符。

在实际运用中，开运算通常用来除去图像中小于结构元尺寸的亮点，同时保留所有的灰度和较大的亮度特征不变。闭运算通常用于除去图像中小于结构元尺寸的暗点，同时保留原来较大的亮度特征。通过对阈值分割后的图像进行数学形态学处理，对比四种处理方法，腐蚀运算可以消除图像中的噪声斑点，同时更好地显示图像的边缘细节；膨胀运算将图像中许多斑点进行填充，严重影响了超声图像的质量；开运算处理效果和腐蚀运算处理效果相当，都可以消除图像斑点，且其处理效果比腐蚀运算更平滑，但图像边缘细节处理不如腐蚀运算；闭运算虽然处理效果优于膨胀运算，但同样在图像中存在噪声点，且图像边缘比较模糊。

采用开运算对二值图像进行数学形态学处理的效果如图 8.17 所示，可以看出开运算操作可以有效地消除图像噪声点并保持图像边缘细节。

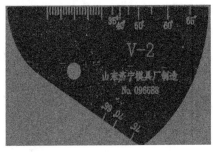

(a) 二值图像

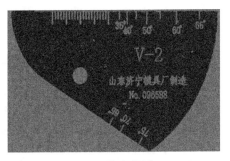

(b) 开运算处理图像

图 8.17 数学形态学处理

4. 边缘检测

当进行超声显微扫查检测时，不同被测特征会引起超声回波强度发生变化，即超声回波信号发生变化。在超声检测结果图像上表现为不同特征区域之间的灰度突变，通过分析和利用这一变化，可检测出目标特征的边缘并形成完整的边界，将特征区域从图像中分离出来。用于边缘检测的方法有很多，它们可以划分为两类：基于梯度的方法和基于零交叉的方法。

对于给定图像函数 $f(x,y)$，它的梯度定义为一个向量：

$$\nabla f(x,y) = \left[G_x, G_y \right]^{\mathrm{T}} = \left[\frac{\partial f}{\partial x}, \frac{\partial f}{\partial y} \right]^{\mathrm{T}} \tag{8.31}$$

该向量的幅值可以表示为

$$\left| \nabla f(x,y) \right| = (G_x^2 + G_y^2)^{1/2} \tag{8.32}$$

在图像处理中，常用差分来代替微分，并利用小区域模板和图像卷积来近似计算图像的梯度值。对 G_x 和 G_y 可采用不同的模板计算，最常用的梯度算子是 Roberts 梯度算子、Sobel 梯度算子、Prewitt 梯度算子、log 梯度算子和 Canny 梯度算子等[22]。利用 MATLAB 软件，采用上述梯度算子对超声图像进行边缘检测处理，处理效果如图 8.18 所示。通过对比可以看出，Roberts 梯度算子可以准确地提取被测目标的边缘特征，但边缘并非完全连通，缺失少数边缘数据点；同时 Sobel 梯度算子也存在边缘信息点缺失的问题，且处理效果不如 Roberts 梯度算子；而 Prewitt 梯度算子不能完整提取被测目标边缘；Canny 梯度算子和 log

梯度算子均可以完整地提取被测目标的边缘，不存在数据点缺失问题，但会引入噪声斑点，且 Canny 梯度算子噪声斑点明显多于 log 梯度算子。因此，在对目标特征进行边缘检测处理时，可优先选择 Roberts 梯度算子和 log 梯度算子，同时可根据实际情况选择其他梯度算子作为一种对比方法。

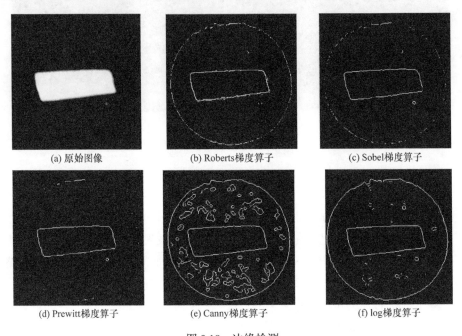

(a) 原始图像 (b) Roberts梯度算子 (c) Sobel梯度算子

(d) Prewitt梯度算子 (e) Canny梯度算子 (f) log梯度算子

图 8.18 边缘检测

8.1.3 实验分析

利用中心频率为 300MHz 的高频聚焦超声换能器(图 8.19)和 100MHz 高频聚焦超声换能器分别对内部有不同微米级尺寸的单晶硅试样进行超声 C 扫查成像测量。

图 8.19 300MHz 高频聚焦超声换能器

实验选用的单晶硅试样外部尺寸长×宽×高为 10mm×10mm×0.5mm，该试样制作过程是利用激光腐蚀加工技术将设计的微小尺寸加工成相同深度，加工后再与 10mm×10mm×0.5mm 没有加工的硅片键合在一起，这样就形成了具有内部尺寸的单晶硅结构，其实物图如图 8.20 所示，其内部结构设计图如图 8.21 所示。

图 8.20　单晶硅试样实物图

图 8.21　单晶硅试样内部结构设计图

实验时将单晶硅试样放入水中，调整高频聚焦超声换能器使焦点位置位于试块内部尺寸界面处，C 扫查运动参数设置如表 8.5 所示。

表 8.5　C 扫查运动参数设置

参数	长度/mm	精度/mm	速度/(mm/s)
扫查轴	12	0.005	50
索引轴	12	0.005	5

　　利用中心频率为 300MHz 的高频聚焦换能器和 100MHz 高频聚焦超声换能器对上述单晶硅试样的内部尺寸进行 C 扫查获得的图像分别如图 8.22 和图 8.23 所示，对比两图可以看出，300MHz 和 100MHz 高频聚焦超声换能器都能够较清晰地检测出单晶硅片试样内部的结构，但 300MHz 高频聚焦超声换能器相比 100MHz 高频聚焦换能器的分辨力明显要高很多。下面分别截取图 8.20 和图 8.23 两个图像中的部分图像进行尺寸测量分析，给出的尺寸为利用 8.1.2 节介绍的图像校准补偿后的图像得到的值，如图 8.24 和图 8.25 所示。

图 8.22　300MHz 高频聚焦超声换能器检测结果

图 8.23　100MHz 高频聚焦超声换能器检测结果

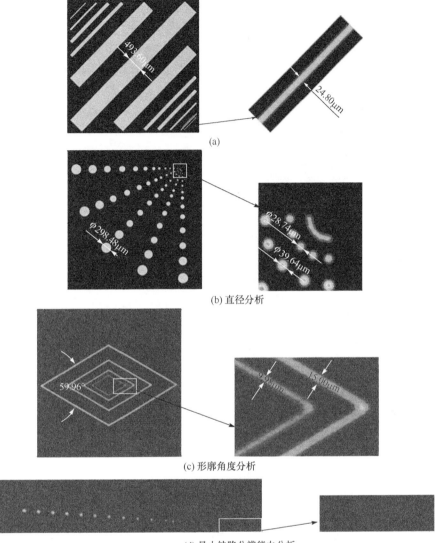

(a)

(b) 直径分析

(c) 形廓角度分析

(d) 最小缺陷分辨能力分析

图 8.24　300MHz 高频聚焦超声换能器检测单晶硅片试样内部部分尺寸分析图

图 8.24(a)中槽的设计尺寸为 500μm 和 25μm，进行十次测量后测得的平均值分别为 493.62μm 和 24.80μm，测量误差分别为 1.3%和 0.8%。

图 8.24(b)中孔的设计直径为 300μm、40μm、30μm，进行测量后得到的直径分别为 298.48μm、39.64μm、28.74μm，测量误差为 0.5%、0.9%、0.42%。

图 8.24(c)槽的设计夹角为 60°，设计宽度为 10μm、15μm，进行测量后得到的夹角为 59.96°、宽度分别为 9.98μm 和 15μm，测量误差分别为 0.06%、0.2%、0。

图 8.24(d)中从左到右可以观察到 23 个圆孔，与图 8.21(d)设计图中相应部分

进行对比,设计图中一共有 26 个圆孔,说明本系统利用 300MHz 高频聚焦超声换能器能够检出 16μm 的圆孔。

从 300MHz 扫查结果及测量结果可以看出,超声显微 C 扫查方法能很好地对单晶硅片中的各种尺寸结构进行成像。可以有效识别出宽度最小为 10μm 的线条,但难以识别出直径小于 16μm 以下的圆孔,这主要是因为在尺寸很小的情况下,由线条的连续性能得到更多的反射波能量,而太小的圆孔得到的反射波能量太弱,以至于图像对比度不足。

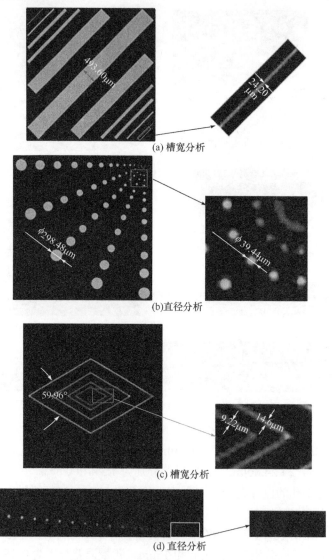

图 8.25　100MHz 高频聚焦超声换能器单晶硅片试样内部部分尺寸分析图

图 8.25(a)中槽的设计尺寸为 500μm 和 25μm,进行十次测量后测得的平均值分别为 493.60μm 和 24.20μm,测量误差分别为 1.3%和 3.2%。

图 8.25(b)中孔的设计直径为 300μm、40μm、30μm,测得直径分别为 298.48μm、39.44μm、28.68μm,测量误差为 0.5%、1.4%、4.4%。

图 8.25(c)中槽的设计夹角为 60°,设计宽度为 10μm、15μm,测得的夹角度为 59.96°,宽度为 9.22μm、14.6μm,测量误差分别为 0.06%、7.0%、2.6%。

图 8.25(d)中从左到右可以观察到 19 个圆孔,与图 8.21(d)设计图中相应部分进行对比,设计图中一共有 26 个圆孔,说明本系统利用 100MHz 高频聚焦超声换能器能够检出 24μm 的圆孔。

从 100MHz 扫查结果及测量结果可以看出,100MHz 高频聚焦超声换能器能识别出最小为 10μm 的线条和直径为 24μm 的圆孔,对于尺寸较大的线条和圆孔,100MHz 高频聚焦超声换能器的测量精度与 300MHz 高频聚焦超声换能器的测量精度几乎一致,而对于小尺寸线条和圆孔的测量精度低于 300MHz 高频聚焦超声换能器的测量精度,这是因为频率越高检测分辨力和检测精度越高。

上述实验研究表明,利用超声显微检测系统的 C 扫描功能能够对单晶硅片结构中的微小尺寸进行准确测量。

8.2　基于脉冲回波的纵向尺寸测量方法

微结构纵向尺寸的测量原理与超声测厚的原理是相同的,有时间差法、回波频谱法和最小熵解卷积法。

8.2.1　时间差法

图 8.26 为时间差法原理图,在检测频率一定的情况下,一般对于较厚的材料,其上表面和下表面的回波信号在时间上是分离的,这时在声速 c 已知的情况下只需测量两个回波之间的时间差 Δt ,就可以得到材料的厚度 H ,具体表达式为

$$H = \frac{\Delta t \cdot c}{2} \tag{8.33}$$

针对时间差法,本书利用不同厚度的标准量块校准测量,将测量值与实际值进行对比分析,求得线性拟合方程对纵向尺寸进行校准。由测量原理可知,误差的产生主要是由时间差 Δt 造成的。设 H_i 表示试块的标准厚度,其对应时间差为 Δt_i,时间差 Δt_i 的误差补偿为 φ ,则有

$$H_i = \frac{1}{2}c \times (\Delta t_i - \varphi) \tag{8.34}$$

由式(8.34)可知 H_i 与 Δt_i 呈线性关系，可进行直线拟合得到拟合直线方程，用于计算校准值，然后利用最小二乘法对测量结果进行线性拟合。

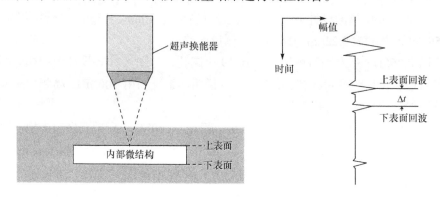

图 8.26　时间差法原理图

H_i 与 Δt_i 之间满足线性关系，设拟合直线方程为 $H_i = H_i(\Delta t_i) = a \times \Delta t_i + b$，当标准值 H_i 与各估计值 $H_i(\Delta t_i)$ 之间的偏方差平方和最小，即

$$s = \sum [H_i - H_i(\Delta t_i)]^2 = \sum (H_i - a\Delta t_i + b)^2 \tag{8.35}$$

达到最小值时，所得的拟合公式为最佳经验公式。

根据式(8.35)可求得

$$a = \frac{\sum \Delta t_i \sum H_i - n\sum \Delta t_i H_i}{\left(\sum \Delta t_i\right)^2 - n\sum {\Delta t_i}^2} \tag{8.36}$$

$$b = \frac{\sum \Delta t_i H_i \sum \Delta t_i - \sum H_i \sum {\Delta t_i}^2}{\left(\sum \Delta t_i\right)^2 - n\sum {\Delta t_i}^2} \tag{8.37}$$

则时间差法的校准值 H_{cal} 可表示为

$$H_{cal} = a\Delta t_i + b \tag{8.38}$$

在对超声显微检测系统的纵向尺寸测量进行研究分析时，采用的实验对象为不同厚度的标准塞尺试块。针对界面回波在时域上可分离的情况，在超声显微检测系统软件中编写了纵向尺寸模块，利用超声显微检测系统编写的时间差法尺寸测量模块(图 8.27)完成测量，实验中使用 100MHz 超声换能器对不同厚度试块进行测量，测量时将试块放到耦合液(水)中调整超声换能器的位置使回波信号最佳，输入试块声速，软件自动计算得出厚度值，并记录厚度值。

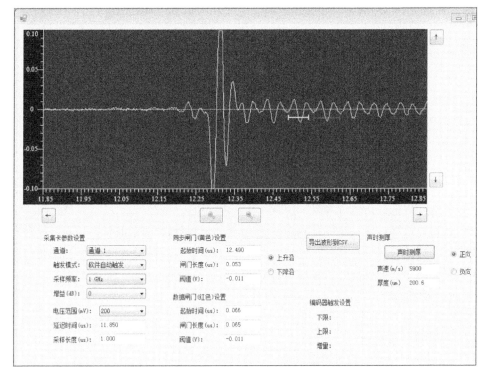

图 8.27　超声显微检测系统测量纵向尺寸界面

利用式(8.36)和式(8.37)计算线性拟合系数，通过计算得到最小二乘法线性拟合方程为

$$H_i = 2.9481\Delta t_i - 4.8270 \tag{8.39}$$

将对应的时间差 Δt_i 代入方程，可得到时间差法的校准值 H_{cal}。其测量结果如表 8.6 所示，通过对比发现对纵向尺寸进行校准后，拟合直线计算的校准值更接近标准值，测量精度优于直接测量计算结果。

表 8.6　时间差法测量结果

标准值/μm	时间差/ns	测量值/μm	校准值/μm	测量误差/%	校准误差/%
100.00	36	104.40	101.30	4.40	1.30
200.00	68	197.20	195.60	1.40	2.20
300.00	106	308.40	307.70	2.80	2.60
400.00	136	394.40	396.10	1.00	0.90

续表

标准值/μm	时间差/ns	测量值/μm	校准值/μm	测量误差/%	校准误差/%
500.00	167	484.30	487.50	3.10	2.50
600.00	208	603.20	608.40	0.50	1.40
700.00	242	701.80	708.60	0.30	1.20
800.00	273	791.70	800.00	1.00	00
900.00	307	890.30	900.20	1.20	0.02
1000.00	339	983.10	994.60	1.70	0.50

8.2.2　回波频谱法

当构件内部的分层结构纵向尺寸(厚度)很小时,微结构层上、下表面回波信号在时间上重叠,无法用时域算法计算两界面反射脉冲的时间差,但可通过对回波信号的频谱分析获取纵向尺寸(厚度)信息,基于回波频谱法分析的固体间薄层纵向尺寸(厚度)的测量分析模型有连续模型(continuous model)和弹簧模型(spring model)两种模型[23]。

1. 连续模型

超声波垂直入射到被测物体表面,由于分界面处两侧介质的特性阻抗不同,声波一部分被反射到介质Ⅰ中,另一部分则透射到中间层介质Ⅱ中。同理,介质Ⅱ中的声波在另一分界面处,一部分反射回来,另一部分则透射到介质Ⅲ中,如图 8.28 所示。

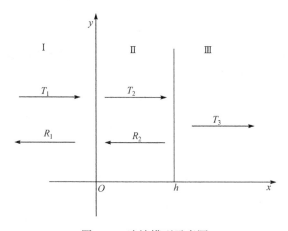

图 8.28　连续模型示意图

沿 x 方向声波的位移公式为

$$u(x,t) = A_0 e^{i\omega(t-x/c)} + A_1 e^{i\omega(t+x/c)} \tag{8.40}$$

式中，A_0、A_1 分别是入射波和反射波的振幅；ω 是角频率；c 是声速。

根据位移与应力的关系，由式(8.40)可得到超声波传播过程中应力公式为

$$\sigma(x) = -i\omega z A_0 e^{i\omega(t-x/c)} + i\omega z A_1 e^{i\omega(t+x/c)} \tag{8.41}$$

由于反射系数是反射波振幅与入射波振幅的比值，与时间无关，为了方便计算，去掉式(8.40)和式(8.41)中的 $e^{i\omega t}$，所以介质 I 的位移和应力可表示为

$$\begin{cases} u_1(x) = T_1 e^{-i\omega x/c_1} + R_1 e^{i\omega x/c_1} \\ \sigma_1(x) = -i\omega z_1 (T_1 e^{-i\omega x/c_1} - R_1 e^{i\omega x/c_1}) \end{cases} \tag{8.42}$$

式中，T_1 和 R_1 分别是介质 I 中入射波和反射波的振幅；z_1 是介质 I 的声阻抗。

介质 II 中的位移和应力为

$$\begin{cases} u_2(x) = T_2 e^{-i\omega x/c_2} + R_2 e^{i\omega x/c_2} \\ \sigma_2(x) = -i\omega z_2 (T_2 e^{-i\omega x/c_2} - R_2 e^{i\omega x/c_2}) \end{cases} \tag{8.43}$$

式中，T_2 和 R_2 分别是介质 II 中入射波和反射波的振幅；z_2 是介质 II 的声阻抗。

介质 III 中的位移和应力为

$$\begin{cases} u_3(x) = T_3 e^{-i\omega x/c_3} \\ \sigma_3(x) = -i\omega z_3 T_3 e^{-i\omega x/c_3} \end{cases} \tag{8.44}$$

式中，T_3 是介质 III 中入射波的振幅；z_3 是介质 III 的声阻抗。

根据分界面处位移和应力连续的声学边界条件，可得

$$\begin{cases} u_1\big|_{x=0} = u_2\big|_{x=0} \\ u_2\big|_{x=h} = u_3\big|_{x=h} \\ \sigma_1\big|_{x=0} = \sigma_2\big|_{x=0} \\ \sigma_2\big|_{x=h} = \sigma_3\big|_{x=h} \end{cases} \tag{8.45}$$

假设入射波振幅 T_1 为 1，由式(8.45)可以得出反射波的振幅 R_1，即反射系数表达式为

$$R = R_1 = \frac{g^2(z_2 - z_3)(z_1 + z_2) + (z_1 - z_2)(z_2 + z_3)}{(z_1 + z_2)(z_2 + z_3) + g^2(z_1 - z_2)(z_2 - z_3)} \tag{8.46}$$

当介质 II 的厚度为波长 1/2 的整数倍时，可求出谐振频率为

$$\omega_{res} = \frac{\pi c_2 m}{h} \tag{8.47}$$

当入射声波的频率等于谐振频率时，g 的表达式为

$$g = \exp(\omega_{res}h / c_2) = \begin{cases} 1, & m\text{是偶数} \\ -1, & m\text{是奇数} \end{cases} \tag{8.48}$$

当 m 为整数时，$g^2 = 1$，则式(8.46)变为

$$R = \frac{z_1 - z_3}{z_1 + z_3} \tag{8.49}$$

根据式(8.49)，当入射声波的频率等于谐振频率时，反射系数与两侧介质的特性阻抗有关，与中间介质的性质无关。所以，当两侧介质相同时，反射系数等于 0，在这种情况下，可以利用反射系数的谐振频率计算介质 II 的厚度[23]，即

$$h = \frac{c_2 m}{2 f_m} \tag{8.50}$$

式中，f_m 是 m 阶谐振频率。

图 8.29 是以不锈钢-水-不锈钢介质为例，根据式(8.46)得出的中间水层厚度分别为 40μm、60μm、80μm、100μm 时的超声反射系数与频率关系曲线，从图中可以清楚地看到谐振频率随厚度的变化规律。不同厚度水层的反射系数在谐振频率处出现极小值，而且厚度越小，谐振频率越大。显然，在一定频率范围内，可以利用反射系数的谐振频率实现中间液体层厚度的测量。

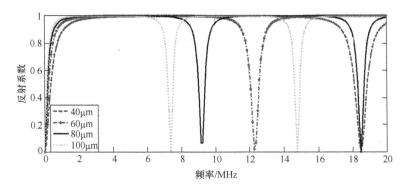

图 8.29　连续模型反射系数与频率关系曲线

2. 弹簧模型

当中间层厚度远小于超声波波长时，其一阶谐振频率将会超出所研究的频率范围，由于中间层很薄，同时考虑到相邻介质边界处的位移和应力连续条件，可

以将中间层(介质Ⅱ)简化为弹簧层[24]，根据弹簧模型的特点建立如图 8.30 所示的声波传播示意图。

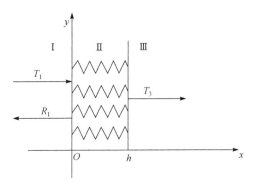

图 8.30　弹簧模型声波传播示意图

根据式(8.40)和式(8.41)得到三层介质中的位移和应力表达式，假设入射波的振幅 $T_1 = 1$，则介质Ⅰ和介质Ⅲ中位移表达式为

$$\begin{cases} u_1(x,t) = T_1 \mathrm{e}^{\mathrm{i}\omega(t-x/c_1)} + R_1 \mathrm{e}^{\mathrm{i}\omega(t+x/c_1)} \\ u_3(x,t) = T_3 \mathrm{e}^{\mathrm{i}\omega(t-x/c_3)} \end{cases} \tag{8.51}$$

介质Ⅰ和介质Ⅲ中应力表达式为

$$\begin{cases} \sigma_1(x,t) = -\mathrm{i}\omega z_1 \mathrm{e}^{\mathrm{i}\omega(t-x/c_1)} + \mathrm{i}\omega z_1 R_1 \mathrm{e}^{\mathrm{i}\omega(t+x/c_1)} \\ \sigma_3(x,t) = -\mathrm{i}\omega z_3 T_3 \mathrm{e}^{\mathrm{i}\omega(t-x/c_3)} \end{cases} \tag{8.52}$$

则弹簧变形量为

$$\Delta u = u_3(0,t) - u_1(0,t) \tag{8.53}$$

根据胡克定律，计算出中间层中应力表达式为

$$\sigma = K_N \Delta u \tag{8.54}$$

式中，K_N 是刚度系数。

根据轻质弹簧的特性，中间层两侧分界面处应力 σ_1、σ_3 和中间层中应力 σ 相等，即

$$\sigma_1(0,t) = \sigma_3(0,t) = \sigma \tag{8.55}$$

由式(8.51)和式(8.55)可以得出反射系数 R 的表达式为

$$R = R_1 = \frac{z_1 - z_3 + \mathrm{i}\omega(z_1 z_3 / K_N)}{z_1 + z_3 + \mathrm{i}\omega(z_1 z_3 / K_N)} \tag{8.56}$$

通常情况下中间层可作为理想弹性体，其刚度表示单位面积上的压力变化量与厚度 h 变化量之间的关系，当厚度很薄时，K_N 的声学公式为[25]

$$K_N = \frac{\rho_2 c_2^2}{h} \tag{8.57}$$

将式(8.57)代入式(8.56)可知，反射系数 R 的表达式为

$$R = \frac{z_1 - z_3 + \mathrm{i}\omega h z_1 z_3 / (\rho_2 c_2^2)}{z_1 + z_3 + \mathrm{i}\omega h z_1 z_3 / (\rho_2 c_2^2)} \tag{8.58}$$

由式(8.58)可知，界面处的超声反射系数与传播介质的特性阻抗、中间层厚度及声波频率有关。

　　由式(8.58)可得出中间层厚度的计算公式为

$$h = \frac{\rho_2 c_2^2}{\omega z_1 z_3} \frac{R^2 (z_1 + z_3)^2 - (z_1 - z_3)^2}{1 - R^2} \tag{8.59}$$

通常两侧介质相同，即 $z_1 = z_3 = z$，代入式(8.59)，通过测量界面的超声反射系数及其对应频率，即可间接得到被测中间层的厚度：

$$h = \frac{\rho_2 c_2^2}{\pi f z} \frac{R^2}{1 - R^2} \tag{8.60}$$

式中，ρ_2、c_2 分别是被测中间层的密度与声速；z 是层两侧介质的声阻抗；R 是超声反射系数；f 是反射回波的频率。

　　以不锈钢-水-不锈钢介质为例，分析中间水层厚度对界面超声反射系数的影响，针对中间层厚度为 20μm、10μm、5μm、1μm 的水层，研究在厚度一定条件下反射系数与频率的变化曲线，以确定特定薄层厚度所使用的检测频率范围。根据式(8.58)，得出的不同厚度的界面超声反射系数曲线如图 8.31 所示，在一定的频率范围内，超声反射系数随着频率的增加而增加，但是超过一定的范围，反射系数与水层厚度无关，趋近于 1。为了保证测量的准确性，通常反射系数应小于 0.9，当反射系数大于临界值时，反射系数和水层厚度无关。

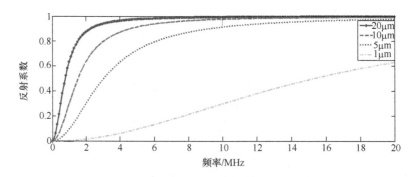

图 8.31　弹簧模型反射系数与频率关系曲线

以不锈钢-水-不锈钢介质为例，分析检测频率对界面超声反射系数的影响，假设检测频率为 5MHz、10MHz、20MHz、50MHz、75MHz、100MHz，不同频率条件下反射系数与水层厚度的变化曲线如图8.32所示，在一定水层厚度范围内，超声反射系数随着水层厚度的增加而增加，且入射声波的频率越大，反射系数也越大。但是当水层厚度大于一定值时，反射系数趋近于 1，大小与入射声波频率无关。为了保证测量的准确性，通常反射系数应小于0.9，临界值对应的水层厚度是该频率对应的水层厚度测量范围。对比不同频率水层的反射系数曲线可以看出，检测频率越高，可测量的水层厚度范围越小。

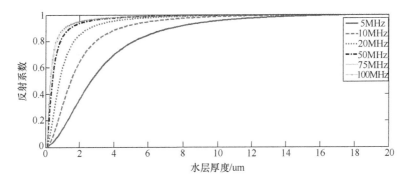

图 8.32　弹簧模型反射系数与水层厚度关系曲线

8.2.3　最小熵解卷积法

尽管超声显微有较高的轴向分辨力，但对于厚度很小的薄层结构，界面回波信号仍不可避免地会发生重叠，传统方法很难将其在时域上准确分开，导致使用传统方法很难对其进行精确量化。下面通过仿真和实验方法验证 6.6.3 节中介绍的最小熵解卷积法对薄层厚度测量的有效性。

1. 仿真分析

图 8.33(a)是仿真超声脉冲反射序列，其中，第一个尖脉冲表示超声显微检测时试样的表面反射脉冲，时间在 0.5μs 处；第二个尖脉冲表示试样近表面的分层反射脉冲，时间在 0.53μs 处；第三个尖脉冲表示试样的底面反射脉冲，时间在 1μs 处。图 8.33(b)是利用式(6.45)仿真的中心频率为 100MHz 的回波信号与图 8.33(a)卷积生成的超声信号，为了和实际信号相近，在卷积信号中加入标准方差为 0.001 的零均值高斯白噪声。从图 8.33(b)可以看出，第一个回波信号和第二个回波信号完全叠加在一起，不能判断分层的位置。图 8.33(c)和图 8.33(d)是分别应用最小熵

解卷积法和改进的最小熵解卷积法对卷积信号的计算结果，从图中可以看出，两种算法都将反射序列与超声回波信号分离，这种分离能够精确获得每个回波信号的到达时间，由到达时间可以计算出分层处的时间从而计算得到厚度，并且对比最小熵解卷积法和改进后的最小熵解卷积法可以看出，GWMED 法比 MED 法精度更高。表 8.7 给出了两种方法的迭代数据。GWMED 法的迭代次数要小于 MED 法的迭代次数。通过改变 a、b 参数可以减少迭代次数，但 a、b 超出一定范围，会趋于饱和。

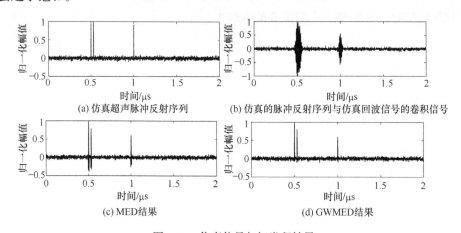

图 8.33　仿真信号与解卷积结果

表 8.7　两种方法迭代次数比较

方法	MED	GWMED	
		$a=100, b=1$	$a=100, b=3$
迭代次数	11	7	4

2. 实验分析

实验利用 100MHz 高频聚焦超声换能器和超声显微检测系统对不锈钢塞尺进行厚度测量。图 8.34 为测量 50μm 时采集到的超声回波信号和 GWMED 法结果。从图 8.34(a) 中可以看出，检测 50μm 时超声回波发生叠加无法得到渡越时间，从而导致不能得到不锈钢塞尺的厚度。利用 GWMED 法后结果如图 8.34(b) 所示，该方法将回波分离出四个明显回波，四个回波的渡越时间分别为 0.0165μs、0.0170μs、0.0165μs、0.0170μs，已知不锈钢塞尺的声速为 5900m/s，计算出的平均厚度为 49.41μm，误差为 1.2%，证明了该方法的有效性。

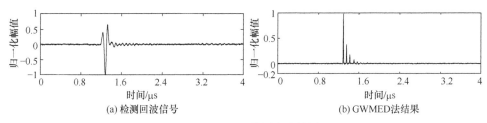

图 8.34　50μm 薄层实验结果

8.3　微小尺寸测量不确定度分析

不确定度是评定系统测量质量的重要指标,其值越小,系统的测量结果质量越好,反之质量越差。本书利用标准不确定度 A 类评定方法对自主研发的超声显微检测系统进行横向尺寸和纵向尺寸测量不确定度分析,具体流程如图8.35所示。

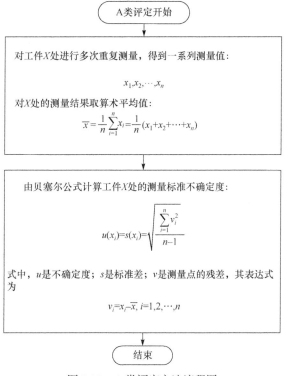

图 8.35　A 类评定方法流程图

8.3.1　横向尺寸测量不确定度分析

由 8.1 节可知,横向尺寸测量主要基于图像边缘进行,而超声图像中边缘特征点的准确性将受换能器聚焦特性的影响,与焦柱的直径有关。理论上,边缘特征应该呈阶跃状的灰度分布，但超声换能器的焦斑大小的影响，使被测试样的图像边缘呈现出一个跨若干像素的灰度过渡分布区域。在以像素当量为计算单位的图像测量中，被测试样图像边缘灰度的这种过渡分布特征，对超声显微检测系统测得的 C 扫查图像中微结构边缘的位置精确确定造成了困难，从而影响了超声显微检测系统的高精度测量。针对图像边缘灰度的分布特征，提出了一种校准算法，来解决边缘不能精确确定的问题，使超声显微检测系统获得更高的测量精度。

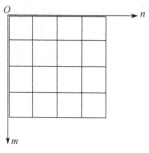

图 8.36　像素坐标系示意图

假设扫查得到的超声图像尺寸为 $M \times N$ 像素，其像素坐标系示意图如图 8.36 所示。A 为图像中任意一点，则图像函数表达式为

$$I = f(A) = f(m,n), \quad 1 \leqslant m \leqslant M, 1 \leqslant n \leqslant N \quad (8.61)$$

以 n 方向尺寸测量为例，以 e_l 和 e_r 表示标准尺寸的两个边缘，$\mathrm{dcx}(e_l)$ 和 $\mathrm{dcx}(e_r)$ 表示边缘的像素坐标值，利用已知的不同标准尺寸对横向尺寸测量偏差进行校准，其算法步骤如下。

(1) 计算超声图像中沿 n 轴的归一化灰度均值 $E(n)$：

$$E(n) = \frac{1}{255M} \sum_{m=1}^{M} f(m,n), \quad 1 \leqslant n \leqslant N \quad (8.62)$$

(2) 计算 $E(n)$ 沿 n 轴的正向一阶差分 $\Delta E(n)$：

$$\Delta E(n) = E(n+1) - E(n) \quad (8.63)$$

(3) 设定边缘像素差分阈值 T，搜索边缘过渡区 $\{G(k); 1 < s \leqslant k \leqslant t < n-1\}$ 使 $G(k)$ 满足

$$G(k) \in \{E(n) \cap \Delta E(n) > T\} \quad (8.64)$$

由于超声图像存在边缘过渡特征，对于标准量块得到的边缘过渡区域为沿 n 轴分布的两个灰度单调区域，如图 8.37 所示，s 和 t 表示边缘过渡区域的起始像素坐标和截止像素坐标，dcx 表示最终通过计算得到的边缘位置坐标。

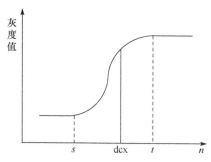

图 8.37　边缘过渡区域示意图

(4) 确定两个边缘 e_l 和 e_r 的边缘位置坐标 $\mathrm{dcx}(e_l)$ 和 $\mathrm{dcx}(e_r)$ ，计算两个边缘之间的距离 D 。

$$\mathrm{dcx}(e_l) = t - \frac{\frac{1}{t-s+1}\sum_{k=s}^{t}G(k) - G(s)}{G(k)-G(s)} \times (t-s) \tag{8.65}$$

$$\mathrm{dcx}(e_r) = s + \frac{\frac{1}{t-s+1}\sum_{k=s}^{t}G(k) - G(s)}{G(k)-G(s)} \times (t-s) \tag{8.66}$$

$$D = \mathrm{dcx}(e_r) - \mathrm{dcx}(e_l) \tag{8.67}$$

式中，$G(k)$ 是过渡区域内坐标 k 的像素值；$G(t)$ 和 $G(s)$ 分别是过渡区域的起始位置和截止位置的像素值。

(5) 计算边缘像素补偿值 $\bar{\lambda}$ ，已知量块标准值 L_i 表示为

$$L_i = (D_i + 2\lambda_i) \times \delta \tag{8.68}$$

则对应的像素补偿量 λ_i 表示为

$$\lambda_i = (L_i / \delta - D_i) / 2 \tag{8.69}$$

式中，L_i 是标准值；D_i 是测量像素值；λ_i 是对应的像素补偿值；δ 是像素当量。

通过测量一系列标准值为 L_i 的标准量块，得到测量像素测量值为 D_i ，代入式(8.69)计算得到对应的像素补偿量 λ_i ，则系统边缘像素补偿值 $\bar{\lambda}$ 为

$$\bar{\lambda} = \sum_{i=1}^{N}(\lambda_i) / N \tag{8.70}$$

(6) 计算校准值 D_{cal} ：

$$D_{\mathrm{cal}} = (D_i + 2\bar{\lambda}) \times \delta \tag{8.71}$$

为验证超声显微测量系统的横向尺寸检测准确度，利用单晶硅内部横向尺寸试样进行校准。图 8.38 中左图为单晶硅试样实物图，该单晶硅试样外部是长×宽×高为 10mm×10mm×0.5mm 的正方形硅片，右图为该单晶硅试样的内部加工结构设计图，该试样是通过激光腐蚀加工技术在单晶硅材料表面加工出相同深度、不同宽度尺寸的沟槽后，再与同样大小没有进行加工的硅片键合在一起形成的封闭结构。

实验中，换能器选用 100MHz，增益设置为 28dB，扫查间距设置为 1μm。一般情况下，通过多次重复实验来保证分析的精确性，所以本实验在扫查条件相同的情况下，进行了 10 次重复扫查，并对每次扫查图像中每个线条宽度分别再进行 10 次测量，取平均值作为测量值。图 8.39 为扫查得到的试块 C 扫查图像，通过测量两个边缘之间的像素距离，乘以像素当量即得到测量值。从测量结果可以看出，焦斑直径的影响导致随着被测值的减小，测量误差越来越大，当被测尺寸为

50μm 时，测量误差大于 17%，影响测量精度。根据式(8.69)和式(8.70)计算像素补偿值 $\overline{\lambda}=-3.8$，将其代入式(8.71)并乘以像素当量即可求得横向尺寸的校准值。表8.8 统计试样槽宽的标准值和测量值及其测量误差，并给出校准后的测量值及其测量误差。通过对测量结果进行分析，可以看出，经过校准后测量精度优于直接测量，尺寸测量及校准结果如表 8.8 所示。

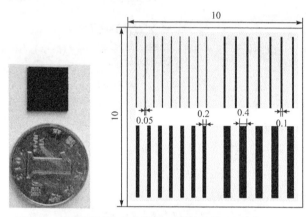

图 8.38　单晶硅试块及内部加工结构设计图(单位：mm)

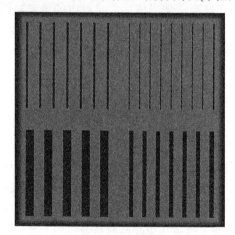

图 8.39　单晶硅试样 C 扫查图像

表 8.8　尺寸测量及校准结果

设计尺寸/μm	实际尺寸/μm	实测平均值/μm	校准值/μm	误差/%	校准误差/%
50	48.00	56.53	48.93	17.77	1.93
100	97.46	106.05	98.45	8.81	1.02
200	196.94	204.14	196.54	3.66	0.20
400	396.50	402.55	394.95	1.53	0.39

当对超声显微检测系统横向尺寸测量不确定度进行分析时,除了利用 A 类不确定度对横向尺寸测量的结果进行不确定度分析外,还需考虑在测量横向尺寸时对结果有一定影响的其他因素的不确定度分析,影响横向尺寸测量结果的主要因素有横向尺寸试块尺寸标准值的不确定度、高频聚焦超声换能器的焦点直径不确定度及运动控制系统不确定度。一般将这些不确定度进行合成就可以得到超声显微检测系统的横向尺寸测量的合成不确定度,可表示为

$$u_L = \sqrt{u_1^2 + u_2^2 + u_3^2 + u_4^2} \qquad (8.72)$$

式中,u_1 是测量数据结果的 A 类不确定度;u_2 是横向尺寸试块尺寸标准值的不确定度;u_3 是实验用高频聚焦超声换能器的焦点直径不确定度;u_4 是超声显微检测系统运动控制系统不确定度。

包含因子 K=2 时的扩展不确定度表示为

$$U_L = Ku_L \qquad (8.73)$$

对超声显微检测系统检测硅片试块横向尺寸的测量不确定度进行分析,将表 8.8 中校准后的校准值作为测量结果数据,对其进行 A 类不确定度分析,得出的数据作为表 8.9 中的测量不确定度值。

表 8.9　横向尺寸测量不确定度分析结果

设计尺寸 /μm	实际尺寸 /μm	校准值 /μm	测量不确定度 /μm	合成不确定度 /μm	扩展不确定度 /μm
50	48.00	48.93	1.29	3.01	6.02
100	97.46	98.45	1.53	3.12	6.24
200	196.94	196.54	1.47	3.09	6.18
400	396.50	394.95	1.12	2.94	5.88

硅片试块横向尺寸标准值的最大偏差为 3μm,假设偏差是均匀分布的,则该不确定度分量为

$$u_2 = 3/\sqrt{3} = 1.73\mu m \qquad (8.74)$$

使用 100MHz 换能器对硅片进行测量,换能器焦点直径对图像边界的影响误差为 ±3μm,同样考虑均匀分布,则换能器焦点直径引入的标准测量不确定度 u_3 为

$$u_3 = 3/\sqrt{3} = 1.73\mu m \qquad (8.75)$$

超声显微检测系统使用 Turbo PMAC 运动控制卡,运动控制的最大运动偏差为 1μm,假设偏差是均匀分布的,则运动偏差带来的不确定度 u_4 为

$$u_4 = 1/\sqrt{3} = 0.58\mu m \qquad (8.76)$$

表 8.9 为横向尺寸测量不确定度分析结果,从表中可以看出,超声显微检测系统对横向尺寸的测量不确定度可以控制在 7μm 以内。

8.3.2　纵向尺寸测量不确定度分析

当对超声显微检测系统纵向尺寸测量不确定度进行分析时，除了考虑 A 类测量不确定度外，还需考虑对纵向尺寸测量结果有一定影响的其他因素，主要有测量对象声速的测量不确定度及声波在试块中传播时间的测量不确定度。将这些不确定度进行合成就可以得到超声显微检测系统的纵向尺寸测量的合成不确定度，可表示为

$$u_L = \sqrt{u_1^2 + u_h^2} \qquad (8.77)$$

式中，u_1 是测量数据结果的 A 类不确定度；u_h 是测量对象声速和传播时间的测量不确定度。令置信概率 $P=95\%$，这时超声显微检测系统的包含因子 $K=2$ 时的纵向尺寸扩展测量不确定度表示为

$$U_L = Ku_L$$

利用 8.2.3 节中的不锈钢塞尺试块测量结果对超声显微检测系统的纵向尺寸测量不确定度进行分析，将表 8.6 中校准后的校准值作为测量结果的数据，对其进行 A 类不确定度分析得出的数据作为表 8.10 中的测量不确定度值。

表 8.10　纵向尺寸测量不确定度分析结果

标准值/μm	时间差/ns	校准值/μm	测量不确定度/μm	合成不确定度/μm	扩展不确定度/μm
100	36	101.30	0.42	1.97	3.94
200	68	195.60	0.49	1.99	3.98
300	106	307.70	0.36	1.98	3.96
400	136	396.10	0.37	2.00	4.00
500	167	487.50	0.40	2.02	4.04
600	208	608.40	0.53	2.08	4.16
700	242	708.60	0.70	2.16	4.32
800	273	800.00	0.37	2.11	4.22
900	307	900.20	0.46	2.17	4.34
1000	339	994.60	0.40	2.20	4.40

一般声速测量带来的不确定度为理论声速的 0.1%，不锈钢塞尺的理论声速为 $c = 5900\text{m/s}$，那么声速变化带来的不确定度为

$$u_c = 5900 \times 0.1\% = 5.9\text{m/s} \qquad (8.78)$$

在对试块进行测量时，传播时间测量带来的不确定度取决于测量时对数据采集卡设置的采样时间间隔，实验时设置采样频率为 1GHz，采样时间间隔为 1ns，以均匀分布考虑，有

$$u_t = 1/\sqrt{3} = 0.58\text{ns} \tag{8.79}$$

这时声速和传播时间引起的测量不确定度 u_h 为

$$u_h = \sqrt{\left(\frac{c}{2}u_t\right)^2 + \left(\frac{\Delta t}{2}u_c\right)^2} \tag{8.80}$$

纵向尺寸的测量不确定度、合成不确定度及扩展不确定度如表 8.10 所示，数据表明，该系统对微结构内部纵向尺寸测量的不确定度可控制在 5μm 内。

参 考 文 献

[1] 冀芳. 高精度图像测量技术[D]. 西安: 西安电子科技大学, 2007.

[2] 谢道平. 超声 C 扫描图像处理技术的研究[D]. 西安: 西安交通大学, 2007.

[3] 盛道清. 图像增强算法的研究[D]. 武汉: 武汉科技大学, 2007.

[4] Watkins J C H. Learning from delayed rewards[D]. Cambridge: University of Cambridge, 1989.

[5] Sahba F T H R, Tizhoosh H R, Salama M M A. A reinforcement learning framework for medical image segmentation[C]. International Joint Conference on Neural Networks, 2006.

[6] Sahba F T H R, Tizhoosh H R, Salama M M A. A reinforcement agent for object segmentation in ultrasound images[J]. Expert Systems with Applications, 2008, 35(3): 772-780.

[7] Bhanu B, Peng J. Adaptive integrated image segmentation and object recognition[J]. Transaction on Systems, Man & Cybernetics – Part C: Applications and Reviews, 2000, 30(4): 427-441.

[8] Peng J, Bhanu B. Delayed reinforcement learning for adaptive image segmentation and feature extraction[J]. IEEE Transaction on Systems, Man & Cybernetics – Part C: Applications and Reviews, 1998, 28(3): 482-488.

[9] 杜鹃. 基于高频超声的人牙釉质三维重建[D]. 广州: 华南理工大学, 2016.

[10] Eramian M, Schincariol R A, Stockwell R G, et al. Review of applications of 1D and 2D S transforms[C]. AeroSense'97 – International Society for Optics and Photonics, 1997.

[11] Wang Y, Orchard J. On the use of the Stockwell transform for image compression[C]. Proceedings of SPIE Electronic Imaging, 2009.

[12] Drabycz S, Stockwell R G, Mitchell J R. Image texture characterization using the discrete orthonormal S-transform [J]. Journal of Digital Imaging, 2009, 22(6): 696-708.

[13] Goodyear B G, Zhu H, Brown R A, et al. Removal of phase artifacts from fMRI data using a Stockwell transform filter improves brain activity detection[J]. Magnetic Resonance in Medicine, 2004, 51(1): 16-21.

[14] 黄浩. 基于 S 变换的医学影像降噪压缩及稀疏傅里叶变换理论研究[D]. 济南: 山东大学, 2016.

[15] 孙跃文, 刘洪, 丛鹏. 基于卷积神经网络的辐射图像降噪方法研究[J]. 原子能科学技术, 2017, 51(9): 1678-1682.

[16] Jain V, Seung H S. Natural image denoising with convolutional networks[C]. International Conference on Neural Information Processing Systems, 2008.

[17] Li C P, Qin P, Zhang J. Research on lmage denoising based on deep convolution neural[J].

Computer Engineering, 2017, 43(3): 253-260.

[18] Xie J Y, Xu L L, Chen E. Image denoising and inpainting with deep neural networks[C]. International Conference on Neural Information Processing Systems, 2012.

[19] Zhang K, Zuo W, Chen Y, et al. Beyond a Gaussian denoiser: Residual learning of deep CNN for lmage denoising[J]. Transactions on Image Processing, 2017, 26(7): 3142-3155.

[20] 徐畅. 基于 Shearlet 变换和深度 CNN 的图像去噪研究[D]. 南京: 南京信息工程大学, 2018.

[21] 曹宗杰, 潘希德, 薛锦王, 等. 基于数学形态学的超声 C 扫描图像校正方法[J]. 仪器仪表学报, 2005, 26(8): 681-683.

[22] 何恒攀, 赵敏, 孙棣华. 基于Meanshift算法的图像边缘检测[J]. 重庆工学院学报(自然科学版), 2009, 23(8): 128-131.

[23] Dwyer-Joyce R S, Reddyhoff T, Zhu J. Ultrasonic measurement for film thickness and solid contact in elastohydrodynamic lubrication[J]. Journal of Tribology, 2011, 133(3): 031501.

[24] 张强. 机械结构液体层厚度超声测量方法研究[D]. 北京: 北京工业大学, 2009.

[25] Hosten B. Bulk heterogeneous plane-wave propagation through viscoelastic plates and stratified media with large values of frequency-domain[J]. Ultrasonics, 1991, 29(6): 445-450.

第9章　涂层厚度与黏结特性检测

9.1　涂层厚度及均匀性检测

9.1.1　基于 Welch 法谱估计的涂层厚度测量原理

根据第 8 章所述，传统的超声法测量材料厚度是利用脉冲回波法原理，即根据式(9.1)中材料厚度 d 与材料的纵波速度 c_L、超声波在材料中往返一次的时间 Δt 之间的关系，实现厚度测量[1]：

$$d = \frac{1}{2} c_L \Delta t \tag{9.1}$$

该方法的关键在于能测量得到材料下表面回波与上表面回波的时间差 Δt。但当材料厚度太薄($d < 2\lambda$)时，会发生波形混叠现象而无法准确区分出上、下表面回波，使得两个回波的时间差难以测量。为了避免发生回波混叠状况，就需要提高检测探头的频率，从而减小脉冲宽度，达到分开两个回波的目的。然而，随着检测探头频率的提高，其穿透深度随之大幅度减小，特别是对于涂层这种衰减系数较大的材料。为了解决这一两难的问题，许多研究人员对其的研究不仅局限于利用声时差法来测量材料厚度，而是将注意力转移到信号处理方法，通过提取有用的特征参量来计算得到涂层厚度，如声压反射系数法[2]、倒频谱法[3]、三次倒频谱法[4]等。信号分析处理方法能在检测探头频率较低的情况下，对与涂层厚度相关的特征参数进行提取。

1. n 次反射回波信号的频域分析

图 9.1 描述超声波在水-涂层-基底形成的三层介质体系中的传播模型。由于涂层厚度较薄(一般为微米级别)，从涂层/基底界面处反射的多次回波与涂层上表面反射回波会混叠在一起，而这些混叠的信号中包含与涂层厚度相关的特征参数，所以需要对该模型的声传播进行具体分析。1978 年，Haines 等[2]基于苏联科学家布列霍夫斯基赫[5]的多层介质声压反射系数公式，推导得到了垂直入射条件下多层介质的声压反射系数幅度谱公式(9.2)：

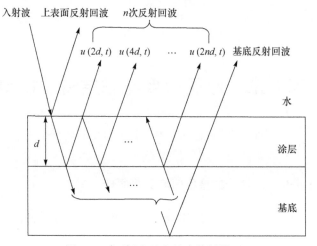

图 9.1　水-涂层-基底的声传播模型

$$|r| = \left[\frac{r_{13} + r_{23}e^{(-2\alpha d)^2} - 4r_{13}r_{23}e^{-2\alpha d}\sin^2(2\pi fd/c_{\mathrm{L}})}{1 + r_{13}r_{23}e^{(-2\alpha d)^2} - 4r_{13}r_{23}e^{-2\alpha d}\sin^2(2\pi fd/c_{\mathrm{L}})} \right]^{1/2} \tag{9.2}$$

从式(9.2)可发现，当 $\sin^2(2\pi fd/c_{\mathrm{L}}) = 0$，即 $2\pi fd/c_{\mathrm{L}} = n\pi + \pi/2 (n = 0,1,2,\cdots)$ 时，$|r|$ 取得极小值，则中间层的厚度可通过式(9.3)得到

$$d = \frac{c_{\mathrm{L}}}{2\Delta f_{\min}} \tag{9.3}$$

即通过声压反射系数幅度谱的极小值频率间隔可计算得到涂层厚度。然而利用此方法对两种涂层进行检测，发现极小值对应的频率不容易识别(图 9.2 中圈出的为疑似的极小值对应频率)。因此，考虑对此方法进行改进。

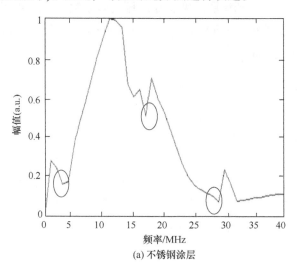

(a) 不锈钢涂层

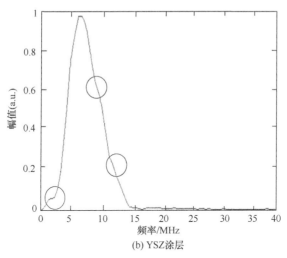

(b) YSZ涂层

图 9.2 声压反射系数幅度谱

当超声波垂直入射进入涂层后会产生一系列反射回波，Haines 等[2]所利用的方法是将上表面反射回波及所有涂层/基底界面的反射回波进行分析。对图 9.2 的模型进行分析，水/涂层界面的反射系数较大，涂层中声衰减较大，因而上表面反射回波的幅值远大于涂层/基底界面 n 次反射回波的幅值，必然对其信号造成影响。又由于 n 次反射回波包含涂层厚度信息，而上表面反射回波并不含有，所以考虑将上表面反射回波排除在外，仅对涂层/基底界面处的多次反射回波进行分析。

设 $u(L,t)$ 为超声波传播 L 距离后的信号，则其傅里叶变换为[6]

$$F\left[u(L,t)\right] = F\left[u(0,t)\right]\exp(-\alpha L)\exp(-\mathrm{i}kL) \tag{9.4}$$

式中，$u(0,t)$ 是初始超声波信号；k 是超声波波数；α 是衰减系数。

设这些多次反射回波次数为 n，则反射回波可表示成 $\sum\limits_{n=0}^{\infty} u(2dn,t)$，其中，$d$ 是涂层的厚度，如图 9.1 所示。

由式(9.4)可得 n 次反射回波的傅里叶变换为

$$F\left[\sum_{n=0}^{\infty} u(2dn,t)\right] = \sum_{n=0}^{\infty} F\left[u(2dn,t)\right] = F\left[u(0,t)\right]\sum_{n=0}^{\infty}\exp(-2\alpha nd)\exp(-2\mathrm{i}knd) \tag{9.5}$$

令 $x = \exp(-2\alpha d)\exp(-2\mathrm{i}kd)$（其中，$x < 1$），则式(9.5)的最后一项可表示成

$$\sum_{n=0}^{\infty}\exp(-2\alpha nd)\exp(-2\mathrm{i}knd) = \sum_{n=0}^{\infty} x^n = \frac{1-x^n}{1-x} = (1-x)^{-1} \tag{9.6}$$

将式(9.6)代入式(9.5)可得

$$F\left[\sum_{n=0}^{\infty} u(2dn,t)\right] = F\left[u(0,t)\right]\left[1-\exp(-2\alpha d)\exp(-2\mathrm{i}kd)\right]^{-1} \tag{9.7}$$

式中，$k = 2\pi f / c_L$，c_L 表示涂层的纵波声速。

对式(9.7)两边同时取平方可得

$$\left| F\left[\sum_{n=0}^{\infty} u(2dn,t)\right] \right|^2 = \frac{\left| F\left[u(0,t)\right] \right|^2}{1 + \exp(-4\alpha nd) - 2\exp(-2\alpha d)\cos(4\pi fd / c_L)} \tag{9.8}$$

对式(9.8)进行分析可发现，当 $\cos(4\pi fd / c_L)=1$，即 $4\pi fd / c_L = 2m\pi(m = 0,1,2,\cdots)$ 时，式(9.8)取得极大值。此时，可在涂层声速已知的情况下由式(9.9)计算得到其厚度

$$d = \frac{c_L}{2\Delta f_{max}} \tag{9.9}$$

式中，Δf_{max} 是频谱图上相邻两个极大值的频率间隔。

式(9.9)与式(9.3)形式上类似，因为两者原理都是干涉效应，然而利用极大值更容易获取对应的频率(图9.3 中圈出的为极大值对应频率)。

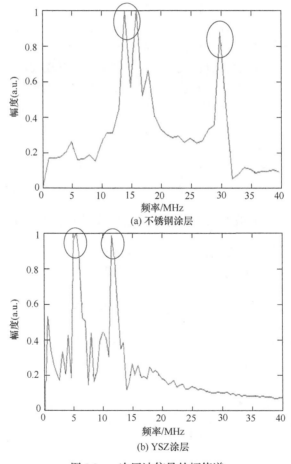

(a) 不锈钢涂层

(b) YSZ涂层

图9.3 n 次回波信号的幅值谱

2. Welch 法谱估计

由前面可知，该方法是通过提取频域的特征参数 Δf 来得到涂层厚度的信息。为了实现涂层厚度均匀性的检测，要对涂层进行超声 C 扫查，这就需要比较准确地提取出每个扫查点对应的极大值频率。因此，考虑引入功率谱估计的分析方法来进一步改进对特征参数 $\Delta f_{\max}$ 的提取。

经典的谱分析方法可分为用随机序列求谱的自相关法和利用快速傅里叶变换求谱的直接法。直接法，即周期图法，将超声检测信号 $x(t)$ 的 N 点数据值当作能量有限信号并取其傅里叶变换，则其周期图法谱估计的表达式为[7]

$$P_{\mathrm{per}}(f) = (1/N)\big|X_N(f)\big|^2 \tag{9.10}$$

式中，N 是信号的数据点数；$X_N(f)$ 是数据点 x_N 对应的傅里叶变换。

将式(9.6)和式(9.8)联立，可得 n 次反射回波信号的周期图法谱估计：

$$
\begin{aligned}
P_{\mathrm{per}}(f) &= \frac{1}{N}\left| F\left[\sum_{n=0}^{\infty} u(2dn,t) \right] \right|^2 \\
&= \frac{\big|F[u(0,t)]\big|^2}{N\big[1+\exp(-4\alpha nd)-2\exp(-2\alpha d)\cos(4\pi fd/c_{\mathrm{L}})\big]}
\end{aligned}
\tag{9.11}
$$

由上述分析可知，周期图法谱估计 $P_{\mathrm{per}}(f)$ 是利用傅里叶变换直接得到的，其方差性能差。而且处理的数据长度越长，谱曲线起伏越大，当处理的数据长度较小时，其分辨力又较低，这都会导致功率谱图上的极值点不明显，所以需要采用改进的谱估计方法。

改进的方法之一是采用 Welch 法谱估计对信号进行处理。Welch 法是由 Welch[8]于 1967 年提出的一种对周期图谱估计的改进方法，又称加权交叠平均法。Welch 法谱估计利用分段平均和时间窗函数的思想，能较好地改进数据的方差，得到较好的功率谱估计。

首先将长度为 N 的数据 $x_N(n)$ 部分重叠地分成 L 段，即

$$x_N^i(n) = x(n+iM-N), \quad 0 \leqslant n \leqslant M-1, 1 \leqslant i \leqslant L \tag{9.12}$$

式中，M 是每一段的数据长度，$L=N/M$。

然后对每一段的数据使用窗函数，此处选择 Hamming 窗，则可计算得到 L 个经过修正的周期图功率谱估计：

$$J^i(f) = \frac{1}{MU}\left| \sum_{n=0}^{M-1} x_N^i(n)d_2(n)\mathrm{e}^{-\mathrm{i}\omega n} \right|^2, \quad i=1,2,\cdots,L \tag{9.13}$$

式中，$d_2(n)$ 是 Hamming 窗；U 是归一化因子，其表达式为

$$U = \frac{1}{M} \sum_{n=0}^{M-1} d_2^2(n) \tag{9.14}$$

最后对式(9.13)加以平均，则由 Welch 法谱估计计算得到的功率谱估计为

$$P_{\text{per}}(f) = \frac{1}{L} \sum_{i=1}^{L} P_{\text{per}}^i(f) = \frac{1}{MUL} \sum_{i=1}^{L} \left| \sum_{n=0}^{M-1} x_N^i(n) d_2(n) \mathrm{e}^{-\mathrm{j}\omega n} \right|^2 \tag{9.15}$$

由上述分析可知，Welch 功率谱将出现周期性极大值，通过获取两个相邻极大值的频率间隔并由式(9.9)计算即可得到涂层的厚度。

利用该方法对两种涂层进行测量的结果如图 9.4 所示，与图 9.3 比较发现，极大值对应频率更加容易识别，可见该改进方法更利于涂层厚度检测。

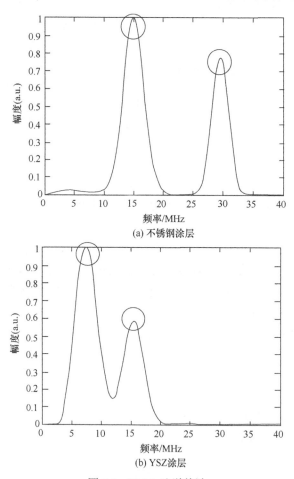

(a) 不锈钢涂层

(b) YSZ涂层

图 9.4　Welch 法谱估计

9.1.2　涂层厚度测量实验

1. 涂层试样

用于超声法测厚实验的涂层试样有两种：一种是将已知厚度的不锈钢塞尺(厚度分别为 0.2mm、0.3mm、0.4mm)黏附在聚合物基底而成的不锈钢覆层试样，将其当作均匀性较好的涂层，用于验证所提出的测量方法的可行性；另一种是利用等离子喷涂法在 45 钢(50mm×50mm×8mm)上制备的 YSZ 热障涂层(Zr_2O_3-Y_2O_3)，厚度范围为 0.2～0.4mm。每种涂层试样 3 个，将不锈钢涂层标记为#1～#3，YSZ 涂层标记为#4～#6。

2. YSZ 涂层厚度的光学显微测量结果

参考《表面工程手册》，显微镜测量方法是涂层厚度测量的基本方法，虽然其操作比较复杂，但是一般作为仲裁测量。因此，首先对 YSZ 涂层进行显微厚度测量，以便于与超声法测量结果进行比较。

对试样垂直于 YSZ 涂层表面的横截面进行研磨以获取比较光滑的界面，然后利用数码显微镜获取横截面的图像，最后利用图像处理软件 Matrox Inspector 9.0 进行厚度测量。试件#4、#5、#6 的显微图像及测量值如图 9.5 所示。

(a) 试样#4,d_m=329.5μm　　　(b) 试样#5,d_m=248.2μm　　　(c) 试样#6,d_m=176.3μm

图 9.5　YSZ 涂层的显微图像(图中 d_m 表示显微测量的厚度值)

3. YSZ 涂层声速测量

由文献[9]可知，YSZ 涂层声速变化为 2500～4000m/s。又由文献[10]可知，喷涂工艺参数(如喷涂距离、角度、压力、温度等)对涂层声速影响较大。因此，需要对该 YSZ 涂层试件进行声速测量。涂层较薄，导致无法分清涂层/基体界面处的回波，因此无法直接测量得到超声波在涂层中往返一次的时间 Δt。此处，通过光学显微镜测得涂层的厚度 d_m，然后测量超声波垂直入射后，在试样无涂层基底中和试样涂层及基底中上、下表面回波的延迟时间 t_2、t_1 (图 9.6)，得超声波在涂层中往返一次的时间 $\Delta t(\Delta t = t_2 - t_1)$，从而由声时法公式 $c_L = 2d / \Delta t$ 计算得到涂层的声速。经过多次测量，得到 YSZ 试样涂层的纵波声速为 3250m/s。

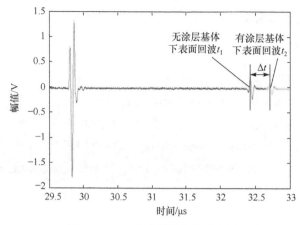

图 9.6　YSZ 声速测量方法示意图

4. 基于 Welch 法谱估计的涂层厚度测量实验结果及分析

1) 实验步骤

根据所描述的测量原理及实验系统，测量步骤如下：

(1) 根据式(9.16)计算得到探头与试样的距离 d_{wb}，然后将聚焦探头置于试样上表面，并保证探头主声束轴线与试样表面垂直，调节探头与试样上表面的距离至 d_{wb}：

$$d_{wb} = d_f - (c_T / c_W)h \tag{9.16}$$

式中，d_{wb} 是探头与表面的距离；c_T 是基底声速；c_W 是水中声速；h 是基底厚度；d_f 是探头焦距。

(2) 利用超声显微系统向涂层试样垂直发射纵波，并采集涂层某一点位的上表面反射回波和下表面 n 次回波混叠所形成的 A 扫查信号。

(3) 根据所采用聚焦探头的脉冲持续时间 Δt_r，去除步骤(2)采集到的 A 扫查波形的上表面回波信号，得到下表面 n 次回波信号。

(4) 对所述步骤(3)中的 n 次回波信号进行 Welch 法谱估计 $P_{per}(f)$。

(5) 读取 $P_{per}(f)$ 图上两个相邻极大值对应的频率，并计算得到 Δf_{max}。

(6) 将计算得到的 Δf_{max} 和涂层声速 c_L 代入式(9.9)便可求得涂层的厚度。

2) 不锈钢涂层厚度测量

分别对不锈钢涂层试件#1、#2、#3 进行基于 Welch 法谱估计的超声法测厚，以验证该方法的可行性。

图 9.7 为 20MHz 探头脉冲持续时间 Δt_r 示意图。图 9.8(a)、图 9.9(a)、图 9.10(a)分别为#1、#2、#3 试样包含涂层上表面回波信号的时域图。图 9.8(b)、图 9.9(b)、图 9.10(b)分别为对应试样根据脉冲持续时间去除上表面回波信号后而得到的 n 次回波信号的时域图。

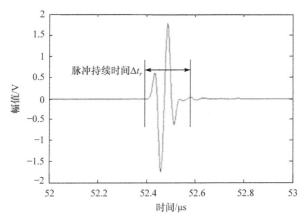

图 9.7　20MHz 探头脉冲持续时间示意图

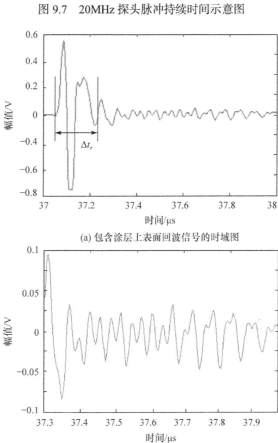

(a) 包含涂层上表面回波信号的时域图

(b) n 次回波信号的时域图

图 9.8　试样#1 回波信号的时域图

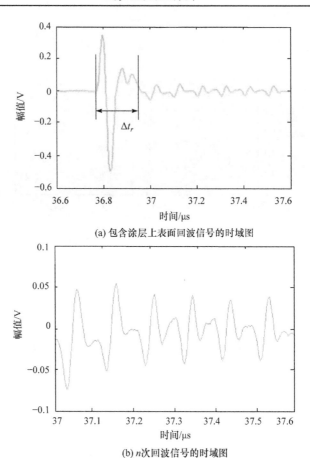

(a) 包含涂层上表面回波信号的时域图

(b) n 次回波信号的时域图

图 9.9　试样#2 回波信号的时域图

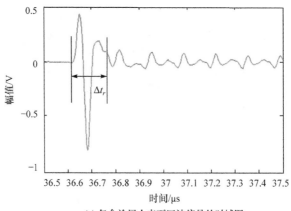

(a) 包含涂层上表面回波信号的时域图

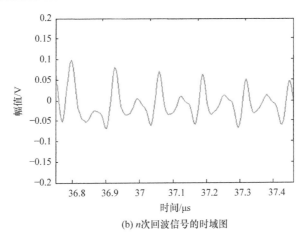

(b) n次回波信号的时域图

图 9.10　试样#3 回波信号的时域图

利用 Welch 法谱估计对这些信号进行处理得到的 Welch 功率谱如图 9.11 所示。通过式(9.1)计算得到不锈钢声速 c_L 为 5820m/s(对厚度为 1mm 的不锈钢涂层进行十次测量)。图 9.11 中对应三个试样 n 次回波信号的 Welch 功率谱曲线皆出现极大值,读取各极大值点的频率计算得到试件#1、#2、#3 相邻极大值频率间隔 $\Delta f_{\max}$ 分别为 14.8MHz、10.0MHz、7.2MHz,将这些值和声速 c_L 分别代入式(9.9)可得#1、#2、#3 涂层的厚度 d 分别为 196.6 μm 、291.0 μm 、404.2 μm 。

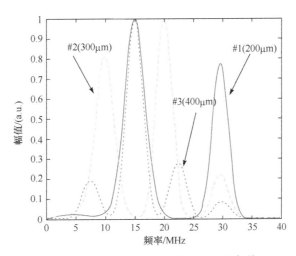

图 9.11　试件#1、#2、#3 的 Welch 功率谱

对试件#1、#2、#3 分别进行十次测量并取平均,结果列于表 9.1。对超声法测量值和真实值的误差分析表明,Welch 法谱估计适用于均匀涂层厚度的测量。

表 9.1　不锈钢涂层测量结果

试样编号	Δf_{max} /MHz	超声法 d/ μm	真实值 d/ μm	误差/%
1	14.9	195.3	200	2.4
2	9.8	296.9	300	1.01
3	7.4	393.2	400	1.7

3) YSZ 涂层厚度测量

为验证该方法是否适用于热喷涂涂层，分别对试件#4、#5、#6 实施同样的测量步骤。

图 9.12 为 10MHz 探头脉冲持续时间 Δt_r 示意图。图 9.13(a)、图 9.14(a)、图 9.15(a)分别为#4、#5、#6 试样包含涂层上表面回波信号的时域图。图 9.13(b)、图 9.14(b)、图 9.15(b)分别为对应试样根据脉冲持续时间去除上表面回波信号而得到的 n 次回波信号的时域图。

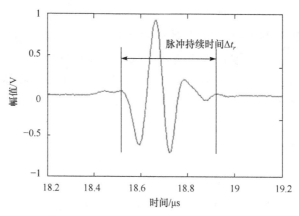

图 9.12　10MHz 探头脉冲持续时间示意图

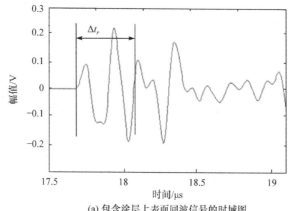

(a) 包含涂层上表面回波信号的时域图

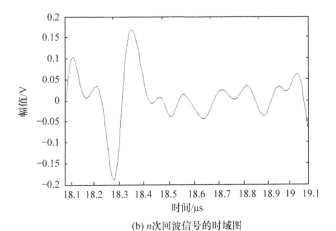

(b) n 次回波信号的时域图

图 9.13   试样#4 回波信号的时域图

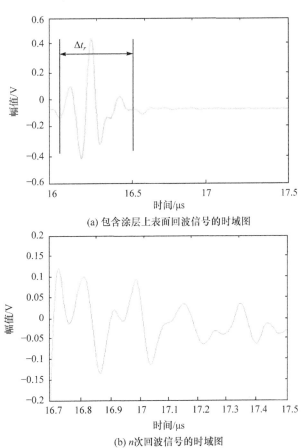

(a) 包含涂层上表面回波信号的时域图

(b) n 次回波信号的时域图

图 9.14   试样#5 回波信号的时域图

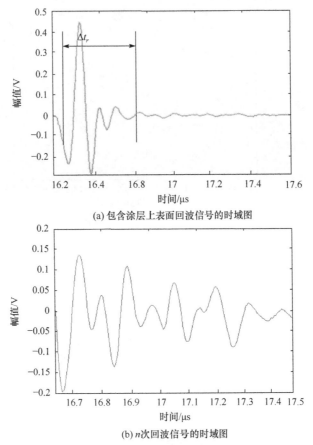

(a) 包含涂层上表面回波信号的时域图

(b) n 次回波信号的时域图

图 9.15 试样#6 回波信号的时域图

　　利用 Welch 法谱估计对这些信号进行处理得到的 Welch 功率谱如图 9.16 所示。可知，图 9.16 中对应三个试样 n 次回波信号的 Welch 功率谱曲线皆出现极大值，读取各极大值点的频率计算得到#4、#5、#6 试件相邻极大值频率间隔 Δf_{max} 分别为 4.7MHz、6.7MHz、9.4MHz，将这些值和声速 c_L 分别代入式(9.9)可得#4、#5、#6 试件的涂层厚度 d 分别为 345.7μm、242.5μm、172.9μm。

　　对试件#4、#5、#6 的涂层厚度分别进行十次测量并取平均，结果列于表 9.2。通过分析超声法测量值和真实值的误差，可以确定 Welch 法谱估计同样适用于热喷涂 YSZ 涂层厚度的测量。通过比较表 9.1 及表 9.2 的误差发现，YSZ 涂层的测量误差明显大于均匀不锈钢涂层测量误差，这可能是由热喷涂制备工艺造成涂层声速不均匀造成的。

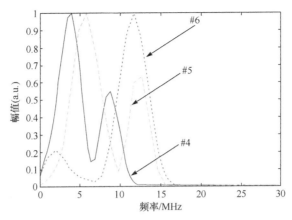

图 9.16　试件#4、#5、#6 的 Welch 功率谱

表 9.2　YSZ 涂层测量结果

试样编号	Δf_{max} /MHz	超声法 d/μm	显微法 d/μm	误差/%
4	4.7	345.7	329.5	4.9
5	6.9	235.5	248.2	5.1
6	9.8	165.8	176.3	6.0

9.1.3　涂层厚度均匀性检测

热喷涂时总是希望涂层厚度在试件上的分布越均匀越好，若涂层厚度分布不均匀，会对涂层及基底的使用性能造成很大影响，因此实现对涂层厚度均匀性的检测，特别是采用无损检测方法就显得尤为重要。本节将根据前述涂层厚度测量方法，并结合超声显微镜的 C 扫查功能，利用离散的颜色来表示涂层的厚度，实现涂层厚度分布的成像显示，实现对涂层均匀性的无损评估。

涂层厚度均匀性检测方法是：首先利用超声显微镜的 C 扫查功能对涂层进行扫查得到各扫查点的 A 扫查信号，然后利用前述基于 A 扫查信号的 Welch 法谱估计测量涂层厚度的方法得到各扫查点的涂层厚度，并用离散的颜色值来表示不同的厚度，进而，通过组合扫查点位置数据和对应的涂层厚度颜色数据得到涂层厚度分布的彩色图像，根据图像中颜色的分散程度(厚度变化程度)来评估厚度的均匀性。

对均匀涂层试件#1、#2、#3 进行扫查，获得其厚度分布 C 扫查图像如图 9.17 所示。图 9.17 中虚线方框内显示了该图像内厚度的最大值及最小值(该图像中厚度最小值为 192.2 μm，最大值为 397.3 μm)，并且显示了厚度值对应的颜色。图 9.17 右侧的厚度分布图像，很明显地分成三块区域，最上方区域(蓝色)为试件#1 的厚度分布(为该图厚度最小区域)，中间区域(绿色)为试件#2 的厚度分布，最下方区域(红色)为试件#3 的厚度分布(为该图厚度最大区域)。将每个区域的颜色值所代表的厚度值与表 9.1 所测量结果进行比较，验证了该成像方法能将厚度值准确映射成颜色值。通过对图 9.17 右侧厚度分布图的分析可知，三个试件的厚度分布颜色较集中，即厚度分布较均匀，仅某些点的颜色与周围不同，这可能是由结合界面或表面气泡造成的。

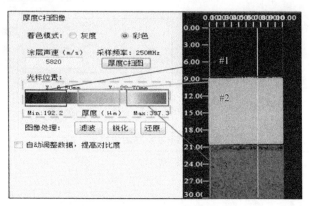

图 9.17　不锈钢涂层#1、#2、#3 的厚度分布 C 扫查图像

利用同样的测量步骤对等离子喷涂的 YSZ 涂层试件#4、#5、#6 进行厚度 C 扫查成像，结果如图 9.18～图 9.20 所示。从图 9.18～图 9.20 可知，三个试件的厚度分别为 $85.7\mu m$、$78.5\mu m$、$39.7\mu m$，而且厚度分布图像的颜色分散度大，即涂层厚度分布较为不均匀。但是三个试件的主要区域的颜色均较为一致，而该区域的颜色值是对应于 9.1.3 节所测量的厚度值范围的。造成涂层厚度分布均匀性较差的原因可能是喷涂颗粒不均匀、喷涂过程中混入杂质、喷涂工艺造成表面粗糙、空隙等。测试表明，YSZ 涂层厚度的均匀性可以通过对其 C 扫查成像的颜色分散度进行综合分析得到，可方便地通过视觉观察快速评价。

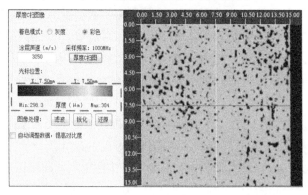

图 9.18　YSZ 涂层#4 的厚度分布 C 扫查图像

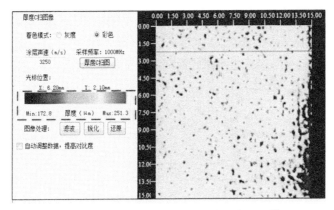

图 9.19　YSZ 涂层#5 的厚度分布 C 扫查图像

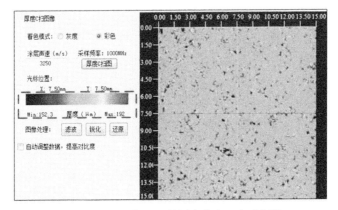

图 9.20　YSZ 涂层#6 的厚度分布 C 扫查图像

9.2　涂层结合质量检测

涂层结合质量检测包括涂层结合缺陷的检测及涂层结合强度的检测。本节介绍采用基体底面回波幅度对涂层结合缺陷进行检测的方法，介绍利用基体底面回波特征参数(透射影响系数 K)对涂层结合强度进行检测的方法。

9.2.1　检测与表征原理

1. 基体底面回波幅度法检测结合缺陷的原理

利用超声脉冲回波法检测界面缺陷，通常是根据界面反射回波的幅值大小来进行评估。由于涂层厚度较薄，一般为微米级别，探头频率太低会导致界面回波的混叠而无法准确区分，所以要实现对涂层与基底结合缺陷的超声检测，需要高频率的探头。但是涂层中的声衰减较大，采用探头频率越高，衰减越大，会导致界面反射回波极其微弱。而且由文献[11]可知，热喷涂涂层的阻抗 Z_3 为 $(20\sim30)\times10^6\mathrm{kg/(m^2 \cdot s)}$，涂层/基底界面透射回波远大于反射回波。针对这种情况，日本的 Lian 等[12]提出采用基体底面回波幅度法对涂层界面的结合缺陷进行检测，其原理如图 9.21 所示。

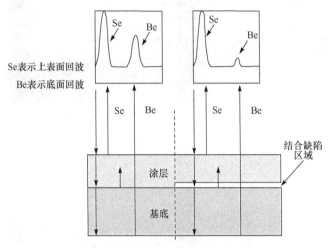

图 9.21　基体底面回波幅度法检测结合缺陷原理

由声压反射系数公式可知，界面反射回波的能量与界面两侧介质的声阻抗相关。当涂层/基底界面有缺陷时，例如，两介质中夹着一层空气或杂质，空气或杂质的声阻抗与基底声阻抗不同，将导致反射系数 r 发生变化。又由于界面上声能分配遵从能量守恒定律[13]，即

$$r+t=1 \tag{9.17}$$

可知，此时声压透射系数 t 也将发生变化，因而从底面反射回来的波幅值也将发生变化，这就是底面回波反射法的检测原理。如图 9.21 所示，当结合界面有缺陷时，底面回波 Be 的幅值将远小于结合质量较好的区域的反射回波幅值。因此，采用该方法可以实现在低频率探头的情况下，利用基体底面回波幅值的大小来检测涂层界面结合缺陷。

2. 透射影响系数 K 表征结合强度的原理

前文所述的基体底面回波反射法仅适用于当涂层与基体结合区域出现结合缺陷，如界面杂质、脱层等，无法定量评价涂层的结合强度。结合强度对于超声波声压透射系数 t 有影响，当结合强度高时，声压透射系数 t 就大，当结合强度低时，声压透射系数 t 就小[11]。下面介绍利用透射影响系数 K 来评价涂层的结合强度的方法。透射影响系数 K 评价涂层结合强度的原理及测量步骤如下。

1) 测量涂层声阻抗

图 9.22(a)为超声波在耦合液/基体界面的反射、透射示意图,界面处的声压反射、透射系数表达式分别为

$$r_s = \frac{P_s}{P_i} = \frac{Z_2 - Z_1}{Z_2 + Z_1} \tag{9.18}$$

$$t_s = \frac{P_t}{P_i} = \frac{2Z_2}{Z_2 + Z_1} \tag{9.19}$$

式中,P_i 是入射波;P_s 是上表面反射波;P_b 是上表面透射波。

将水的声阻抗 $Z_1 = 1.5 \times 10^6 \, \text{kg/(m}^2 \cdot \text{s})$、基体声阻抗(钢) $Z_2 = 46.5 \times 10^6 \, \text{kg/(m}^2 \cdot \text{s})$ 及通过测量得到的基体上表面回波 P_s 代入式(9.18),可计算得到入射波 P_i。

图 9.22(b)为超声波在耦合液/涂层界面的反射、透射示意图,图中,Z_3 表示涂层的声阻抗。涂层表面反射系数 r_{cs} 可表示为

$$r_{cs} = \frac{P_{cs}}{P_i} = \frac{Z_3 - Z_1}{Z_3 + Z_1} \tag{9.20}$$

将计算得到的入射波 P_i 及测量的 P_{cs} 代入式(9.20),可计算得到反射系数 r_{cs}。同理,基体底面回波反射系数 r_{cb} 为

$$r_{cb} = P_{cb} / P_i \tag{9.21}$$

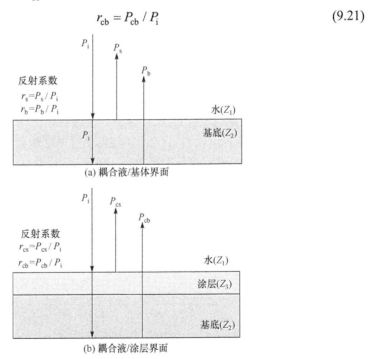

(a) 耦合液/基体界面

(b) 耦合液/涂层界面

图 9.22 超声波在界面的反射、透射示意图

将测得的底面回波 P_{cb} 及入射波 P_i 代入式(9.21)，可计算得到底面回波反射系数 r_{cb}。

由式(9.20)可得到涂层声阻抗 Z_3 的表达式为

$$Z_3 = Z_1 \frac{1 + r_{cs}}{1 - r_{cs}} \tag{9.22}$$

将 Z_1 及 r_{cs} 代入式(9.22)，可计算得到涂层声阻抗 Z_3。如图 9.23 所示，涂层声阻抗随着涂层表面反射系数的增大而增大。

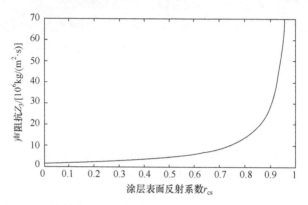

图 9.23　涂层声阻抗 Z_3 与涂层表面反射系数 r_{cs} 的关系曲线

2) 测算透射影响系数 K

由图 9.22(b)可知，从入射波 P_i 到底面回波 P_{cb} 在涂层系统中的传播过程是：水/涂层界面的一次透射，涂层/基底界面的一次透射，基底/水界面的一次反射，基底/涂层界面的二次透射，涂层/水界面的二次透射。由于涂层/基体界面的透射系数受结合强度的影响，所以引入涂层/基底界面透射影响系数 K 来评价涂层界面的结合强度，则基体底面回波反射系数 r_{cb} 也可以表示为

$$\begin{aligned} r_{cb} &= \frac{2Z_3}{Z_3 + Z_1} \frac{2Z_2}{Z_3 + Z_2} K \frac{Z_2 - Z_1}{Z_2 + Z_1} \frac{2Z_3}{Z_3 + Z_2} K \frac{2Z_1}{Z_3 + Z_1} \\ &= \frac{16Z_1 Z_2 Z_3 (Z_2 - Z_1)}{(Z_3 + Z_1)^2 (Z_3 + Z_2)^2 (Z_2 + Z_1)} K^2 \end{aligned} \tag{9.23}$$

从式(9.23)可以推导出透射影响系数 K 的表达式为

$$K = \frac{(Z_3 + Z_1)(Z_2 + Z_3)}{4Z_3} \sqrt{\frac{r_{cb}(Z_1 + Z_2)}{Z_1 Z_2 (Z_2 - Z_1)}} \tag{9.24}$$

通过将水声阻抗 Z_1、基底声阻抗 Z_2 及计算得到的底面回波反射系数 r_{cb}、涂层声阻抗 Z_3 代入式(9.24)可得到透射影响系数 K。图 9.24 为透射影响系数与声阻抗、底面回波反射系数的关系曲线，当 r_{cb} 一定时，K 随着 Z_3 的增大先减少再逐

渐增大，当 Z_3 一定时，K 随着 r_{cb} 的增大而增大。因此，透射影响系数 K 包含了涂层声阻抗 Z_3 及底面回波反射系数 r_{cb} 的信息，能反映涂层与基底结合的状况，可以将它选为评价涂层结合强度的超声特征参数。

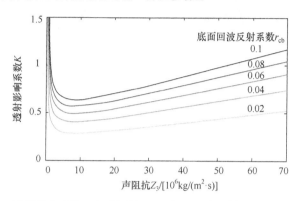

图 9.24　透射影响系数 K 与声阻抗 Z_3、底面回波反射系数 r_{cb} 的关系曲线

9.2.2　结合缺陷检测实验

1. 缺陷试件制备

喷砂是最常用的喷涂前基体表面预处理方法，其作用主要表现在两个方面：一是除去基体表面的氧化皮、铁锈及其他附着物，使表面清洁；二是粗化基体表面，增大涂层与基体的实际接触面积[14]。因而，可通过对喷砂时间进行控制，得到基体表面净化度不同的涂层试样，制造结合缺陷(喷砂时间短使得表面附着杂质去除不干净)。实验用试样为等离子喷涂制备的 YSZ 涂层，并根据厚度范围将六个试样分为三组，每组的两个试样除了喷砂时间不同(第一个试样喷砂时间 60s，第二个试样喷砂时间 10s)，其余工艺参数均是相同的。试件#1~#6 的厚度分别为 176.3μm、148.2μm、248.2μm、270.1μm、329.5μm、356.9μm。

2. 界面缺陷检测结果

采用超声显微镜实现基体底面回波法检测原理，设置跟踪闸门跟踪涂层上表面回波，数据闸门截取基体底面回波，对试件进行超声 C 扫查，成像模式选择峰值成像。

三组试样的基体底面回波 C 扫查图如图 9.25~图 9.27 所示。试件#1、#3、#5 喷砂时间为 60s，试件#2、#4、#6 喷砂时间为 10s。图 9.25(a)~图 9.27(a)颜色较均匀，表明涂层与基体结合界面质量较好，而与之相比较，图 9.25(b)~图 9.27(b)明显发现有些区域颜色比周围暗(图中圆圈标志)，即该区域有表面附着物造成的界面缺陷。实验的结果表明，基体底面回波法可用于涂层结合缺陷的检测。

(a) 试件#1　　　　　　　　　　　(b) 试件#2

图 9.25　第一组试样的 C 扫查图

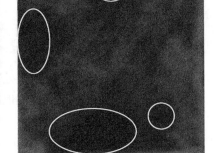

(a) 试件#3　　　　　　　　　　　(b) 试件#4

图 9.26　第二组试样的 C 扫查图

(a) 试件#5　　　　　　　　　　　(b) 试件#6

图 9.27　第三组试样的 C 扫查图

9.2.3　结合强度检测实验

1. 试件制备

涂层结合强度实验试件尺寸如图 9.28 所示。利用等离子喷涂方法，在厚度为 2mm 的基底上制备厚度为 0.3mm 的氧化铝涂层，基底材料为高温合金钢和 45 钢的试件各 4 件(标记#1～#4 为高温合金钢，#5～#8 为 45 钢)。对于试件#1、#2、#5、#6，采用较短的喷砂时间及预先对其加载拉伸应力，使其结合强度较低。

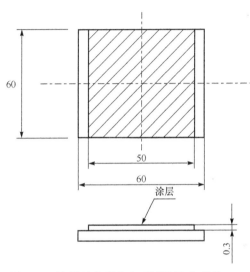

图 9.28　涂层结合强度实验试件尺寸(单位: mm)

2. 透射影响系数 K 的测量

根据式(9.24)，要得到透射影响系数 K 值，需要测量基体底面回波反射系数 r_{cb}、涂层声阻抗 Z_3。根据 9.2.1 节给出的透射影响系数 K 值的测量步骤，利用超声显微镜对涂层试件#1～#8 的超声特征参数 K 进行测量。对每个试件的六个位置进行测量并取平均值，测量结果列于表 9.3。

表 9.3　透射影响系数 K 测量结果

试件编号	K(均值)
1	0.6208
2	0.7322
3	0.8101
4	0.7030
5	0.7222
6	0.6470

续表

试件编号	K(均值)
7	0.8060
8	0.6883

3. 涂层结合强度的力学法检测

为了证明透射影响系数 K 可表征涂层结合强度,采用力学法对试件的涂层结合强度进行测量,分析透射影响系数 K 与涂层结合强度间的关系。

涂层结合强度的测量方法主要分为三种:核方法、力学法和混合法。其中,力学法实用性较强,结果最实际可靠,其主要有拉伸法、剪切法、弯曲法、划痕法及压入法[15,16]。由于实验基体为较薄平板,用剪切法来测量涂层的结合强度更合理。剪切法测试结合强度示意图如图 9.29 所示,用高剪切强度的环氧树脂胶(对于疏松涂层,HB 5474—1991《热喷涂涂层剪切强度试验方法》中推荐使用 201 胶)将涂层与夹具黏结在一起,得到拉伸试件,将试件夹持在 WDW-200E 微机控制电子万能试验机上进行拉伸(拉伸速度为 1mm/min)直至涂层剥落,然后通过式(9.25)计算得到剪切强度(用涂层剥落时对应的临界载荷除以黏结面积得到涂层结合强度)[17,18]。

$$\tau = \frac{F}{A} \tag{9.25}$$

式中,τ 是剪切结合强度;F 是涂层剥落时的载荷;A 是涂层实际有效黏结面积(对于图 9.28 的涂层试件,$A = 1250\text{mm}^2$)。

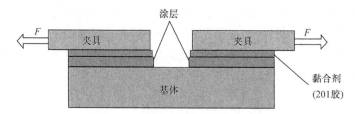

图 9.29　剪切法测试结合强度示意图

利用剪切法对试件#1～#8 的结合强度的测试结果如表 9.4 所示。

表 9.4　剪切法测量的涂层结合强度结果

试件编号	1	2	3	4	5	6	7	8
结合强度/MPa	8.5	17.1	19.5	14.9	14.3	10.8	20.4	12

图 9.30 为拉伸试件加载示意图。图 9.31 为剪切法测试结合强度实验后试件涂层剥落的形貌图。图中矩形方框为涂层与夹具有效黏结面积 A，虚线为涂层剥落的区域。

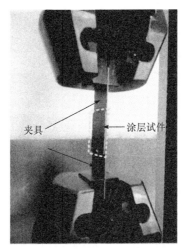

图 9.30　拉伸试件加载示意图

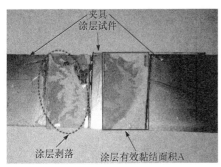

(a) 基底为高温合金钢

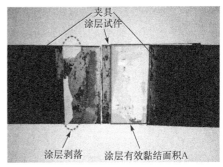

(b) 基底为45钢

图 9.31　剪切法测试结合强度实验后涂层剥落的形貌图

4. 透射影响系数 K 与结合强度的关系

将表 9.4 中剪切法测量的涂层结合强度结果与表 9.3 中透射影响系数 K 的测量结果联系在一起，可得如图 9.32 所示的 K 与结合强度关系曲线(图中#1～#8 表示每个试件测量的六个 K 值的均值)。图 9.32 中的粗实线曲线为涂层结合强度与透射影响系数 K 均值间的关系曲线，从图中可以看出，两者存在一定的对应关系，即随着涂层结合强度的增强，K 值总体是呈增长趋势的，且两者接近于线性关系。这表明透射影响系数 K 可用于表征涂层结合强度。

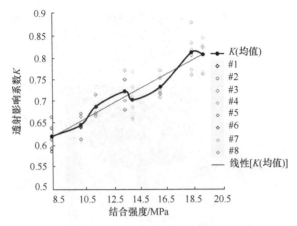

图 9.32　透射影响系数 K 与结合强度关系曲线

9.3　涂层结合强度检测方法

　　对于涂层结合状态完好的界面,当采用脉冲回波方法进行检测时,结合界面反射率低、透射率高,基体底面反射回波能量大;对于涂层完全脱落或未结合的状态,结合界面能量反射率高、透射率低,超声波能量被涂层脱黏界面完全反射,而形成涂层底面反射回波;对于涂层结合不完好的状态或弱结合状态,涂层与基体结合界面存在一定程度的反射和透射,超声波能量透射率越高,结合状态越好,结合强度越高,反之亦然。因此,对涂层回波、基体回波和结合界面回波的幅值或能量进行检测,可获得涂层的结合强度,其检测原理示意图如图 9.33 所示。

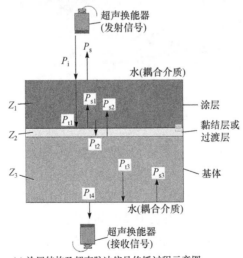

(a) 涂层结构及超声脉冲信号传播过程示意图

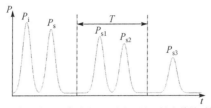

(b) 涂层界面超声脉冲反射信号(能量)时序及涂层结合特性时间窗示意图

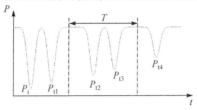

(c) 涂层界面超声脉冲透射信号(能量)时序及涂层结合特性时间窗示意图

图 9.33　涂层结合强度超声脉冲全时域波形检测原理示意图

9.3.1　界面超声能量反射与透射

当利用脉冲超声波水耦法检测涂层结构时，超声脉冲信号的传播情况如图 9.33(a)所示。P_i 为超声波进入涂层前在耦合介质中的入射超声能量；P_s 为耦合介质中由涂层表面反射的超声能量；P_{t1} 为从耦合液透射到涂层中的超声能量；P_{s1} 为涂层底面反射的超声能量；P_{t2} 为从涂层透射到黏结层或过渡层中的超声能量；P_{s2} 为黏结层或过渡层与基体间界面反射的超声能量；P_{t3} 为从黏结层或过渡层透射到基体介质中的超声能量；P_{s3} 为基体底面反射的超声能量。

涂层与黏结层界面、黏结层与基体界面的超声能量反射系数表达式分别为

$$r_{s1} = \frac{P_{s1}}{P_{t1}} = \frac{Z_2 - Z_1}{Z_2 + Z_1} \tag{9.26}$$

$$r_{s2} = \frac{P_{s2}}{P_{t2}} = \frac{Z_3 - Z_2}{Z_2 + Z_3} \tag{9.27}$$

式中，r_{s1} 是超声波在涂层与黏结层界面的能量反射系数；r_{s2} 是超声波在黏结层与基体界面的能量反射系数。这两个反射系数可以反映涂层与黏结层界面、黏结层与基体界面的结合状态或强度。反射系数分析法适合超声脉冲反射检测方法，如图 9.33(b)所示。

涂层与黏结层界面、黏结层与基体界面的超声能量透射系数表达式分别为

$$t_{t1} = \frac{P_{t2}}{P_{t1}} = \frac{2Z_2}{Z_2 + Z_1} \tag{9.28}$$

$$t_{t2} = \frac{P_{t3}}{P_{t2}} = \frac{2Z_3}{Z_2 + Z_3} \tag{9.29}$$

式中，t_{t1} 是超声波在涂层与黏结层界面的能量透射系数；t_{t2} 是超声波在黏结层与基体界面的能量透射系数。这两个透射系数也可以反映涂层与黏结层界面、黏结层与基体界面的结合状态和强度。透射系数分析法适合超声脉冲透射检测方法，如图 9.33(c)所示。

　　超声检测方法以涂层界面的能量反射系数或透射系数表征涂层的结合强度，在已知耦合介质声速和声程、涂层声速和厚度、黏结层声速和厚度及基体声速和厚度的条件(制备标准试样)下，利用超声扫查系统或面阵列超声检测系统对涂层结构进行超声反射或透射 C 扫查，在准确获得超声全时域波形的基础上，对指定时间长度窗(图 9.33(b)和图 9.33(c)中所示的"T")内结合层的超声反射或透射能量进行求和，与 10 个等级标准结合强度试样超声检测的反射或透射能量进行对比，得到被测涂层的结合强度数值，结合强度等级可以按需要增加。标准试样的涂层结合强度通过拉伸法定值，拉伸试验装置如图 9.34 所示，不同结合强度等级试样的制备方法可参考图 9.35 和图 9.36。

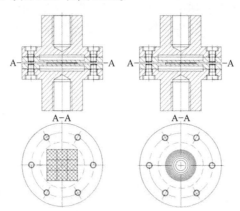

图 9.34　涂层结合强度拉伸试验装置示意图

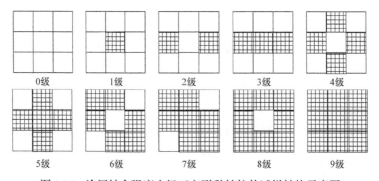

图 9.35　涂层结合强度十级正方形黏结拉伸试样结构示意图

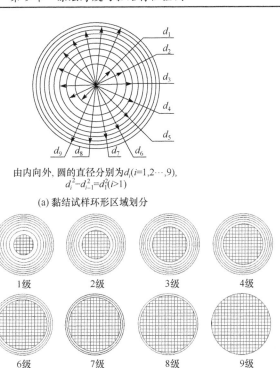

由内向外, 圆的直径分别为d_i($i=1,2\cdots,9$),
$d_i^2-d_{i-1}^2=d_1^2$($i>1$)

(a) 黏结试样环形区域划分

0级　　1级　　2级　　3级　　4级

5级　　6级　　7级　　8级　　9级

(b) 不同结合强度等级黏结的环形区域

图 9.36　涂层强度十级圆环形黏结拉伸试样结构示意图

9.3.2　反射系数和透射系数表征

若在某检测点位超声反射系数 r_{s1} 或 r_{s2} 均为 0 或最小值、透射系数 t_{t1} 或 t_{t2} 均为 1 或最大值, 则说明超声信号能量出现全透射, 对应点位的涂层和黏结层界面完全黏结, 此处的涂层结合强度为 1 或最大值或理论值 σ_{th}。

若在某检测点位超声反射系数 r_{s1} 或 r_{s2} 均为 1 或最大值、透射系数 t_{t1} 或 t_{t2} 均为 0 或最小值, 则说明超声信号能量出现全反射, 对应点位的涂层和黏结层界面出现脱黏, 此处的涂层结合强度为 0 或最小值。

利用反射系数或透射系数, 涂层结合强度 σ 可表示为

$$\sigma = \sigma_{th}K_r \quad 或 \quad \sigma = \sigma_{th}K_t \tag{9.30}$$

式中, σ 是结合强度, 单位 N/m^2 或者 Pa; σ_{th} 是理论结合强度, 单位 N/m^2 或者 Pa; K_r 是超声反射法结合强度系数, 是超声反射扫查的反射系数与全反射系数 r_{Sth} 之比; K_t 是超声透射法结合强度系数, 是超声透射扫查的透射系数与全透射系数 t_{Tth} 之比。

涂层结合强度是一定结合面积内各点结合强度的平均值, 因此结合强度系数

是指定扫查面积积分条件下的能量反射或透射系数与能量全反射或全透射系数之比，超声反射法结合强度系数 K_r 和超声透射法结合强度系数 K_t 分别表示如下：

$$K_r = \frac{\oint r_{s1}\mathrm{d}S + \oint r_{s2}\mathrm{d}S}{\oint r_{Sth}\mathrm{d}S} \tag{9.31}$$

$$K_t = \frac{\oint t_{t1}\mathrm{d}S + \oint t_{t2}\mathrm{d}S}{\oint t_{Tth}\mathrm{d}S} \tag{9.32}$$

按本方法所检测的结合强度，是被检涂层区域各点结合强度的平均值。

9.3.3　结合强度检测技术要求

为采用反射系数和透射系数方法获得涂层结合强度的具体数值，需要利用相应涂层结构不同结合强度的标准试样对检测系统进行标定。标准试样、拉伸装置及试样制备原理如图 9.34～图 9.36 所示。涂层结合强度的无损检测方法详见国家标准 GB/T 38898—2020《无损检测 涂层结合强度超声检测方法》。

超声反射式和超声透射式扫查设备均可用于涂层结合强度的无损检测；对于透声性良好的涂层结构，可以采用满足国家标准 GB/T 27664.1—2011《无损检测 超声检测设备的性能与检验 第 1 部分:仪器》或 GB/T 34018—2017《无损检测 超声显微检测方法》的超声反射式扫查设备，涂层厚度越薄，要求检测用超声频率越高，声束越细，扫查装置的运动精度越高；对于透声性不好的涂层结构，可以采用满足国家标准 GB/T 34892—2017《无损检测 机械手超声检测方法》的超声透射式扫查设备或相关技术完成超声透射检测，涂层越厚，透声性越差，采用的超声频率越低，黏结状态的检测分辨力越低。

超声换能器应满足相关国家标准 GB/T 27664.2—2011《无损检测 超声检测设备的性能与检验 第 2 部分:探头》的要求，在有清晰超声反射波或透射波的条件下，尽可能选择高频聚焦超声换能器，以获得更高的涂层结合强度检测分辨力，以表征出界面的结合强度细节。反射或透射换能器的安装必须与样品表面法向一致，检测表面耦合液不含气泡。

在 A 扫查模式下，调节换能器与被检测构件表面距离使超声检测系统接收到的反射或透射信号的幅值达到最大，使声束聚焦在要检测的结合界面上。

参 考 文 献

[1] 史亦伟. 超声检测[M]. 北京: 机械工业出版社, 2005.
[2] Haines N F, Bell J C, McIntyre P J. The application of broadband ultrasonic spectroscopy to the

study of layered media[J]. The Journal of the Acoustical Society of America, 1978, 64(6): 1645-1651.

[3] Martin C, Meister J J, Arditi M, et al. A novel homomorphic processing of ultrasonic echoes for layer thickness measurement[J]. IEEE Transactions on Signal Processing, 1992, 40(7): 1819-1825.

[4] Lu X M, Reid J M, Soetanto K, et al. Cepstrum technique for multilayer structure characteri zation[C]. IEEE Ultrasonics Symposium, 1990: 1571-1574.

[5] 布列霍夫斯基赫. 分层介质中的波[M]. 2 版. 杨训仁, 译. 北京: 科学出版社, 1985.

[6] 刘镇清, 王路. 脉冲超声波幅度谱测厚技术[J]. 计量技术, 1999, 5: 6-8.

[7] 薛年喜. MATLAB 在数字信号处理中的应用[M]. 北京: 清华大学出版社, 2003.

[8] Welch P D. The Use of fast fourier transform for the estimation of power spectra: A method based on time averaging over short, modified periodograms[J]. IEEE Transactions on Audio and Electroacoustics, 1967, 15(2): 70-73.

[9] Lescribaa D, Vincent A. Ultrasonic characterization of plasma-sprayed coatings[J]. Surface and Coatings Technology, 1996, 81(2): 297-306.

[10] 孙国平. 热喷涂陶瓷涂层超声无损评价方法[J]无损检测, 1995, 17(1): 28-30.

[11] Suga Y, Lian D, Ikeda A. Evaluation of properties of thermal sprayed coating by ultrasonic testing method[C]. Proceedings of the 15th International Thermal Spray Conference, 1998.

[12] Lian D, Suga Y, Shou G, et al. An ultrasonic testing method for detecting deamination of sprayed ceramic coating[J]. Journal of Thermal Spray Technology, 1996, 2(5): 128-133.

[13] 冯若. 超声手册[M]. 南京: 南京大学出版社, 2001.

[14] 宋斌, 陈铭, 陈利修. 喷砂预处理工艺对涂层结合强度的影响[J]. 机械设计与研究, 2013, 29(3): 70-74.

[15] 杨班权, 陈光南, 张坤, 等. 涂层/基体材料界面结合强度测量方法的现状与展望[J]. 力学进展, 2007, 37(1): 67-79.

[16] 马峰, 蔡珣. 膜基界面结合强度表征和评价[J]. 表面技术, 2001, 30(5): 15-19.

[17] 中华人民共和国航空航天工业部. 热喷涂涂层剪切强度试验方法: HB 5474—1991[S]. 1991.

[18] 耿瑞, 周柏卓, 齐红宇, 等. 热障涂层结合强度及失效模式研究[J]. 航空动力学报, 2003, 8(6): 50-53.

第 10 章　电子封装缺陷检测

10.1　需　求　背　景

近几十年来，随着电子信息技术的发展，对高性能、携半导体产品的需求日益广泛，电子元器件的封装技术也在不断发展，其封装密度越来越高。电子封装技术的迅速发展主要从 20 世纪 80 年代的扁平封装(quad flat package, QFP)开始，经历了球栅阵列封装(ball grid array, BGA)和芯片尺寸封装(chip scale package, CSP)时代。进入 21 世纪以后，多芯片组件(multi-chip module, MCM)、3D 封装(封装叠层(package on package, PoP))和系统封装(system in package, SIP)逐步成为电子封装技术的主流发展方向[1, 2]。

为提高电子封装的可靠性，应及时发现这些封装中的各种缺陷，以便采取预防或更换措施，必须开展电子封装内部缺陷的无损检测技术研究。光学显微分析、电子显微分析、光声热波成像、扫描探针、X 射线检测和超声显微镜等技术都可用于电子封装表面及亚表面的形貌与内部缺陷检测。近年来，国外还有些学者采用超声全息扫描来进行亚表面成像[3, 4]。

在上述方法中，能用于不透光材料内部结构无损检测的技术主要是 X 射线检测和超声显微检测，而 X 射线成像操作采用的是穿透模式，得到整个样品厚度的一个合成图像。射线在空气中的衰减甚微，导致 X 射线检测难以检出试样内部垂直于射线方向的闭合裂纹和分层缺陷，除非材料有足够的物理上的分离[5]。在较长的检查期间内，如果半导体设备放置在离 X 射线源比较近的地方，可能会产生损坏或随机电子错误。此外，X 射线对人体有害，故 X 射线检测对使用环境和安全防护有特殊要求。而超声显微检测技术采用高频超声波，能穿透金属、塑料、陶瓷等不透光物体，对于黏附性的缺陷及气泡、裂痕，包括闭合裂纹和分层等缺陷特别敏感，在纵向上相比其他技术的分辨能力要高很多，对电子封装内的分层缺陷等结构更容易检出；它一般采用的是反射法，能对试样内部不同层的截面进行成像；超声显微镜使用的超声波频率高于 20MHz，这个范围内的超声波不会引起气穴现象，不会对检测的试样产生损坏[6]。这些优点决定了超声显微检测技术在电子封装检测方面有广泛的应用前景。

10.2　电子封装及其常见缺陷

10.2.1　功能和分类

美国佐治亚大学编写的 *Microelectronic Packaging Handbook*(《微电子封装手册》)对电子封装的定义为：将具有特定功能的芯片等元器件放置在一个与其相容的外部容器中，给芯片等元器件提供一个稳定可靠的工作环境[1]。电子封装结构是大规模集成芯片、电子功能元件、连接线等电子器件的支撑体，它起着安放、固定、密封、保护芯片和增强导热性能的作用。电子封装结构保护器件不受外界环境的影响，通过性能测试、筛选及各种环境实验，确保芯片等电子元器件的可靠性，使之具有稳定的、正常的功能。芯片与封装的关系，就像人体大脑与躯体之间的关系一样，封装起着骨骼支撑、皮肤毛发保护的功能。不同电子封装类型在尺寸、外形及材料上有所不同，但典型的封装结构均由引线、芯片、芯片底座、芯片黏结剂及封装材料组成。图 10.1 给出了典型电子封装结构。图 10.2 为封装叠层 PoP 结构。

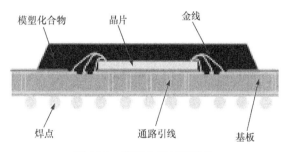

图 10.1　典型电子封装结构

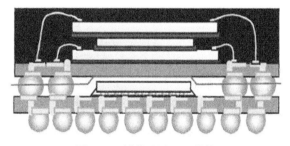

图 10.2　封装叠层 PoP 结构

电子封装结构主要具有以下功能[1]：

(1) 电气保持功能。电子封装结构是沟通芯片内部与外部电路的桥梁，芯片上的连接点用导线连接到封装外壳的引脚上，用绝缘介质灌封而构成立体封装结构，这些引脚又通过印制电路板上的导线与其他器件建立连接。

(2) 机械保护功能。针对类似航天等特殊环境下的芯片设备，所承受的高低温、强振动冲击对芯片等的保护要求越来越高。通过封装技术保护芯片表面及连接引线等，使其免受外部环境的影响。

(3) 应力缓和功能。随着设备应用环境的变化及芯片集成度的不断提高，外部环境温度的变化或者芯片发热引起热膨胀系数不匹配的材料产生热应力。利用封装技术可以实现应力释放，防止芯片发生损坏。

电子封装按封装材料分类可分为金属封装、陶瓷封装、金属陶瓷封装、塑料封装。

二维电子封装按封装形式分类可分为单列直插式封装(single in-line package, SIP)、双列直插式封装(double in-line package, DIP)、针栅阵列插入式封装(pin grid aray, PGA)、小外形封装(small outline package, SOP)、塑料有引脚芯片载体(PLCC)、塑料四边引线扁平封装(plastic quad flat package, PQFP)、球栅阵列封装(ball grid array, BGA)、芯片级封装(chip scale package, CSP)、倒装芯片(flip chip, FC)、3D封装、封装叠层和系统封装等，三维电子封装可分为叠层芯片和封装叠层。二维和三维封装的类型如图 10.3 所示。

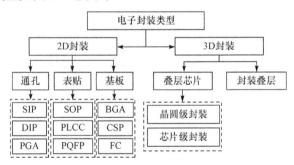

图 10.3　电子封装类型分类[2]

10.2.2　发展历程与趋势

1947 年，晶体管的发明引发了一场技术革命，使人类跨入了电子时代。1958 年，诞生的第一块基于晶体管的集成电路，使微电子技术进入了一个快速发展的时期；1960 年，MOS 晶体管的研制成功，使得集成电路得到了异常迅猛的发展。从最初的几个晶体管的小规模集成，发展到中规模集成、大规模集成、超大规模集成，直到今天的特大规模集成，乃至千兆规模集成，集成度提高了 8～9 个数量级。随着 IC 集成工艺和新技术的不断进步，电子封装技术也在不断发展，经过近 70 年的发展，电子封装技术大致经历了以下四个阶段[1,3]。

第一阶段：20 世纪 50～80 年代通孔安装时代。典型的封装为铁壳三极管等分立器件和塑料双列直插式封装。由于这类封装主要采用手工低成本电路板锡焊技术, 在大量民品中得到了广泛应用, 至今仍有一定的市场份额。

第二阶段: 20 世纪 80 年代以塑料四边引脚扁平封装为代表的表面贴装时代。表面安装技术(SMT)带来的电子封装种类有无引脚陶瓷片式载体(leadless ceramic chip carrier, LCCC)、塑料有引脚芯片载体(plastic quad flat package, PLCC)和四边引脚扁平封装(quad flat package, QFP)等。

第三阶段: 20 世纪 90 年代的球栅阵列封装时代。随着 IC 的特征尺寸不断减小及集成度的不断提高, 原来以方形扁平封装为代表的"线"封装很难满足需求, 在 20 世纪 90 年代初研制开发出新一代电子封装——球栅阵列封装, 电子封装从周边"线"封装成功发展到"面"封装。

第四阶段: 21 世纪的三维封装时代。随着 IC 小型化的不断发展, 二维芯片尺寸达到了摩尔定律的极限, 然而封装技术没有摩尔定律的约束, 只需要考虑焊点的尺寸。现在倒装焊焊点的尺寸可以达到约为 100μm, 而 3D IC 封装焊点的尺寸约为 10μm, 有可能进一步减小到 1μm[4]。电子封装发展历程如图 10.4 所示[7-9]。

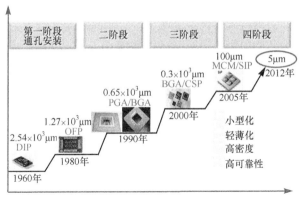

图 10.4　电子封装技术发展历程

电子封装技术在过去几十年中取得了飞速的发展, IC 芯片的尺寸越来越小, 但其速度越来越快, 封装更加有效、更可靠以及性价比更高。但随着人们对电子产品的质量和可靠性要求越来越高, 结合电子产品高性能化、多功能化、小型化、高可靠性及低成本等要求, 电子封装技术正不断面临着新的挑战。电子封装技术的发展趋势主要有以下几个方面[2]。

(1) 小型化: 半导体 IC 器件的发展遵循摩尔定律, 其特征尺寸减小到 32nm 及 22nm, 达到了其物理极限, 并正在超越互补金属氧化物半导体器件结构, 因此研究的焦点正转向封装设计、功能多样化和材料创新。对超出摩尔定律之外的关注引来了一个新技术时代, 即众所周知的后摩尔时代。

(2) 系统集成：后摩尔时代的第二个趋势是封装内元器件功能多样化不断提高，单个封装内不但集成了无源元件、有源元件，还可以集成多种功能的器件，如传感器、MEMS 及生物芯片等。高度集成系统封装将促使 SIP 和 SoP 系统的发展。由于电子产品功能多样化，其与人和环境的交互作用也将得到进一步深化，"智能环境感知"的目标也可实现。

(3) 绿色：随着人类环保意识的不断增强，以及医学和生物学领域对生物兼容电子器件的需要，环境友好型"绿色"封装和新兴器件封装技术将作为电子封装技术的重要发展趋势。

10.2.3　可靠性及常见缺陷

我国国家标准 GB/T 2900.99—2016《电工术语 可信性》规定，可靠性是指产品在规定条件下和规定时间内，完成特定功能的能力。定义中的规定条件是指产品在生产方认定是合格产品后，从存储到使用的整个工作寿命期间将会承受的各种环境条件和工作状况。特定功能是判断产品好坏的依据，也就是产品的失效判据，产品失去特定功能，即称为失效。定义中的规定时间视产品不同而有不同的量，可以是时间，即持续时间或断续时间，也可以是次数。为了提高产品可靠性，应研究产生失效的原因。通过确定失效模式，深入分析产生失效的机理，探讨并提出提高产品可靠性的方法[7,8]。

电子封装结构可靠性是指在工作环境下电子封装的结构缺陷(相对于电子电路缺陷)状态对其微电子电路正常有效工作能力影响的评价。电子封装中的结构缺陷是指分层、裂纹、气孔等，其形态、尺寸和位置不同对其微电子电路工作可靠性的影响程度不同，可用定性指标和定量指标评价。

随着电子封装技术向大规模、集成化、微型化方向的迅速发展，电子封装结构的可靠性问题变得更加重要。在电子器件封装过程中，材料和工艺不可控因素不可避免地会产生如分层、微裂纹、空洞等缺陷，这些缺陷开始并不一定影响到电子器件的电性能，有的也能顺利通过电或逻辑性能测试，但在使用过程中，随着环境温度湿度的变化，这些缺陷在热循环、电磁及应力场的共同作用下不断扩展和演化。而且热应力及温度循环会引起电子封装内部出现更多的缺陷及损伤演化，在电子封装内部缺陷附近产生热场不均衡和热应力集中，造成缺陷进一步扩展，导致电子封装的热扩散能力进一步降低，出现微焊点的热疲劳断裂、引线断裂、硅片裂纹和封装爆裂等多种失效缺陷，可靠性下降，最终导致电子器件功能或性能失效[9]。

从物理上看，电子封装结构是电子器件实现电子电路功能的物理载体，要承受机械应力场、电磁场和温度场的耦合作用；电子流动和迁移形成电磁场的能量主要转化为热能，以热传导和热扩散形式扩散，形成热应力场，当机械应力大于临界值时，便导致电子封装内部出现裂纹、分层等缺陷。这些缺陷破坏了电子封装结构的物理可靠性，然而这些结构缺陷的出现、存在和扩展不一定就对电子封装内的电子电路功能造成损伤，还要看这些结构缺陷在封装体内的状态(如缺陷的位置、形态、大小等)，有些含有缺陷的电子封装并不影响电子电路的正常、有效工作，这主要取决于缺陷状态与电子电路的相对物理关系。因此，电子封装可靠性不仅是对其内部结构缺陷的量化检测，更重要的是这些缺陷的存在对电子封装电性能的影响程度的评定。但是，通常这些缺陷会导致封装体失去热平衡，使热应力场重新分布，出现热集中点，使局部温度升高，从而导致微电子迁移效率下降和紊乱、电子电路功能失效、材料特性变化、局部热应力加剧、结构缺陷进一步发展，形成恶性循环，最终导致电子电路功能完全失效。

为提高电子封装结构的可靠性，应及时发现封装中的各类缺陷，对带有缺陷的电子封装结构，要探究这些缺陷在使用过程中的发展和演化规律，以及对电子器件可靠性的影响规律，在这些缺陷导致灾难性事故之前采取措施，防止或减少损失，这涉及对电子封装结构缺陷进行检测及对其可靠性进行分析和表征问题。

电子封装结构常见的缺陷模式有界面分层、焊点疲劳断裂、晶片裂纹、引线键合疲劳损伤、穿硅沟道疲劳损伤等，如图 10.5 所示。

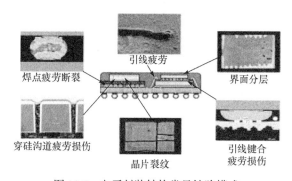

图 10.5　电子封装结构常见缺陷模式

10.3　电子封装裂纹和分层检测

10.3.1　热循环试验

热循环试验是一项重要的电子封装结构可靠性试验，是模拟温度交替变化环境对电子元器件的机械性能及电气性能影响的试验，主要是对电子封装结构热力学可靠性评估进行验证。电子封装内的集成电路在工作时产生的焦耳热使得封装结构温度升高，而集成电路停止工作时封装结构温度降低，封装内不同结构的热膨胀系数的不同，导致电子封装结构承受温度变化引起的热应力载荷[10]。在热循环载荷作用下，电子封装结构内的微裂纹、空洞、分层等小缺陷在热应力作用下不断产生和扩展，缺陷的产生反过来影响温度场，形成恶性循环，最终导致电子元器件失效。因此，需要对电子封装结构进行热循环试验[11,12]。

在温度循环试验中，电子元器件在短时间内反复承受温度变化，致使电子元器件承受热胀冷缩引起的交变应力，这种交变应力会导致材料开裂、接触不良、性能变化等。温度循环试验的严格度等级由最高温度(T_{max})、最低温度(T_{min})、温度变化幅值($\Delta T = T_{max} - T_{min}$)、温度变化率、高低温弛豫时间及循环次数等确定。电子元器件在高温或低温条件下保持时间要求不少于 10min；低温等级为 -55_{-10}^{0}℃或-65_{-10}^{0}℃，高温等级从85_{0}^{+10}℃到300_{0}^{+10}℃不等。

热冲击试验的程序和方法与温度循环试验基本一致，二者的主要区别在于：热冲击试验的温度变化更为剧烈，如高低温转化时间要求不大于 10s；转化时样品要在 5min 内达到规定的温度；根据美国军用标准 MIL-STD-883H，高低温条件可分为三档：A 档为 0_{-10}^{+2}℃～100_{-2}^{+10}℃，B 档为 -55_{-10}^{0}℃～125_{0}^{+10}℃，C 档为 -65_{-10}^{0}℃～150_{0}^{+10}℃。A 档用水作为载体，B 档和 C 档用过碳氟化合物作为载体。

加速热循环试验是现代电子封装领域普遍采用的一种试验方法。传统的热循环试验模拟电子元器件在实际工况条件下的温度变化，试验周期需要数月甚至数年，对于不断更新和飞速发展的微电子技术是不能接受。因此，在产品的研发和生产过程中，需要对其进行加速寿命试验。通过增加试验环境的强度，如增大温度循环范围来实现加速试验的目的。

本节介绍的热循环试验是根据微电子器件试验方法和程序标准 MIL-STD-883G 中的方法 1010.8 温度循环试验方法，首先对电子封装结构进行温度循环试验，然后使用高频超声显微系统(C-SAM)，对封装结构内芯片与底充胶界面分层裂缝的传播速率进行测量。在进行热循环试验时，首先将电子封装结构放置于温度循环试验箱中，进行多个周期的热循环，为了减少试验周期，热循环温度变化范围采用最严苛的条件：-65～150℃，这比一般的热循环试验(-40～125℃)更严酷，以便更好地反映电子封装在恶劣环境下的表现。温度循环的升温和降温工艺曲线如图 10.6 所示。

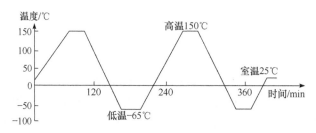

图 10.6　热循环试验温度加载曲线

10.3.2　热疲劳损伤的超声显微成像

要对电子封装结构热疲劳可靠性进行评估，首先需要对封装结构内部缺陷损伤进行无损定量测量，超声显微技术是电子封装结构等半导体元器件结构失效分析常用的检测方法。本节介绍关于利用超声显微镜检测电子封装结构缺陷并对热循环后电子封装结构缺陷扩展规律进行分析的研究。

(1) 对缺陷形态进行当量化处理。由于电子封装结构中缺陷的大小、方位和形貌的检测具有一定的不确定性，所以在对含缺陷的电子封装结构进行可靠性评定时，将缺陷尺寸参数作为随机变量处理是十分必要的。对任意形状、尺寸及方位的裂纹进行断裂力学评定时，一般均按相应的规范或标准置换成等效形状、尺寸及方位的裂纹，即需要进行缺陷的规则化或当量化处理。研究中参照超声无损探伤的当量化评价和断裂力学评定方法，对电子封装结构中产生的裂纹、孔洞、分层等进行当量化处理。

(2) 探索缺陷分布的影响规律。对于经过当量化处理的电子封装缺陷，考虑其对封装结构的危害影响程度和概率，作为其相应的影响权重，确立缺陷分布的影响规律函数或关系。当用超声波检测到电子封装中的缺陷时，可直接利用缺陷类型和分布的影响规律函数对电子封装结构可靠性进行定量和定性评定。

为了检测电子封装结构内部缺陷的产生和演化情况，在每次进行热循环之前和之后均使用超声显微系统对其内部结构进行检测。检测所用的超声换能器的频率为 20～75MHz，试样放置在超声聚焦换能器的焦柱范围内，耦合剂为去离子水，在室温环境检测。

图 10.7 为 9749F 芯片封装在进行热循环试验后的超声 C 扫查图，(a)为封装结构外观图，(b)为封装结构内部剖面图，(c)为经过 20 次热循环后的超声显微扫查图，(d)为经过 50 次热循环后的超声显微扫查图。试样中的多数封装结构起初并未出现明显的缺陷，经过多次热循环后开始产生裂纹缺陷。从超声显微扫查图可以看出，9749F 芯片封装结构的缺陷随热循环次数的增加缺陷明显变大。

(a) 封装结构外观图　　　　　　　　　(b) 封装结构内部剖面图

(c) 20次热循环超声显微扫查图　　　　　　(d) 50次热循环超声显微扫查图

图 10.7　9749 芯片封装在进行热循环试验后的超声 C 扫查图

图 10.8 为 9749F 芯片封装在 50 次热循环后的超声显微扫查图。从图 10.8(a) 中可以看出，封装结构内的裂纹相比 20 次热循环扫查图明显扩大，高亮区域也有所扩大，同时其他区域也出现了一些亮度异常的区域(如图中的 C 处)，疑似产生了新的分层缺陷。从图 10.8(b)可以看出，发生相位反转(红色部分)和临界相位反转(黄色部分)的区域扩大了，即分层区域确实扩大了[13]。

(a) 最大峰值成像图　　　　　　　　(b) 相位反转成像图

图 10.8　9749F 芯片封装在 50 次热循环后的超声显微扫查图

综上可见，经过多次严苛的热循环后，原本不存在缺陷的电子封装内部出现了缺陷扩展，使用超声显微检测系统能够检测出这些内部缺陷。

参 考 文 献

[1] 田文超. 电子封装、微机电与微系统[M]. 西安: 西安电子科技大学出版社, 2012.

[2] Ardebili H, Pecht M G. Encapsulation Technologies for Electronic Applications[M]. Amsterdam: Elsevier, 2012.

[3] 颜学优. 封装堆叠(PoP)可靠性的研究[D]. 广州: 华南理工大学, 2010.

[4] Tu K, Tian T. Metallurgical challenges in microelectronic 3D IC packaging technology for future consumer electronic products[J]. Science China Technological Sciences, 2013, 56(7): 1-9.

[5] Tu K N. Reliability challenges in 3D IC packaging technology[J]. Microelectronics Reliability, 2011, 51(3): 517-523.

[6] Carson F P, Young C K, Yoon I S, et al. 3-D stacked package technology and trends[J]. Proceedings of the IEEE, 2009, 97(1): 31-42.

[7] 姚立真. 可靠性物理[M]. 北京: 电子工业出版社, 2004.

[8] 王卓茹. 微电子封装中界面应力奇异性研究[D]. 北京: 北京工业大学, 2010.

[9] Hertl M, Weidmann D, Ngai A. An advanced reliability improvement and failure analysis approach to thermal stress issues in IC packages[C]. 16th IEEE International Symposium on the

Physical and Failure Analysis of Integrated Circuits, 2009.

[10] Tilgner R. Physics of failure for interconnect structures: An essay[J]. Microsystem Technologies, 2009, 15(1): 129-138.

[11] Zulkifli M N, Jamal Z A Z, Quadir G A. Temperature cycling analysis for ball grid array package using finite element analysis[J]. Microelectronics International, 2011, 28(1): 17-28.

[12] Maligno A, Whalley D, Quadir G A. Thermal fatigue life estimation and delamination mechanics studies of multilayered MEMS structures[J]. Microelectronics Reliability, 2012, 52(8): 1665-1678.

[13] 刘中柱, 徐春广, 郭祥辉, 等. 电子封装与焊接质量的超声显微检测技术[J]. 电子与封装, 2012, 12(3): 15-24.

第 11 章　生物组织与材料特性检测

11.1　生物组织特性检测

声成像是利用声波实现直观地观察和研究物质结构与特性的成像技术。与光学成像技术相比较，声成像技术有两个显著的特点：一个是声成像技术不仅可以对材料的表面成像，还可以实现对不透明材料的内部成像；另一个是它得到的是反映材料力学特性分布的像，反映的是材料成像剖面上各点声学性质的差异。由于声成像技术不仅可以对离体的生物组织进行成像，而且可以对活体组织进行实时成像，所以它是医学诊断和研究的重要手段。

11.1.1　医疗高频超声检测技术

在传统的 B 扫描、C 扫描超声成像时，超声换能器一般与试样之间的距离都远大于声波波长，即位于成像目标散射波的中、远场中，因此它成像的分辨力受到声波的衍射效应的影响，像的最高分辨力不可能高于 1/2 的声波波长。为了提高像的分辨力，最简单的方法是利用频率更高的声波成像[1]。高频超声是指探头频率在 10MHz 以上的超声。通常将探头频率在 50MHz 以上的高频超声设备称为高频超声生物显微镜(ultrasound biomicroscopy，UBM)。高频超声具有独特的分辨力，利用它可使皮肤的表皮层、真皮层、皮下脂肪层、肌纤维层、血管和皮肤附属器清晰可见。

高频医疗超声传感器是由压电材料制作的，具有发射和接收超声波的功能。高频医疗超声传感器压电材料按物理结构分为压电单晶体如铌铟酸铅-铌镁酸铅-钛酸铅(PIN-PMN-PT)、多晶体如锆钛酸铅(PZT)、高分子聚合物如聚偏氟乙烯(PVDF)和复合压电材料如聚偏氟乙烯与锆钛酸铅复合四大类。多年来，医疗超声探头向成本低、频带宽、高频、多阵元、面阵列和微型化方向发展[2]。

高频超声成像具有非常好的轴向分辨力，其轴向分辨力与超声频率相关，超声频率越高，波长越小，轴向分辨力越好。横向分辨力与超声焦距、探头孔径、超声波长相关，计算公式为 $L\lambda/D$ (L 是超声焦距，λ 为超声波长，D 是探头孔径)。因此，当增大探头孔径时，探头聚焦良好，横向分辨力提高。超声设备的穿透深度与超声频率有关，频率越高，衰减越大，穿透深度越浅。10MHz 的常规 B 超探头和眼科 50MHz 的 UBM 探头的超声特性比较如表 11.1 所示[3]。其中，区别比较大的是水中衰减系数和聚焦深度，UBM 的水中衰减系数是常规 B 超的 27.5 倍；而聚焦深度不足常规 B 超的 1/10。当 50MHz 的 UBM 超声波在水中来回传输 12mm 时，UBM 会衰减 13dB，而常规 B 超才衰减 0.5dB。Sherar 和 Foster[4]认为 50MHz 是 UBM 眼部检查的最优频率，他们发明的 100MHz 的探头考虑了声衰减，其作用深度只有 2mm。

表 11.1　常规 B 超和眼科 UBM 高频探头的超声特性比较

特性	常规 B 超	UBM
频率/MHz	10	50
探头孔径/mm	10	6
焦距/mm	30	12
轴向分辨力/μm	150	30
侧向分辨力/μm	450	60
聚焦深度/mm	9.6	0.85
水中衰减系数/(dB/mm)	0.02	0.55

高频超声具有高衰减系数，因此高频医疗超声成像需要提高信噪比，研究表明编码激励技术能提高超声成像的信噪比。Mamou 等[5]为了提高 8μs 的超声传输深度，设计了 chirp 编码技术，使用中心频率为 17MHz 的环阵探头，在 20.5~40.5mm 的深度，比较 chirp 编码成像与常规的脉冲激励成像，并不降低轴向分辨力和横向分辨力；又使用 35MHz 的环阵探头，比较 chirp 编码激励成像和常规的脉冲激励成像，发现用 chirp 编码激励成像在体模中可看到 4mm 的血流，比脉冲激励成像更好，且没有发现伪影。Polpetta 和 Banelli[6]研究了 Huffman 编码技术在 0.7dB/(MHz·cm)的衰减介质中的应用，相比线性调频压缩技术和互补 Golay 编码技术，Huffman 编码下的超声主旁瓣比分别提高了 30dB 和 20dB，从而提高了信噪比。研究表明，造影技术能提高超声回波信号，也提高了信噪比。Needles 等[7]使用 18~24MHz 高频超声阵列非线性造影技术，发现信噪比提高了 13dB。美国南加利福尼亚大学 NIH 医学超声换能器技术中心 Cannata 等[8]研发了 20~80MHz 的高灵敏宽频带探头，在 50MHz 的频率下，该探头增加了穿透深度、信噪比和对比度。综上所述，编码激励技术、造影技术、高灵敏宽频带探头技术能提高信噪比，增加高频超声的穿透深度。

11.1.2　UBM 与眼科检查

UBM 在眼科中的应用频率为 50~100MHz，它不仅可以清晰、实时地显示眼前段组织结构，还能够对眼前段组织结构进行精确的数据测量，是一种可对活体眼前段进行类似显微镜检查的非侵入性影像学检查方法。

目前，常见的眼科 UBM 使用的是机械扇形扫描和机械线性扫描成像方式。机械扇形扫描探头比机械线性扫描探头更小巧，更适合手持操作；而机械线性扫描探头比机械扇形扫描探头成像失真小[9]。机械弧形扫描的 UBM 在国内不常见，但在国外有相关的研究。三种类型的机械扫描示意图如图 11.1 所示。

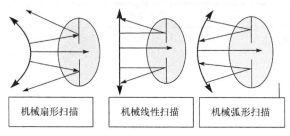

图 11.1　眼科 UBM 扫描示意图

在眼受外伤后，UBM 检查可发现房角后退、虹膜根部断离、睫状体脱离及断离、前房积血、眼内异物、巩膜裂伤、晶状体异位及玻璃体积血等，特别是在屈光间质不清或眼前部解剖结构发生变化时有助于诊断、指导治疗及探讨发生机制。Barash 等[10]的观察表明：UBM 可准确地诊断眼内异物，同时可探测异物的深度，为手术提供影像学上的依据并有利于异物材料的区别。特别是在眼受外伤后屈光间质浑浊时对小异物、非金属异物的检出有较好的效果，对于怀疑有眼内异物的板层角、巩膜裂伤及闭合的全层角、巩膜裂伤也较为安全。Ikeda 等[11]用 UBM 观察眼挫伤后低眼压患者在急性期和恢复期的房角、睫状体和脉络膜。UBM 显示急性期睫状体水肿伴环状的睫状体脉络膜渗出、睫状体前旋、睫状沟消失、部分睫状体脱离，恢复期上述表现完全消失。

在晶体疾病及手术中，利用 UBM 可以有效判断晶状体前人工晶体(intraocular lense, IOL)的位置、与周围组织的关系及巩膜切口愈合情况，有利于手术技术改进和随访。Manabe 等[12]观察经巩膜缝合 IOL 植入手术后的眼睛，用UBM 检查缝合部位、周边结构和中心前房深度，认为准确缝合在睫状沟较困难。IOL 虹膜接触、色素播散、房水闪光及玻璃体嵌顿等导致了术后两个主要并发症：慢性炎症和对邻近玻璃体的影响如玻璃体嵌顿。需要进一步提高缝合技术，准确定位睫状沟，改善设备来减少这些并发症。Schwartzenberg 和 Pavlin[13]用UBM 观察白内障超声乳化术后持续低眼压患者，发现细小的切口分离、房水择巩膜隧道切口流出及伴随的结膜回退可导致低眼压。用 UBM 有助于发现临床检查困难的巩膜裂口。

通过 UBM，研究者发现，与正常眼相比，原发性闭角型青光眼不仅角膜小、眼轴短、前房浅、晶状体厚、相对晶状体位置偏前，还有睫状突较长、睫状体距离缩短、巩膜与睫状体夹角变小(说明睫状体位置明显偏前)及虹膜与晶状体间接触距离长的解剖特点。正是超声生物显微镜对眼前段检查的独特优势，使其对原发性闭角型青光眼发病机制的阐明起到了重大作用。除此之外，通过 UBM 可了解白内障患者在术前的角膜、前房、虹膜情况及它们之间的关系。在对角膜移植术后的患者进行检查时，通过 UBM 能了解受体和供体角膜匹配的情况，以此来评价手术是否成功。

11.1.3　UBM 与皮肤检查

随着超声仪器分辨力的不断提高，高频超声成像逐渐应用于临床观察皮肤各层的细微结构。高频超声通常指中心频率在 10MHz 以上的超声，其分辨力能达到 $16\sim158\mu m$。高频超声生物医学显微镜指探头频率在 $40\sim150MHz$ 的超声技术，其轴向分辨力分别为 $40\mu m$ 或 $72\mu m$。临床上用于皮肤疾病的超声检查的仪器常配备多种频率的超声探头，$5\sim10MHz$ 探头适用于脂肪组织、动脉、静脉、淋巴结和肌肉组织的检查；$10\sim30MHz$ 探头适用于皮下脂肪组织、真皮、小动脉和小静脉的检查；$50\sim80MHz$ 更适用于表皮结构和真皮浅层的检查。同时，超声检测新技术，如声弹性成像、超声造影成像等新技术的逐步运用，使得超声对皮肤疾病的诊断更加准确，应用范围更加广泛[14]。

李海东等[15]应用 50MHz 超声生物显微镜对 50 例正常人体皮肤全身 6 个有代表性的部位进行了检查，包括前额(皮肤各层结构：表皮、表皮与真皮交界、真皮层)、颊部、胸骨旁、前臂、手背、手掌，如图 11.2 所示(图片按照前述顺序排列)。

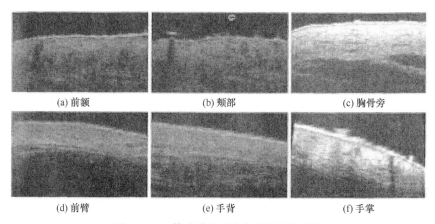

(a) 前额　　　　　　　(b) 颊部　　　　　　　(c) 胸骨旁

(d) 前臂　　　　　　　(e) 手背　　　　　　　(f) 手掌

图 11.2　人体皮肤超声生物显微镜检查图

皮肤 UBM 声像图表现为两条平行的强回声细带，中间为较宽的中等回声带。

第一层强回声细带为表皮层(主要为角质层)与探头内水囊之间的界面回声，第二层强回声细带为真皮层与皮下脂肪层之间的界面回声，中间较宽的中等回声带内为密集的点状及短细状结构回声，与真皮内紧密排列的纤维组织有关，另可见散布的点状或不规则暗区，与真皮层内的皮肤附属器有关。汗腺、皮脂腺、毛囊、血管等结构可以完整地显示。皮肤的两条强回声细带在 UBM 上显示非常清晰，并可以进行准确的测量。皮下脂肪层表现为低回声区，内可见横行或斜行的强回声条，可见浅表静脉的条形暗区。测量的皮肤厚度的 95%可信区间结果见表 11.2。在测量部位中表皮最薄处为手背，最厚处为手掌，平均厚度为(1.82±0.37)mm。在获得的超声图像上，不仅可以得到皮肤各层结构，而且可以获得皮肤各层的厚度和密度值。

表 11.2　皮膜厚度的 95%可信区间

图号	部位	$(\bar{x} \pm s)$/mm
1	前额	1.60 ± 0.30
2	颊部	1.72 ± 0.32
3	胸骨旁	1.60 ± 0.40
4	前臂	1.76 ± 0.51
5	手背	1.12 ± 0.19
6	手掌	2.61 ± 0.61
7	小腿	1.42 ± 0.45

　　EI-Zawahry 等[16]采用超声生物显微镜对 8 种常见皮肤病进行了研究，并与临床和病理学进行对比分析，结果显示：通过超声生物显微镜可观察到，局限性硬皮病表现为皮肤回声增强，瘢痕瘤表现为低回声，扁平苔藓、慢性湿疹和脂溢性角化病表现为明显声影，牛皮癣患者表皮和真皮之间可以观察到一个回声带，鲜红斑痣表现为低回声区，皮肤光老化表现为表皮下的低回声带，由此认为，超声生物显微镜是一种可以无创诊断皮肤病的检查方法，能对病变的发展和有效治疗提供有价值的信息。

11.1.4　活体组织的多普勒成像与评价

　　心肌病发病率较高，遗传率达 30%～40%，常表现为左心室扩大和进行性心功能下降。超声心动图是诊断心肌病的重要依据。然而，针对外界载荷参数引起的早期病变程度，超声心动图的检查尚具有一定的局限性。特别是采用小鼠模型作为研究对象，由于其心脏小且心率快，用传统的高频超声成像难以取得满意的动态图像及重复性高的实验结果。近年来，UBM 的兴起为准确测量小动物模型的心功能提供了有效手段，超高分辨力及高速帧频保证了稳定清晰的实时成像，可为转基因小鼠整体和局部心功能提供有价值的信息。组织多普勒成像(tissue Doppler imaging，TDI)作为一种相对成熟的超声新技术，已广泛应用于临床。由于它能够对收缩期和舒张期的局部心肌速率进行检测，在心肌病的早期诊断评估中具有独特的优势。应用 UBM 对小鼠心脏组织进行检测成像如图 11.3 所示。

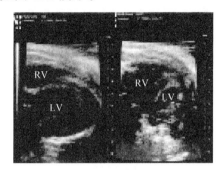

(a)　左室 UBM 成像图(图左为长轴切面；
图右为短轴切面)

(b)　左室壁基底段 UBM
成像图

图 11.3　小鼠心脏组织 UBM 组织多普勒成像图[17]

11.2　金属织构显微检测

超声波与材料显微结构相互作用引起的声传播速度的变化和能量损失，是材料超声无损表征研究中的两个主要参数。材料的显微结构参数包括位错密度、晶粒参数、晶粒纵横比与取向、晶界性能、杂质成分、相结构和其他偏聚性质，声速和这些参数中的一部分相关，超声波的衰减则与控制材料强度、韧性和其他力学性能的显微结构参数有明显的相关性。例如，在多晶金属中出现的关键参数是晶粒、组织形态和位错密度，所有这些对衰减均有强烈影响。因此，从不同角度来看，材料的弹性模量、显微结构及相应的力学性能都能用超声参量予以表征。材料超声表征具体包括以下四个方面：

(1) 确定弹性常数，如拉伸、剪切和体模量值；

(2) 获得显微结构和形态参数，如晶粒尺寸和分布、晶粒纵横比和织构等；

(3) 弥散不连续性，如显微疏松或显微裂纹的定量；

(4) 力学性能，如强度、硬度和韧性值的确定。

一般来说，相对较小的声速和衰减变化，通常与显微结构特性和力学性能的显著变化相关。

11.2.1　钛合金织构检测

　　材料显微结构引起的声波能量损失和传播速度的变化，是超声波表征材料组织和性能的两个主要参数。声速是描述超声波在介质中传播特性的一个基本物理量，与材质的弹性模量、密度及泊松比密切相关。引起超声波衰减的主要原因有吸收衰减和散射衰减，而通常用散射来解释多晶金属中超声波能量损失的最大部分。超声波散射衰减主要与超声波频率、速度、晶粒尺寸和弹性各向异性等因素有关。大多数的钛合金单晶都具有弹性各向异性，超声检测参量对钛合金的这种局部晶粒取向和显微组织极为敏感，尤其是超声声速和声波衰减参量，它的大小取决于合金的显微组织。

　　刘俪[18]结合 XRD 和 SEM 验证了 TC4 合金不同冷速所得组织和不同固溶温度所得组织的声速值和衰减系数对超声参量的影响(表 11.3 和表 11.4)，研究得出：炉冷所得单相 α 片层组织的超声纵波声速、声波衰减最大；针状组织的超声纵波声速、声波衰减最小；等轴组织的超声纵波声速小于片层组织，且在一定的情况下，等轴组织的声波衰减高于针状组织；超声纵波声速随 α 相的增加、β 相的减少及微观应力的减小而增大，声波衰减随 α 相和 β 相的增加而增大；针状组织中取向(002)的存在使合金的超声波声速降低，组织中合金元素的均匀分布有利于降低合金组织对超声波的衰减。

表 11.3　TC4 合金三种冷速所得组织的声速值和衰减系数

材料状态	试样厚度/mm	渡越时间/μs	纵波声速 v/(m/s)	B_1/B_2	衰减系数 α/(dB/mm)
1150℃/1h/水冷	7.681	2.481	6192.53	2.454	0.47509
1150℃/1h/空冷	7.710	2.480	6218.07	2.639	0.51422
1150℃/1h/炉冷	7.957	2.557	6233.88	3.913	0.71327

表 11.4　TC4 合金三种固溶温度所得组织的声速值和衰减系数

材料状态	试样厚度/mm	渡越时间/μs	纵波声速 v/(m/s)	B_1/B_2	衰减系数 α/(dB/mm)
原始	9.705	3.190	6084.64	3.190	0.41952
930℃/1h/水冷/560℃/6h/空冷	9.387	3.033	6190.68	2.595	0.41498
990℃/1h/水冷/560℃/6h/空冷	9.296	2.969	6261.48	2.343	0.37082
1050℃/1h/水冷/560℃/6h/空冷	9.543	3.065	6226.62	2.521	0.39469

11.2.2　不锈钢织构检测

合金材料的晶粒尺寸对其力学性能、工艺性能及物理性能都有重要影响。通过金相法、电子背散射衍射法、扫描电子显微镜、X 射线衍射法等技术可以直观地观察金属的晶粒大小，并结合图像处理软件计算出晶粒的尺寸，但这些方法都具有破坏性，需要通过制样后才能观察测量且工序多、周期长，而且只能对可视区域的晶粒尺寸进行测定，对工件整体的晶粒度无法做出评价。非破坏性的超声检测方法已成为现代材料组织与性能表征的重要手段，但常规的超声检测方法如声速法、衰减系数法等在微观尺度的不连续与材料早期性能退化的评价和表征方面具有一定的局限性。非线性超声检测方法是利用有限振幅声波在材料中传播时，介质或微小缺陷的不连续与其相互作用产生的非线性效应，从而实现材料性能的早期评估和微小缺陷的检测，本质上反映的是微小缺陷对材料非线性的影响。已有研究结果表明，非线性超声技术可以对金属材料的疲劳损伤、蠕变损伤、组织劣化等材料的早期性能退化进行有效表征。晶粒尺寸决定了晶界的面积，而晶界的原子排列不规则，存在很多空位、位错等微观缺陷，对超声波的非线性效应有显著影响，因此有望采用非线性超声检测技术对合金材料的晶粒尺寸进行无损评价。

陈军等[19]以铁素体不锈钢为例，从热轧态退火铁素体不锈钢板上制作了 5 个规格(长×宽×高)为 25mm×20mm×5.6mm 的试样，通过热处理获得不同的晶粒尺寸，平均晶粒尺寸由低到高，其中#1 为原始试样。选用粒度为 200~1200 的砂纸对试样进行打磨并抛光，然后配制浸蚀剂，对抛光试样表面进行 60s 的浸蚀，利用金相显微镜进行观察，不同热处理后铁素体不锈钢的金相检验结果如图 11.4 所示。

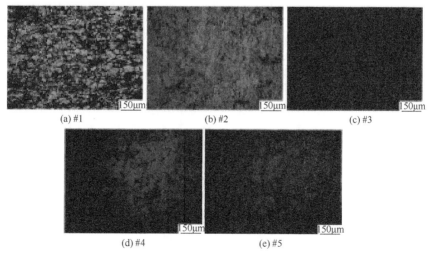

图 11.4　不同热处理后铁素体不锈钢的金相检验结果

参 考 文 献

[1] 钱梦骒. 声成像技术及其在医学超声中的应用[J]. 声学技术, 2009, 28(6): 710-713.

[2] 朱明善. 眼科超声生物显微镜研究进展[J]. 中国医疗器械杂志, 2014, 38(2): 122-125.

[3] Silverman R H. High-resolution ultrasound imaging of the eye – A review[J]. Clinical Experimental Ophthalmology, 2009, 37(1): 54-67.

[4] Sherar M D, Foster F S. A 100MHz Pvdf ultrasound microscope with biological applications[J]. Acoustical Imaging, 1989, 16: 511-520.

[5] Mamou J, Aristizábal O, Silverman R H, et al. High-frequency chirp ultrasound imaging with an annular array for ophthalmologic and small-animal imaging[J]. Ultrasound in Medicine and Biology, 2009, 35(7): 1198-1208.

[6] Polpetta A, Banelli P. Design and performance of Huffman sequences in medical ultrasound coded excitation[J]. Ultrasonics, 2012, 59(4): 630-647.

[7] Needles A, Arditi M, Rognin N G, et al. Nonlinear contrast imaging with an array-based micro-ultrasound system[J]. Ultrasound in Medicine and Biology, 2010, 36(12): 2097-2106.

[8] Cannata J M, Ritter T A, Chen W H, et al. Design of efficient, broadband single-element(20～80MHz)ultrasonic transducers for medical imaging applications[J]. Ultrasonics, 2003, 50(11): 1548-1557.

[9] 王宁利, 刘文. 活体超声生物显微镜眼科学[M]. 2 版. 北京: 科学出版社, 2010.

[10] Barash D, Goldenberg- Cohen N, Tzadok D. Ultrasound biomicroscopic detection of anterior ocular segment foreign body after trauma[J]. American Journal of Ophthalmology, 1998, 126(2): 197-202.

[11] Ikeda N, Ikeda T, Nagata M, et al, Pathogenesis of transient high myopia after blunt eye trauma[J]. Ophthalmology, 2002, 109: 501-507.

[12] Manabe S, Oh H, Amino K. Ultrasound biomicroscopic analysis of posterior chamber intraocular lenses with transscleral sulcus suture[J]. Ophthalmology, 2000, 107(12): 2172-2178.

[13] Schwartzenberg G W S T, Pavlin C J. Occult wound leak diagnosed by ultrasound biomicroscopy in patients with postoperative hypotony[J]. Journal of Cataract & Refractive Surgery, 2001, 27(4): 549-554.

[14] 谢雄风, 高金平, 张学军. 高频超声在皮肤科的应用[J]. 中华皮肤科杂志, 2017, 50(10): 768-770.

[15] 李海东, 蔡国斌, 王延群, 等. 正常人体皮肤 50MHz 超声生物显微镜声像图研究[J]. 中国医学影像技术, 2008, 24(5): 751-753.

[16] EI-Zawahry M B, EI-Hameed A, EI-Cheweikh H M, et al. Ultrasound biomicroscopy in the diagnosis of skin disease[J]. European Journal of Dermatology, 2007, 17(6): 469-475.

[17] 郑敏娟, 周晓东, 曲江波, 等. 超声生物显微镜结合组织多普勒成像评价心肌病小鼠心功能[J]. 中国超声医学杂志, 2013, 29(5): 453-456.

[18] 刘俪. 钛合金显微组织对其超声参量及耐蚀性能的影响[D]. 南昌: 南昌航空大学, 2011.

[19] 陈军, 刘国彩, 林莉, 等. 铁素体不锈钢晶粒度的非线性超声表征[J]. 无损检测, 2018, 7(40): 15-18.